LangChain入门指南

构建高可复用、可扩展的LLM应用程序

李特丽 康轶文 编著

电子工业出版社

Publishing House of Electronics Industry

北京·BEIJING

内 容 简 介

这本书专门为那些对自然语言处理技术感兴趣的读者提供了系统的 LLM 应用开发指南。全书分为 11 章，从 LLM 基础知识开始，通过 LangChain 这个开源框架为读者解读整个 LLM 应用开发流程。第 1~2 章概述 LLM 技术的发展背景和 LangChain 框架的设计理念。从第 3 章开始，分章深入介绍 LangChain 的 6 大模块，包括模型 I/O、数据增强、链、记忆等，通过大量代码示例让读者了解其原理和用法。第 9 章通过构建 PDF 问答程序，帮助读者将之前学习的知识应用于实践。第 10 章则介绍集成，可拓宽 LangChain 的用途。第 11 章为初学者简要解析 LLM 的基础理论，如 Transformer 模型等。

本书以 LangChain 这个让人熟悉的框架为主线，引导读者一步一步掌握 LLM 应用开发流程，适合对大语言模型感兴趣的开发者、AI 应用程序开发者阅读。

图书在版编目（CIP）数据

LangChain 入门指南：构建高可复用、可扩展的 LLM 应用程序 / 李特丽，康轶文编著. —北京：电子工业出版社，2024.1

ISBN 978-7-121-46727-1

Ⅰ．①L… Ⅱ．①李… ②康… Ⅲ．①程序开发工具 Ⅳ．①TP311.561

中国国家版本馆 CIP 数据核字（2023）第 225023 号

责任编辑：官　杨
印　　刷：北京瑞禾彩色印刷有限公司
装　　订：北京瑞禾彩色印刷有限公司
出版发行：电子工业出版社
　　　　　北京市海淀区万寿路 173 信箱　邮编：100036
开　　本：720×1000　1/16　印张：19.5　字数：374.4 千字
版　　次：2024 年 1 月第 1 版
印　　次：2024 年 4 月第 5 次印刷
定　　价：99.00 元

凡所购买电子工业出版社图书有缺损问题，请向购买书店调换。若书店售缺，请与本社发行部联系，联系及邮购电话：（010）88254888，88258888。

质量投诉请发邮件至 zlts@phei.com.cn，盗版侵权举报请发邮件至 dbqq@phei.com.cn。

本书咨询联系方式：faq@phei.com.cn。

前　言

2023 年，LLM（大语言模型）井喷式爆发，尤其是 GPT-4 问世，一石激起千层浪，影响了整个人工智能领域，每个开发者都被"裹挟"着进入了 LLM 应用开发时代。在这样的大背景下，LangChain 这个以 LLM 为核心的开发框架应运而生，进一步推动了这一领域的创新和发展。LangChain 不仅可以用于开发聊天机器人，还能构建智能问答系统等多种应用，这马上引起了广大技术爱好者和开发者的关注。不同于其他传统的工具或库，LangChain 提供了一个完整的生态系统，为开发者带来了一系列强大的功能和工具，从而简化了 LLM 开发的复杂性。值得一提的是，LangChain 的社区正在迅速壮大。随着越来越多的开发者和组织选择使用 LangChain 进行项目开发，一个活跃的社区生态将逐渐形成。

正是在这一波 LLM 开发热潮的推动下，越来越多的人对如何有效利用这些先进的技术产生了浓厚的兴趣。因此，本书的出现恰逢其时。本书旨在为读者提供全面且深入的 LLM 开发指南，特别是在 LangChain 框架的应用和实践方面。全书共分 11 章，内容涵盖从 LLM 基础知识到高级应用技巧的方方面面。

第 1 章：为读者介绍 LLM 开发的整体背景，同时详细探讨 LangChain 在 LLM 领域的独特定位和关键作用。

第 2 章：深入介绍 LangChain 的基础知识，包括其背后的设计动机、核心概念，以及可能的应用场景。

第 3 章至第 8 章：这几章是本书的核心，详细解读了 LangChain 的 6 大模块。从模型 I/O、数据增强，到链、记忆、Agent 的定义及应用，再到如何有效使用回调处理器，都为读者提供了丰富的实践技巧和指导。

第 9 章：展示如何利用 LangChain 构建真实的应用程序，例如 PDF 问答程序，帮助读者将理论知识转化为实际应用。

第 10 章：探索如何将 LangChain 与其他外部工具和生态系统进行集成，为开发者提供更广泛的应用场景和解决方案。

第 11 章：简单解释 LLM 的基础知识，包括 Transformer 模型、语义搜索、NLP 与机器学习基础。

同时，本书是为那些对 LLM 应用开发充满热情的读者而写的，特别是那些初探 LLM 应用开发领域的初级程序员，以及对 LangChain 抱有浓厚兴趣的技术爱好者。为了确保你能够顺利地跟随本书的内容，建议你至少具备基础的 Python 编程知识。但即使你对 Python 不太熟悉，也完全没有关系。得益于 GPT-4 的强大能力，你可以在学习的过程中实时编程和练习。

LangChain 目前有两个语言版本——Python 和 JavaScript，这无疑利好前端开发工程师，不会 Python 也能快速上手 LLM 应用开发。当然，在 GPT-4 的加持下，即使不会 Python 和 JavaScrip，依然可以学会 LangChain。本书中的所有示例代码都基于 Python 版本。

需要特别指出的是，本书中的所有示例代码都是基于 OpenAI 平台的模型编写的，而不涉及模型的实际训练。因此，你无须拥有高性能的计算机就可以轻松运行这些代码。为了方便读者学习和实践，我们已经将所有的示例代码上传到了 GitHub 仓库，你可以随时下载并在自己的计算机上运行。为了更加高效地运行和调试代码，建议你使用 VSCode 这样的代码编辑器，并确保你的计算机上已经安装了 Python 运行环境。如果你更喜欢交互式的编程环境，Jupyter Notebook 也是一个很好的选择，它特别适合进行 LangChain 学习。

技术的进步往往不是一蹴而就的，技术的进步在于一点一滴的积累。这个过程更像一滴滴水珠汇聚成河流，最终汇入大海。这本书虽然只是 LLM 开发领域的一个微小部分，但它代表了我们对这个领域的热情和对知识的追求。

LangChain 框架目前仍处在从 V.0.300+ 向 V.1.0 稳步前进的过程中。7000 多个 issue 反映出它的不完美，但同时也展现出了一个充满活力、持续进化的生态。这些都在见证这颗小树苗如何苗壮成长。

最后，希望这本书能为你在 LLM 应用领域的学习带来一些帮助，让你在 LLM 开发的道路上走得更稳、更远。

目　　录

第 **1** 章

LangChain：开启大语言模型时代的钥匙

1.1 大语言模型概述

2023 年是大语言模型（Large Language Model，LLM）应用爆发的元年，大语言模型将从 2023 年开始推动整个人工智能及 IT 产业快速进入新时代。如果说 2000 年至 2010 年是 PC 互联网时代，2011 年至 2020 年是移动互联网时代，那么自 2023 年起的未来 10 年就是大语言模型主导的人工智能时代。本节将从什么是大语言模型、大语言模型的发展、大语言模型的应用场景、大语言模型的基础知识这 4 个方面进行介绍。

1.1.1 什么是大语言模型

语言，作为人类文明的基石，从古代的岩石画刻，到后来的书面文字，再到现代的数字内容，一直在推动着人类的进步。语言不仅是一种记录工具，还承载了历史、科技、文化和思想的变迁。那么人类是否有可能超越语言这个工具本身的局限，创造一个以语言为基础的、永不停滞的人工智能呢？想象一下，这个人工智能拥有人类所有的知识，能够与我们流畅对话，理解我们的语言，并给予准确的反馈。这样的技术，将极大地推动人类文明的发展，让人类从地球的主宰成为宇宙的主宰！

　　然而，要让机器真正理解和运用人类语言，是一项极具挑战性的研究。为了实现这一目标，研究者们正在不断探索自然语言处理和机器学习的前沿技术。他们致力于开发更加智能、灵活的算法和模型，以提高机器对语言的理解能力。深度学习、自然语言处理和知识图谱等技术的不断进步，为实现机器理解人类自然语言提供了新的可能性。

大语言模型的起源

　　在人类社会中，我们的交流语言并非单纯由文字构成，语言中富含隐喻、讽刺和象征等复杂的含义，也经常引用社会、文化和历史知识，这些都使得理解语言成为一项高度复杂的科学。随着计算机技术的发展，科学家们想到模拟人脑神经元结构来创造一种人工智能，让人工智能从大量的文本数据中自己学习和总结语言的规则与模式。20 世纪 90 年代以后，因为网络的普及和数据存储技术的发展，人们可以获取前所未有的大规模文本数据，这为机器学习及训练提供了发展的土壤。

　　在机器学习方法中，神经网络在处理复杂的模式识别任务（如图像和语音识别等）上展示出了强大的能力。研究者们开始尝试使用神经网络来处理语言理解任务，进而诞生了大语言模型。

　　大语言模型是一种建立在 Transformer 架构上的大规模神经网络程序，其功能主要是理解和处理各种语言文字。这种模型的优势在于，其能够在多种任务中实现通用学习，无须对特定语言文字进行大量定制，是目前人类世界中第一个通用的人工智能模型。当我们讨论大语言模型时，主要是关注如何让计算机能够理解和生成人类语言。简单来说，大语言模型是一种算法，其目标是理解语言的规则和结构，然后应用这些规则和结构生成有意义的文本。这就像让计算机学会了"文字表达"。

　　这个过程涉及大量的数据和计算。大语言模型首先需要"阅读"大量的文本数据，然后使用复杂的算法来学习语言的规则和结构，包括词汇的意义、语法的规则，甚至文本的风格和情感。学习训练过程完成后，大语言模型可以根据学习到的知识生成新的文本。

　　大语言模型在训练前后有很大的不同。在训练前，模型就像一个新生儿，只有最基础的语言处理结构。它的"大脑"就是神经网络，参数都是随机初始化的。它不具备任何语言知识，就像刚出生的婴儿一样"一无所知"。用户向模型输入任何句子，它都无法进行有意义的处理。

大语言模型的训练方式

大语言模型的训练和做游戏很类似。假设你正在玩一个单字接龙游戏，游戏的规则是，你需要根据前面的几个字猜出下一个字可能是什么。比如给你一个句子："我今天去公园看到了一只……"你可能会接"狗"或者"鸟"。这就是语言模型做的"游戏"，它试图猜出下一个字可能是什么。你可以把大语言模型想象成一个非常聪明的单字接龙游戏玩家，它可以处理非常长且复杂的句子，并且猜得准确度很高。图 1-1 为一个单字接龙游戏示意图。

单字接龙
根据前面的字，猜下一个字

今＿ → 今天

今天＿ → 今天星

今天星＿ → 今天星期

今天星期＿ → 今天星期一

图 1-1

大语言模型经过长时间的单字接龙训练，就像婴儿逐渐长大一样，对文字的理解能力也逐步提高。它通过阅读海量语料，不断学习各种词汇、语法和语义知识。这种知识被编码进了数百亿个神经网络参数中，因此，模型开始具备理解和生成语言的能力。刚开始，它就像婴儿学习说话一样，也许自己都不知道表达的意思是什么，但通过大量的训练和重复，慢慢地，模型的神经网络里就写满了关于语言知识的公式与算法，能够进行复杂的语言运算与推理。从无到有，模型逐步获得了语言智能，就像一个婴儿成长为儿童那样，经历了能力上质的飞跃。

AI 科学家为了让大语言模型变得聪明，会让它读很多书和文章。这些书和文章就是它的学习材料。通过阅读，大语言模型可以学习到很多词汇和句子，并了解它们是如何组合在一起的。当它再玩单字接龙游戏的时候，就可以根据前面的词做出更好的预测，并且所有的预测都在它的"脑子"里。当大语言模型将单字接龙游戏玩到炉火纯青、远超人类时，它自己会掌握更多的技能，比如翻译语句、回答问题、写文章，等等。因为大语言模型读过很多书，所以它知道很多事情，就像一个知识库。我们只需要问它问题，它就能给出答案，甚至可以自由进行人机对话，表现出人类级别的理解和应答能力。

1.1.2　大语言模型的发展

OpenAI 在 2022 年 11 月 30 日发布了基于 GPT 模型的聊天机器人 ChatGPT，这一里程碑标志着大语言模型走向全人类的新纪元。仅仅在 2 个月的时间内，ChatGPT 的用户数量就突破了 2 亿。OpenAI 推出的 GPT-4 大语言模型，其模型参数量高达万亿级别，应用场景十分广泛，从文本生成到复杂问题的解答，再到诗歌创作、数学题求解等，各方面都已经遥遥领先普通人。

在全球主流大语言模型中，除了 GPT-4，还有其他一些备受瞩目的优秀模型。其中包括 Anthropic 推出的 Claude 2 模型、Meta 推出的 LLaMA 2 开源模型，以及 Google 推出的 PaLM 2 模型。

InfoQ 研究中心在 2023 年 5 月发布的《大语言模型综合能力测评报告 2023》中，展示了对 ChatGPT、文心一言、Claude、讯飞星火、Sage、天工 3.5、通义千问、MOSS、ChatGLM、Vicuna-13B 的综合评测结果，如表 1-1 所示。

表 1-1　大语言模型各产品综合评测结果（数据来源：InfoQ 研究中心）

排名	大语言模型产品	综合得分率
1	ChatGPT	77.13%
2	文心一言	74.98%
3	Claude	68.29%
4	讯飞星火	68.24$
5	Sage	66.82%
6	天工 3.5	62.03%
7	通义千问	53.74%
8	MOSS	51.52%
9	ChatGLM	50.09%
10	Vicuna-13B	43.08%

在人脸识别、语音识别及自然语言处理等单一人工智能领域，中国积累了卓越的技术实力。

首先，百度公司凭借其深厚的人工智能技术基础，于 2023 年 3 月 16 日率先推出了大语言模型"文心一言"。尽管在发布会上，这一模型展示的能力略显稚嫩，但百度团队还是在短时间内让文心一言崭露头角。文心一言已经逐步被嵌入百度的各类产品，展现了多模态发展的趋势，成为中国大语言模型的典范之一。

随后，阿里巴巴在 2023 年 4 月 7 日发布了大语言模型"通义千问"。这一命名展现了浓郁的中国文化特色，也引领了国内大语言模型的命名趋势。通义千问目前正在与淘宝、支付宝、钉钉等产品进行融合，钉钉总裁叶军在 2023 年春季钉峰会上表示："新钉钉将全面智能化，未来一年所有场景都将进行智能化布局。"

华为这家以踏实务实见长的公司，在 2023 年 4 月发布了"盘古"大模型 1.0 版本，2023 年 7 月，该模型已经更新到 3.0 版本。它针对金融、政务、制造、矿山、气象、铁路等领域进行了细分预训练，直接推出了行业大语言模型。

此外，许多知名企业也都推出了各自的大语言模型，如科大讯飞、360、昆仑万维、百川智能等，尽管模型效果各异，但中国大语言模型行业的蓬勃发展显而易见，势不可当。表 1-2 列出了几个中文主流大语言模型的发布时间。

表 1-2　中文主流大语言模型的发布时间

公司	模型	发布时间
百度	文心一言	2023 年 3 月 16 日
阿里巴巴	通义千问	2023 年 4 月 7 日
科大讯飞	星火	2023 年 5 月 6 日
华为	盘古 3.0	2023 年 7 月 7 日
腾讯	混元	2023 年 9 月 7 日

1.1.3　大语言模型的应用场景

在日新月异的信息化时代，大语言模型的应用方向呈现出惊人的广泛性，其潜力和多样性令人震惊。与其问"它能做什么"，不如更确切地问"你想让它做什么"。这里不仅暗示了大语言模型的巨大灵活性，更体现了其在多元领域中所具有的无限可能。在这个意义上，大语言模型不仅仅是一种工具或一项技术，更是一种具有创新性和颠覆性的思维方式。

在接下来的部分，笔者将对大语言模型的一些典型应用场景进行精细概括，以期能给大家带来更深层次的理解和启示。这些应用场景不仅包括大家熟知的对话场景，还涵盖了如社交媒体、在线教育、电子商务、医疗保健等多个其他实用场景，其中每一个场景都充分展示了大语言模型的实际效用和广阔潜力，如表 1-3 所示。

表 1-3 大语言模型的应用场景及描述

应用场景	描述
智能对话	在银行业提供客服支持，如帮助客户理解理财产品的细节
文本生成	用于新闻、故事创作，可以根据指定的关键词生成相关文章
知识问答	为学生提供基于知识库的详细答案来解释复杂的科技理论
文本总结	用于学术领域，可以快速提取论文的核心内容
文本翻译	在开源项目中帮助非英语母语的开发者理解英文文档
情感分析	用于政治事件和民意调查中的舆情分析
数据分析	在商业运营领域提供基于数据的洞察和策略建议
编程辅助	为程序员提供代码编写和故障排查帮助
文档格式转换	将 Markdown 格式文档转换为 HTML 格式文档
信息抽取	从大段文本（如合同）中提取关键信息

1.1.4 大语言模型的基础知识

现在，我们已经了解了大语言模型的应用场景，在动手开发大语言模型应用前，需要对一些基础知识进行梳理。假设你已经用过文心一言或 ChatGPT 这类聊天产品，你还需要了解以下基础概念。

GPT 是模型，ChatGPT 是产品

当谈论 GPT（Generative Pretrained Transformer）和 ChatGPT 时，很重要的一点是理解这两者之间的区别和联系。

GPT 是一种被预训练的生成式模型，它的目标是学习一种能够生成人类文本的能力。ChatGPT 是一个特定的应用，它使用了 GPT 的能力，并在此基础上进行了特别的优化，以便能够进行更像人类的对话。因此，GPT 和 ChatGPT 的主要区别在于，它们的应用目标不同。GPT 是一个通用的文本生成模型，它可以生成各种类型的文本。而 ChatGPT 则是一个特定的应用，它的目标是进行更有效的对话。虽然它们有相同的基础（即 GPT 模型），但在实际应用上有所不同。

提示词：驱动大语言模型运行的命令

在探讨大语言模型，如 GPT-4 或 ChatGPT 的运行机制时，无法忽视的一个关键因素就是"提示词"。提示词在这些模型的运行中起着至关重要的角色，提示词通俗地说就是输入大语言模型的文字，这很容易理解，但提示词实际是驱动大语言模型运行的命令。只有理解了这层含义，你才会理解提示词工程师（Prompt Engineer）这个

职位为什么突然蹿红。

提示词的选择对模型的输出有着显著影响。提示词的具体内容不同，模型可能会给出完全不同的回应。例如，输入一个开放性的提示词，比如"讲述一下太阳系的构成"，模型可能会生成一段详细的介绍；而输入一个更具指向性的提示词，比如"火星是太阳系的第几大行星"，则会得到一个更具体的答案。

在理解了提示词的重要性后，也要明白，虽然大语言模型通过学习大量的文本数据获得了强大的文本生成能力，但它仍然是基于模式匹配的算法，而非真正的思考实体。这意味着它并不能真正理解提示词的含义，它只是通过在大量的训练数据中寻找并生成与提示词匹配的文本来给出答案。所以，在选择提示词时，需要细心考虑，确保命令清晰、具体，并能够引导模型生成想要的结果。同时，也需要认识到这些模型的局限性——它们并不能真正理解我们的命令，只是在模仿人类的语言。

分享一个通用提示词模板：定义角色 + 背景信息 + 任务目标 + 输出要求。举例说明，假设你是某公司的 HR 主管，现在需要对全体员工用邮件形式通知 AI 培训安排，提示词可以像表 1-4 这样写。

表 1-4　提示词模板

模板	提示词
定义角色	我是某公司的 HR 主管
背景信息	现在 AI 发展得这么快，很多公司都面临着巨大的挑战，我们公司也一样
任务目标	我要给所有同事发一封邮件，通知大家 5 月 31 日 18:00 来参加培训，名额仅限 20 人
输出要求	用邮件格式输出，200 字左右，段落清晰，语气要有亲和力，重点突出"名额有限"

把提示词部分合并起来，提交给大语言模型，就可以得到比较好的答案。

当使用提示词模板来提高大语言模型的回复质量时，似乎一切都变得轻而易举。然而，需要认识到的是，不论你输入的提示词质量如何，大语言模型都会给出回复。这使得提示词的使用与编程语言截然不同。编程语言具有严格的命令格式，语法错误会导致系统"报错"，这样你就可以根据报错信息进行调整。而大语言模型却从来不会提示你"出错"，回复质量的好坏是无法完全量化的。在实际的大语言模型应用开发中，必须不断对提示词进行大量的、反复的调整，以找到更优、更稳定的回答。这就要求开发者深入了解模型的特性，尝试各种不同的提示词组合，甚至进行反复的试验与优化。只有通过不断的实践和探索，才能逐渐掌握如何运用提示词来引导模型生成更符合预期的答案。

Token：大语言模型的基本单位

Token 是自然语言处理中的一个重要概念，它是大语言模型理解和处理文本的基本单位。在英文中，一个 Token 可能是一个单词、一个标点符号，或者一个数字。在处理其他语言时，如中文，一个 Token 可能是一个单字符。在许多 NLP 任务中，原始文本首先被分解成 Token，然后模型基于这些 Token 进行理解和预测。

在大语言模型，如 GPT-4 中，Token 不仅是模型理解和处理文本的基本单位，还具有一些更深层次的功能。首先，通过把文本拆分为 Token，模型能更好地理解和捕捉文本的结构。例如，一个英文句子的不同部分（主题、动作、对象等）可以被模型识别和处理，帮助模型理解句子的含义。其次，Token 在模型的训练中起着重要的作用。语言模型通过预测给定的一系列 Token 后面可能出现的下一个 Token，从而学习语言的规律和结构。这个学习过程通常是基于大量的文本数据进行的，模型从每一个 Token 的预测中积累经验，提高自身的预测能力。

在编程语言中，字符是程序的最小单位。例如在 C++或 Java 中，字符类型（如 char）可以代表一个 ASCII 值，或者其他类型编码系统（如 Unicode）中的一个单元。在大部分编程语言中，字符是单个字母、数字、标点符号，或者其他符号。相比之下，大语言模型中的 Token 则更为复杂。大语言模型中的 Token 和编程语言中的字符虽然在表面上看起来类似，但它们在定义、功能和作用上有很大的不同。

Token 也是大语言模型的商用计费单位，例如 GPT-4 模型每生成 1000 个 Token 需要 6 美分，约等于人民币 0.45 元，而 GPT-3.5 模型的使用价格只有 GPT-4 的 1/30。

模型支持的上下文长度

在 GPT 报价表中，可以明显看出，GPT-4 模型分为两个版本：8K 版本和 32K 版本。这两个版本的主要区别在于，它们对上下文长度的支持及使用价格不同。32K 版本的模型使用价格要比 8K 版本的模型使用价格高出近一倍。对于 8K 和 32K 这两个参数，它们是衡量 GPT-4 模型对上下文长度支持能力的关键指标。

"上下文长度"指的是模型在生成新的文本或理解输入的语句时，可以考虑的最多字数，可以理解成大语言模型的"脑容量"。例如，8K 版本可以处理包含 8000 个 Token 的短篇文章，而 32K 版本则可以处理包含 32000 个 Token 的长篇文章。这个功能升级是非常重要的，尤其是在处理大型的、连贯输入的文本时体现得淋漓尽致，比如长篇小说、研究报告等。如果你和大语言模型聊着聊着，发现它回答的内容已经偏题或者重复，说明它已经忘记了之前和你聊的内容，"脑容量"不够了。

大语言模型支持上下文长度的能力提升是以更高的计算成本为代价的。更长的上下文长度意味着需要更强大的处理能力和更多的存储空间，这是导致 32K 版本使用价格更高的原因。不同的上下文长度使得 GPT-4 模型在处理不同长度的语料时具有不同的适应性和性能。OpenAI 在 2023 年 11 月 6 日推出了支持 128K 上下文的 GPT-4 Turbo 模型，对于那些需要处理长篇文章的用户来说，32K 和 128K 版本将会是一个更好的选择，尽管其使用价格相对较高。而对于那些只需要处理较短文本的用户来说，8K 版本则可能是一个更经济且能满足需求的选择。因此，在选择使用哪个版本时，用户需要根据自己的需求和预算进行权衡。

大语言模型的"幻觉"

大语言模型应用过程中偶尔会出现一种被称为"幻觉"的现象，即给出看似合理但偏离事实的预测。这是因为这类模型并不能真正理解语言和知识，而是模仿训练数据中的模式来生成预测，这种预测可能看似合理，但实际上并无依据。因此，大语言模型在计算机科学中常被认为存在普遍性错误。由于它们不能进行真正意义上的逻辑推理或严谨的事实检验，因此可能导致一些不可避免的错误，特别是在涉及算术或复杂推理链的场景中。大语言模型之所以会"编造"非真实信息，往往是因为遇到的问题超出了其训练范围。当面对陌生的问题时，它无法像人类一样思考和查询，只能尝试使用训练数据中的模式来预测可能的答案。这种预测可能会带来误导，特别是在需要精准和专业知识的情况下。

另外，当用户提出关于代码生成的需求时，大语言模型由于没有实际的编程经验或对真实代码库的直接访问权限，因此可能会向用户提供一个实际上并不存在于库中的 API。这是因为模型的训练数据中可能包含许多不同的编程示例，导致其混淆或错误地关联某些信息，生成错误的代码。在实际应用中，这显然会引发问题，因为虚构的 API 无法在现实世界的代码库中找到，从而导致代码无法正常运行。

类似的情况还会出现在 GPT 的回答中提到的网址链接上，有些网址链接是 GPT 自己编造的。这就意味着用户可能会受到虚假信息的引导，无法真正获取他们所需的准确网址链接。

需要强调的是，模型关于某些内容的记忆也极易混淆。大语言模型并不具有真实的记忆功能，它并不能记住过去的输入或输出，因此不能有效地处理需要长期记忆的任务或上下文理解任务。所有的回应都是基于当前的输入和模型的训练知识生成的，一旦输入改变，模型将无法记住之前的内容。

大语言模型的"幻觉"缺陷源自其本质：它是一个通过模仿训练数据中的模式来

生成预测的模型，而不是一个理解语言和知识的实体。尽管大语言模型在许多任务中都表现出了令人瞩目的性能，但这些问题仍然需要进行更深入的研究和改进。

关于大语言模型的"微调"

用一个简单的比喻来解释微调（Fine-tune）这个概念。想象你是一个小朋友，你的爸爸教你打乒乓球。首先，爸爸会给你展示基础的击球方式，让你学习如何握住球拍、如何看准球、如何打出球，这就像大语言模型的预训练阶段。在这个阶段，你学习了打乒乓球的基本规则和技巧。但是，当你准备参加学校的乒乓球比赛时，你需要一些特殊的训练来提高技巧，比如学习如何更好地发球、如何更好地接对方的球，这就是微调阶段。这个阶段能帮助你更好地适应乒乓球比赛的规则，提高你的比赛成绩。最后，你的教练会观察你在训练中的表现，看看你的发球和接球技巧是否有所提高，这就像评估和调整阶段。如果你在某些方面表现得不好，你的教练可能会调整训练方法，帮助你改进。微调就像参加乒乓球比赛前的特殊训练，能帮助你从一个会打乒乓球的小朋友，变成一个可以在比赛中赢得胜利的小选手。

那么，是否需要非常高门槛的技术才可以完成对大语言模型的微调呢？很幸运的是，微调操作通过调用 API 就可以完成。如果你想对 GPT 模型进行微调，你只需要准备好所需的训练数据，例如问题和对应的回答（如图 1-2 所示的 QA 问答对），然后将其整理成训练专用的 JSONL 文件，并发送给微调的 API 即可。等待一段时间之后，你就可以获得一个专属的、微调过的 GPT 模型。

```
1  {"text": "Q: 中国的首都是哪里？\nA: 北京。"}
2  {"text": "Q: 鲁迅是哪国的著名作家？\nA: 中国。"}
3  {"text": "Q: 《红楼梦》的作者是谁？\nA: 曹雪芹。"}
```

图 1-2

这种方式使得微调过程更加简单和方便，使更多的人能够从中受益。同时，使用 API 进行微调也提供了灵活性，可以根据具体需求进行自定义微调，以获得更好的模型性能。需要注意的是，在微调的过程中，要确保使用高质量的训练数据并进行适当的参数调整，这是非常重要的，这样可以提高微调模型的质量和效果。

1.2 LangChain 与大语言模型

回到 2022 年 10 月，Harrison Chase（LangChain 研发作者）在 Robust Intelligence 这家初创公司孕育出 LangChain 的雏形，并将其开源共享在 GitHub 上。就像火种遇

到了干草，LangChain 迅速在技术社区中"燎原"。在 GitHub 上，数百名热心的开发者为其添砖加瓦；Twitter 上关于它的讨论如潮水般涌动；在 Discord 社区里，每天都有激烈的技术交流和碰撞。从旧金山到伦敦，LangChain 的粉丝们还自发组织了多次线下聚会，分享彼此的创意和成果。

到了 2023 年 4 月，LangChain 不再只是一个开源项目，而是已经成了一家拥有巨大潜力的初创公司的主打产品。令人震惊的是，在获得了 Benchmark 的 1000 万美元种子投资仅一周后，这家公司再次从知名的风险投资公司 Sequoia Capital 处获得了超过 2000 万美元的融资，其估值更是达到了惊人的 2 亿美元。一个由 LangChain 引爆的人工智能应用开发浪潮由此到来。

LangChain 是大语言模型的编程框架，它可以将大语言模型与其他工具、数据相结合，同时弥补大语言模型的短板，从而实现功能强大的应用。让我们进入第 2 章，开启正式的学习。

第 **2** 章

LangChain 入门指南

2.1 初识 LangChain

2023 年注定是人工智能领域不平凡的一年，随着人工智能领域的飞速发展，开发者们都在寻找能够轻松、高效地构建应用的工具。尤其对于那些不熟悉大语言模型领域，或者初入此领域的开发者来说，选择一个合适的工具尤为重要。在众多的选择中，有一个名字越来越受到大家的关注——LangChain。

2.1.1 为什么需要 LangChain

首先想象一个开发者在构建一个 LLM 应用时的常见场景。当你开始构建一个新项目时，你可能会遇到许多 API 接口、数据格式和工具。对于一个非 AI 领域的开发者来说，要去研究每一个工具、接口都有着巨大的负担。现在，假设你要构建一个涉及语言处理的应用，比如一个智能聊天机器人，你可能会想：我难道要一步步去学习如何训练一个语言模型，如何处理各种数据，还要解决所有的兼容性问题吗？

这就是 LangChain 的价值所在。LangChain 是一个集成框架，它为开发者提供了一系列的工具和组件，使得与语言模型中各种数据（如 Google Analytics、Stripe、SQL、PDF、CSV 等）的连接、语言模型的应用和优化变得简单直接。其实，LangChain 就好比一把"瑞士军刀"，你不再需要为每一个任务找一个新工具，它提供了一站式的解决方案。正如你要修理一个小小的家用电器，而你已经拥有了一个完整的工具箱。不管你遇到什么问题，打钉子、拧螺丝、剪线，工具箱里总有一个合适的工具等着你。

LangChain 为你提供了这样的工具箱，不仅涵盖了基础工具，还为个性化需求提供了自定义组件解决方案。

现在，随着 LangChain 在开发者社区中的受欢迎程度逐渐上升，可以明显地看到使用 LangChain 的开发者数量呈现激增的趋势。2023 年 8 月，LangChain 开源框架已经收获了惊人的数据：5.82 万个星标、557 位专注开发者，以及 7800 位积极的分支开发者。这些数字从深层次上代表了众多开发者对 LangChain 实用性和未来潜力的坚定认可。

正是因为 LangChain 连接了开发者和复杂的 LLM 应用，因此，开发变得更为简单、高效。也因为这种受欢迎程度和媒体报道的广泛传播，越来越多的开发者，不论是 LLM 领域的还是非 LLM 领域的，都选择使用 LangChain。

2.1.2　LLM 应用开发的最后 1 公里

想象一下，一个对编程完全陌生的初学者，正面临着如何与模型进行交互的诸多问题，哪怕是简单的 GET 或 POST 请求，都可能成为其开发路上的第一道门槛。而 LangChain 的存在恰恰能跨越这道门槛，使得 LLM 应用开发变得触手可及。

首先，LangChain 的简洁性让它脱颖而出。开发者只需要写几行代码，就能运行一个大型 LLM 程序，甚至快速构建一个响应式的机器人。这种简洁性意味着，无论是对于有经验的开发者还是初入此领域的新手，LangChain 都能为他们进入 LLM 应用开发的世界铺平道路。

LangChain 还为开发者集成了丰富的内置链组件，为开发者解决了重复编写代码的问题。面对特定的任务，如摘要或问答，LangChain 提供了专门的摘要链和问答链，简化了开发流程。Agent 的引入将工具和数据库的整合提升到了一个新的层次，使得开发者可以全心投入任务。

借助 LangChain，开发者除了可以实现 LLM 与真实世界的在线数据增强，即 RAG（检索增强生成），还能在私有环境中部署模型，或是针对特定任务选择更精确的模型平台及型号，甚至随时切换各大平台推出的新模型。

而对于那些未选择使用 LangChain 的开发者来说，他们很可能会被各模型平台的接口选择、提示词的编写，以及输出格式的处理等问题所困扰，这些复杂的问题会成为开发过程中的巨大障碍，甚至导致开发者"从入门到放弃"。

在 LLM 应用开发中，一个经常被遗漏但至关重要的环节是，如何为 LLM 编写合适的提示词，确保 LLM 能够准确理解开发者的意图。对于许多开发者，特别是初学者来说，这可能是一个具有挑战性的任务。然而，LangChain 为这一问题提供了有力的解决方案。

对于那些在模型提示词编写上感到困惑的开发者来说，LangChain 提供了多种模板供选择。这并不仅仅是一些随意整合的模板，而是与各种应用、工具紧密集成的组件，其中包含了大量已经经过实际验证的提示词模板。这意味着开发者无须从零开始编写程序，只需要在 LangChain 提供的模板中找到与任务相匹配的部分，并进行相应的调整即可。

以 SQL 查询为例，这是一个对许多开发者来说相对熟悉，但在与 LLM 结合时可能存在困惑的领域。如果一个开发者刚开始接触如何为 SQL 编写提示词，他可以轻松地在 LangChain 中找到 SQL 组件的提示词模板。这些模板中包括如何编写语法正确的 PostgreSQL 查询、如何查看查询结果，以及如何返回针对输入问题的答案。更进一步，LangChain 提供的提示词模板也包括各种查询的最佳实践，如限制 PostgreSQL 查询结果、正确使用列名、注意使用当前日期的函数等。

例如，LangChain 提供了以下格式化 SQL 提示词模板（翻译）：

1　你是一个 PostgreSQL 专家。给定一个输入问题，首先创建一个语法正确的 PostgreSQL 查询来运行，然后查看查询结果，并返回针对输入问题的答案。

2　除非用户明确指定了要返回的结果数量，否则应使用 PostgreSQL 的 LIMIT 子句来限制查询结果，最多返回 top_k 条记录。你可以对结果进行排序，以返回数据库中最有信息价值的数据。

3　绝对不要查询表中的所有列。你只能查询回答问题所需的列。用双引号（"）将每个列名包裹起来，表示它们是界定的标识符。

4　注意只使用你在表中可以看到的列名，不要查询不存在的列。此外，要注意哪一列在哪个表中。

5　如果问题涉及"今天"，请注意使用 CURRENT_DATE 函数获取当前日期。

6

7　使用以下格式：

8

9　问题：这里的问题

10　SQL 查询：要运行的 SQL 查询

11　SQL 结果：SQL 查询的结果

12　答案：这里的最终答案

13

14　只使用以下表：

```
15
16    {table_info}
17
18    问题：{input}
```

想象一下，如果没有 LangChain 提供的这个提示词模板，当你要开始编写一段 SQL 查询代码时，会走多少弯路？LLM 应用开发的最后 1 公里，其意义是确保开发者无须为了一个小细节而多走弯路，正如居民无须跑很远坐公交车一样，每一个关键的细节都能得到及时而准确的处理，使得整个开发过程更为高效。

2.1.3 LangChain 的 2 个关键词

在现代软件工程中，如何将庞大复杂的系统划分为更小、更易于管理和使用的部分，已经成了设计和开发的核心考量。在这个背景下，LangChain 以"组件"和"链"作为 2 个关键概念，为 LLM 应用开发者提供了便利。

首先来谈谈"组件"。在 LangChain 中，组件不是代码的拼凑，而是一个具有明确功能和用途的单元。组件包括 LLM 模型包装器、聊天模型包装器及与数据增强相关的一系列工具和接口。这些组件就是 LangChain 中的核心，你可以把它们看作数据处理流水线上的各个工作站。每个组件都有其特定的职责，如处理数据的输入输出、转化数据格式。

然而，单纯的组件还不足以满足复杂应用的需求，这时"链"便显得尤为关键。在 LangChain 的体系中，链是将各种组件连接在一起的纽带，它能够确保组件之间的无缝集成和在程序运行环境中的高效调用。无论是对于 LLM 还是其他工具，链都扮演着至关重要的角色。举个例子，LLMChain，这是 LangChain 中最常用的链，它可以整合 LLM 模型包装器和记忆组件，让聊天机器人拥有"记忆"。

值得一提的是，LangChain 并没有止步于提供基础的组件和链。反之，它进一步为这些核心部分提供了标准的接口，并与数据处理平台及实际应用工具紧密集成。这样的设计不仅强化了 LangChain 与其他数据平台和实际工具的连接，也确保了开发者能在一个开放且友好的环境中轻松地进行 LLM 应用开发。

以最常见的聊天机器人为例，为了在各种场景中为用户提供自然、流畅的对话体验，聊天机器人需要具备多种功能，包括与用户进行日常交流、获取天气信息及实时搜索。这一设计目标意味着要处理的任务范围覆盖了从简单的日常对话到复杂的信息查询，因此，一个结构化、模块化的设计方案是必要的。

在此背景下，LangChain 的"组件"和"链"提供了极大的帮助。利用 LangChain 的组件，开发者可以为聊天机器人设计不同的模块，如与用户进行日常交流的模块、获取天气信息的模块及进行实时搜索的模块。每个模块中的组件都具备特定的功能，并专门处理与之相关的任务。例如，当需要回答关于天气的问题时，机器人可以调用"搜索工具组件"来获取天气信息数据。

但是，单纯的组件无法满足机器人的整体运作。为了确保组件之间可以协同工作并为用户提供顺畅的体验，需要用到 LangChain 的"链"来整合这些组件。例如，当用户询问一个涉及多个组件的问题时，如"今天天气怎么样，同时告诉我量子力学是什么"，LangChain 的链就可以确保"搜索工具组件"和"维基百科查询组件"协同工作，为用户提供完整的回答。

具体来说，当用户提出问题时，LangChain 提供的 API 允许机器人执行以下操作：

（1）请求 LLM 解释用户的输入，并根据输入内容生成对应的查询请求，这可能涉及一个或多个组件；

（2）根据生成的查询请求，激活对应的组件以获取必要的数据或信息；

（3）利用 LLM 生成基于自然语言的回答，将各组件的返回结果整合为用户可以理解的回答。

通过这种方式，开发者无须深入每一个复杂的处理细节，只需要利用 LangChain 的 API 输入用户的问题，并将得到的答案呈现给用户即可。这不仅使聊天机器人能够提供丰富的信息服务，还能确保 LLM 应用自然而然地融入人们的日常生活，达到设计初衷。

2.1.4　LangChain 的 3 个场景

LangChain 正在重新定义 LLM 应用的开发方式，尤其是在问答系统、数据处理与管理、自动问答与客服机器人这 3 个场景下。以下是对 LangChain 在这 3 个场景下作用的分析。

第 1 个场景是问答系统。问答系统已经成为许多 LLM 应用的重要组成部分，从简单的搜索工具到复杂的知识库查询工具。LangChain 在这方面展现了其出色的能力。当开发者面临需要从长篇文章或特定数据源中提取信息的挑战时，LangChain 可以轻松地与这些外部数据源交互，迅速提取关键信息，然后执行生成操作，以生成准确的回答。

第 2 个场景是数据处理与管理，如 RAG。在数据驱动的当下，RAG 成了一个非常热门的 LLM 应用落地方向。RAG 结合了检索和生成两个阶段，为用户提供了更为精准和富有深度的回答。LangChain 采用了 LEDVR 工作流，实现了 RAG 的功能。

LEDVR 工作流将数据处理的每一个步骤标准化，确保了数据从输入到输出的完整性和准确性。首先，开发者会使用文档加载器，如 WebBaseLoader，从外部数据源导入所需的数据。这一步确保了数据的完整性和原始性。

接着，数据会被传输到嵌入包装器，如 OpenAIEmbeddings 中。这一步的主要目的是将每一份文档转化为一个能够在机器学习模型中使用的向量。这个向量能够捕获文档的主要特征，使得后续的处理更为高效。

为了更好地处理大量的数据，LangChain 中引入了分块转化步骤。通过使用如 RecursiveCharacterTextSplitter 这样的工具，文档被切割成更小的数据块。这不仅提高了处理速度，还使得每一个数据块都能得到更为精准的处理。

当所有的数据块都被处理完毕，它们会被存储到向量存储系统，如 FAISS 中。这个存储系统能够确保数据的安全，同时也能提供一个高效的查询接口。

最后，检索器（如 ConversationalRetrievalChain）被用来从向量存储系统中检索相关的文档。这一步结合了用户查询和向量存储系统中的数据，为用户提供了最为相关的回答。

第 3 个场景是自动问答与客服机器人。在许多在线平台上，客服机器人已经成为用户与公司之间的首要交互点。利用 LangChain，开发者成功构建了能够实时响应用户查询的客服机器人。这种实时响应得益于 LangChain 的 Agent 功能，其中涉及 LLM 决策，并根据反馈不断优化交互的过程。这样的设计使客服机器人不仅能够及时响应，还能提供更加精准的信息或解决方案。

LangChain 已经在这 3 个关键场景中展现了强大的潜力，为开发者提供了实用且强大的工具，使开发者可以更加高效地实现各种开发需求。

2.1.5　LangChain 的 6 大模块

针对 LLM 应用开发者的需求，LangChain 推出了 6 大核心模块。如图 2-1 所示，这些模块覆盖了从模型 I/O 到数据增强，从链到记忆，以及从 Agent 到回调处理器的全方位功能。借助这些模块中的包装器和组件，开发者能够更为方便地搭建 LLM 应用。

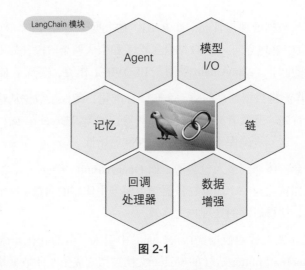

图 2-1

1. 模型 I/O（Model IO）：对于任何大语言模型应用来说，其核心无疑都是模型自身。LangChain 提供了与任何大语言模型均适配的模型包装器（模型 I/O 的功能），分为 LLM 和聊天模型包装器（Chat Model）。模型包装器的提示词模板功能使得开发者可以模板化、动态选择和管理模型输入。LangChain 自身并不提供大语言模型，而是提供统一的模型接口。模型包装器这种包装方式允许开发者与不同模型平台底层的 API 进行交互，从而简化了大语言模型的调用，降低了开发者的学习成本。此外，其输出解析器也能帮助开发者从模型输出中提取所需的信息。

2. 数据增强（Data Connection）：许多 LLM 应用需要的用户特定数据并不在模型的训练集中。LangChain 提供了加载、转换、存储和查询数据的构建块。开发者可以利用文档加载器从多个来源加载文档，通过文档转换器进行文档切割、转换等操作。矢量存储和数据检索工具则提供了对嵌入数据的存储和查询功能。

3. 链（Chain）：单独使用 LLM 对于简单应用可能是足够的，但面对复杂的应用，往往需要将多个 LLM 模型包装器或其他组件进行链式连接。LangChain 为此类"链式"应用提供了接口。

4. 记忆（Memory）：大部分的 LLM 应用都有一个对话式的界面，能够引用之前对话中的信息是至关重要的。LangChain 提供了多种工具，帮助开发者为系统添加记忆功能。记忆功能可以独立使用，也可以无缝集成到链中。记忆模块需要支持两个基本操作，即读取和写入。在每次运行中，链首先从记忆模块中读取数据，然后在执行核心逻辑后将当前运行的输入和输出写入记忆模块，以供未来引用。

5. Agent：核心思想是利用 LLM 选择操作序列。在链中，操作序列是硬编码的，而在 Agent 代理中，大语言模型被用作推理引擎，确定执行哪些操作，以及它们的执行顺序。

6. 回调处理器（Callback）：LangChain 提供了一个回调系统，允许开发者在 LLM 应用的各个阶段对状态进行干预。这对于日志记录、监视、流处理等任务非常有用。通过 API 提供的 callbacks 参数，开发者可以订阅这些事件。

2.2　LangChain 的开发流程

为了更深入地理解 LangChain 的开发流程，本节将以构建聊天机器人为实际案例进行详细演示。图 2-2 展示了一个设计聊天机器人的 LLM 应用程序。

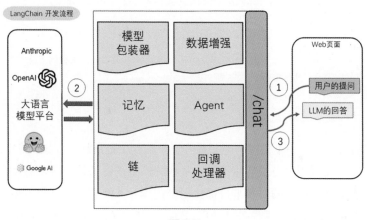

图 2-2

除了 Web 服务器等传统组件，这个应用程序架构中还引入了两个额外的组件：一个 LLM 集成中间件，如 LangChain（图 2-2 的中间部分），以及一个大语言模型（图 2-2 左侧）。中间件提供一个 API，业务逻辑控制器调用它以启用聊天机器人功能。具体的 LLM 是基于配置决定的。当用户提问时（步骤①），聊天机器人控制器代码调用 LangChain API（通过 LangChain 的 6 大模块设置的接口），在内部与 LLM（步骤②）交互，由 LLM 来理解问题并生成回答（步骤③），显示在终端用户的聊天界面上（图 2-2 右侧的 Web 页面）。

清单 1 展示了如何使用 LangChain 和 OpenAI 的 GPT-3.5-Turbo-0613 大语言模型实现聊天机器人业务逻辑。这段 Python 代码首先创建了 ChatOpenAI 类的实例（代表 GPT-3.5 聊天模型包装器）。第 4~9 行在路径 '/chat' 下建立了一个 POST 端点，可以利用 FastAPI 库。当用户向聊天机器人提交一个问题时，chat 函数就会被触发，请求对象在其输入属性中封装用户的提问。为了处理请求，代码第 7 行实例化了一个 LLMChain 链组件，接收了一个聊天模型包装器 llm 和一个提示词模板 prompt，实现了一个 LangChain 的内置预配置聊天机器人，可以与终端用户交互。第 8 行处理用户的提问：运行 LLMChain 链组件，接收用户的提问并将其作为输入，返回大语言模型生成的响应。这个响应持有对用户提问的答案，并在第 9 行代码执行后返回给用户。

清单 1

```
1    llm = ChatOpenAI( # LLM initialization parameters
2    model_name="gpt-3.5-turbo-0613", openai_api_key="你的密钥" ↵,
         temperature=0.9)
3    _prompt = """ 你是一个发言友好的 AI 助理。请现在回答用户的提问：{question}。"""
4    @app.post("/chat") # Chatbot controller URL endpoint
5    async def chat (request):
6        prompt = PromptTemplate.from_template(_prompt)
7        chat_chain = LLMChain(llm=llm,prompt=prompt)
8        response = chat_chain(request.input) # 终端用户的提问字符串
9        return {"response": response["text"]}
```

2.2.1 开发密钥指南

LangChain 自身是一个集成框架，不需要开发者注册和登录，也不需要设置密钥。但是在 LLM 开发过程中，要使用第三方平台的模型或者工具，需要遵守第三方的开发者协议，而且几乎所有的付费平台都使用密钥作为 API 调用的计费依据，这一点不仅适用于 LLM，还适用于其他各种 API 工具。这意味着，如果你没有相应平台的密钥，你将无法使用其服务，特别是当你依赖像 OpenAI 这样的第三方平台时，保护密钥的安全并确保其不被泄露是非常关键的。

在本书中，代码示例中使用了 3 种密钥策略。本节将以 OpenAI 平台为例，详细说明如何获取和使用密钥。尽管各个平台可能有所不同，但其密钥获取和使用方法大致相似。你可以查看第三方平台的官方文档或教程，通常会提供详细的步骤和示例。

获取开发密钥

在开始使用 OpenAI 的 API 之前，你需要先注册一个 OpenAI 账户并获取 API 密钥。以下是获取密钥的步骤：访问 OpenAI 官方网站，如果你还没有账户，请点击"注册"并按照提示完成注册过程；登录你的账户，跳转到"我的""API Keys"部分，你可以看到你的 API 密钥，或通过一个"+"选项来生成新的密钥；复制密钥并将其保存在一个安全的地方，确保不要与他人分享或公开你的密钥。

3 种使用密钥的方法

方法 1：直接将密钥硬编码在代码中。

这是最直接的方法，但也是最不安全的。直接在代码中提供密钥的示例如下所示：

```
# 硬编码传参方式
openai_api_key="填入你的密钥"
from langchain.llms import OpenAI
llm = OpenAI(openai_api_key = openai_api_key)

# 或者在引入 os 模块后硬编码设置 os 的环境变量，简单地使用 llm = OpenAI()来初始化类
import os
os.environ["OPENAI_API_KEY"] = "填入你的密钥"
llm = OpenAI()
```

注意：这种方法的缺点是，如果你的代码被公开或与他人分享，你的密钥也可能被泄露。由于本书案例主要用于解释，因此每个需要开发密钥的代码示例都采用这种"显眼"的方式。但是推荐开发者使用方法 2 或者方法 3。方法 1 通常是为了简化和说明如何使用 API 密钥，在教程、文档或示例代码中向用户展示如何设置和使用密钥，并不是实际应用中推荐的做法。在实际的生产环境或项目中，直接在代码中硬编码密钥是不推荐的。

方法 2：使用环境变量。这是一种更安全的方法，你可以在你的本地环境或服务器上设置环境变量，将密钥保存为环境变量，然后在代码中使用它。例如，在 Linux 或 macOS 系统上，你可以在命令行中执行：

```
export OPENAI_API_KEY="填入你的密钥"
```

当你在 Python 代码中初始化 OpenAI 类时，不需要传递任何参数，因为 LangChain 框架会自动从环境中检测并使用这个密钥。你可以简单地使用 llm = OpenAI()命令来初始化类，如下所示：

```
from langchain.llms import OpenAI
llm = OpenAI()
```

这样，即使代码被公开，你的密钥也不会被泄露，因为它不是直接写在代码中的。

方法 3：使用 getpass 模块。这是一种交互式的方法，允许用户在运行代码时输入密钥，你可以简单地使用 llm = OpenAI()命令来初始化类，如下所示：

```
import os
import getpass

os.environ['OPENAI_API_KEY'] = getpass.getpass('OpenAI API Key:')

from langchain.llms import OpenAI
```

```
llm = OpenAI()
```

当你运行这段代码时，它会提示你输入 OpenAI API 密钥。这种方法的好处是，密钥不会被保存在代码或环境变量中，而是直接从用户那里获取。

管理和使用密钥是一个重要的任务，需要确保密钥的安全。上述 3 种方法提供了不同的密钥使用方式，你可以根据自身需求和安全考虑选择合适的方法。无论选择哪种方法，都要确保不要公开或与他人分享你的密钥。

2.2.2　编写一个取名程序

在 LLM 应用开发领域，LangChain 为开发者带来了前所未有的可能性。通过编写一个取名程序，你将对 LangChain 框架有一个初步的了解。

安装和基础配置

首先，为了能够顺利进行开发工作，需要确保计算机上安装了相应的 Python 包。开发者可以通过以下命令轻松完成安装：

```
pip install openai langchain
```

每一个与 API 交互的应用都需要一个 API 密钥。开发者可以创建一个账户并获取密钥，为了保障 API 密钥的安全，最佳实践是将其设置为环境变量：

```
export OPENAI_API_KEY="你的 API 密钥"
```

但是，如果开发者不熟悉如何设置环境变量，也可以直接在初始化模型包装器 OpenAI 时传入密钥：

```
from langchain.llms import OpenAI
llm = OpenAI(openai_api_key="你的 API 密钥")
```

编写取名程序

有了这些基础设置，接下来就可以利用 LLM 进行实际的编程工作了。想象一下，有一个程序可以基于用户的描述来为公司、产品或项目提供创意取名建议。比如，当输入"为一家生产多彩袜子的公司起一个好名字"时：

```
llm.predict(
    "What would be a good company name for a company that makes "
    "colorful socks?"
)
```

Feetful of Fun 这个名字听起来不错。如此，一个简洁的、能提供创意取名建议的程序就诞生了。

```
# 输出: Feetful of Fun
```

2.2.3　创建你的第一个聊天机器人

在前面的实践中，我们成功创建了一个取名程序，借助 LangChain 框架进行启动。这个程序中仅使用了 LangChain 的模型包装器模块。现在，为了更加全面地了解 LangChain，下面你将创建你的第一个聊天机器人，并深入体验 LangChain 的 6 大核心模块（回顾图 2-1）。

在各种场景中为用户提供自然、流畅对话体验的聊天机器人可以满足多种用户需求。考虑一个典型的场景：用户早上打开聊天机器人界面，首先打招呼问"早上好"，随后询问"今天天气怎么样？"并在结束对话前问"最近有什么热门新闻吗？"这样的场景要求聊天机器人不仅具备与用户日常聊天的能力，还要能即时回应关于天气的询问并进行实时的新闻搜索。

面对从简单的日常对话到复杂的信息查询等多重任务，需要一个强大且灵活的工具来支持。因此，可以选择依赖 LangChain 的组件和链来实现这些功能。

以刚才的场景为例，当用户询问天气或需要搜索新闻时，LangChain 提供的 API 允许聊天机器人轻松处理这些任务：

（1）聊天机器人首先请求 LLM 解释用户的输入（例如"今天天气怎么样？"），并根据这些输入为其生成一个辅助的查询请求。这里可以用到的组件是聊天模型包装器、LLMChain 链组件，或者设置一个 Agent 代理；

（2）根据这个查询请求，聊天机器人会从天气服务中获取相关的数据或从新闻数据库中搜索相关内容。通过 LangChain 的内置搜索工具，可以获取天气和新闻；

（3）最后，聊天机器人请求 LLM 基于获得的数据为用户生成一个自然语言的回答，例如"今天是晴天，温度约为 35℃。关于热门新闻，最近国际上主要关注的是……"

这意味着，开发者无须为每一个步骤编写复杂的后台代码。通过 LangChain 的组件和链，开发者只需要简单地将用户的问题输入，再将 LangChain 返回的答案直接传递给用户即可。这种方式不仅大大简化了开发流程，还确保了聊天机器人能为用户提供自然、丰富的信息。

环境配置和密钥设置

首先，需要安装 Python 包：

```
pip install openai LangChain
```

访问 API 需要一个 API 密钥，你可以通过创建并访问一个账户来获得。一旦得到密钥，可将其设置为环境变量：

```
export openai_api_key=""
```

LangChain 的 schema 定义了 AIMessage、HumanMessage 和 SystemMessage 这 3 种角色类型的数据模式基于这些数据模式，可以像使用函数一样将参数传递给消息对象。

例如，如果想要与聊天机器人对话，只需要把你想要说的话用 HumanMessage 函数封装起来，如 HumanMessage(content="你好!")。然后将这条消息放入一个列表，传递给聊天模型包装器 ChatOpenAI，这样就可以开始与聊天机器人进行交流了。如果想让这个聊天机器人将一段英文翻译为法文，则可以这样编写代码：

```
from langchain.chat_models import ChatOpenAI
from langchain.schema import (
    AIMessage,
    HumanMessage,
    SystemMessage
)

chat = ChatOpenAI(temperature=0)
chat.predict_messages([
    HumanMessage(
        content=(
            "Translate this sentence from English to French. "
            "I love programming."
        )
    )
])
```

这段代码首先导入了需要的模块和函数，然后创建了一个 ChatOpenAI 对象，并且设置了温度参数为 0，这意味着模型的输出将会具有更低的随机性。之后调用 chat.predict_messages 方法，向该方法传递了一个包含 HumanMessage 的消息对象列表。这个 HumanMessage 对象中包含了我们想要翻译的英文句子。最后，模型将返回一个 AIMessage 对象，其中包含了这句英文的法文翻译。I love programming 翻译为法文为 J'aime programmer。

```
AIMessage(content="J'aime programmer.", additional_kwargs={})
```

提示词模板

提示词模板是一种特殊的文本，它可以为特定任务提供额外的上下文信息。在 LLM 应用中，用户输入通常不直接被传递给模型本身，而是被添加到一个更大的文本，即提示词模板中。提示词模板为当前的具体任务提供了额外的上下文信息，这能够更好地引导模型生成预期的输出。

在 LangChain 中，可以使用 MessagePromptTemplate 来创建提示词模板。可以用一个或多个 MessagePromptTemplate 创建一个 ChatPromptTemplate，示例代码如下：

```python
from langchain.prompts.chat import (
    ChatPromptTemplate,
    SystemMessagePromptTemplate,
    HumanMessagePromptTemplate,
)

template = (
    "You are a helpful assistant that translates {input_language} to "
    "{output_language}."
)
system_message_prompt =
    SystemMessagePromptTemplate.from_template(template)

human_template = "{text}"
human_message_prompt =
    HumanMessagePromptTemplate.from_template(human_template)

chat_prompt = ChatPromptTemplate.from_messages([
    system_message_prompt,
    human_message_prompt
])

chat_prompt.format_messages(
    input_language="English",
    output_language="French",
    text="I love programming."
)
```

上述代码首先定义了两个模板：一个是系统消息模板，描述了任务的上下文（翻译助手的角色和翻译任务）；另一个是人类消息模板，其中的内容是用户的输入。

然后，使用 ChatPromptTemplate 的 from_messages 方法将这两个模板结合起来，生成一个聊天提示词模板。

当想要检查发送给模型的提示词是否确实与预期的提示词相符时，可以调用 ChatPromptTemplate 的 format_messages 方法，查看该提示词模板的最终呈现：

```python
[
    SystemMessage(
        content=(
            "You are a helpful assistant that translates "
            "English to French."
```

```
        ),
        additional_kwargs={}
    ),
    HumanMessage(content="I love programming.")
]
```

通过这种方式，不仅可以让聊天模型包装器生成预期的输出，还能让开发者不必担心提示词是否符合消息列表的数据格式，只需要提供具体的任务描述即可。

创建第一个链

下面，我们将上述步骤整合为一条链。使用 LangChain 的 LLMChain（大语言模型包装链）对模型进行包装，实现与提示词模板类似的功能。这种方式更为直观易懂，你会发现，导入 LLMChain 并将提示词模板和聊天模型传递进去后，链就造好了。链的运行可以通过函数式调用实现，也可以直接"run"一下。以下是相关代码：

```python
from langchain import LLMChain
from langchain.chat_models import ChatOpenAI
from langchain.prompts.chat import (
    ChatPromptTemplate,
    SystemMessagePromptTemplate,
    HumanMessagePromptTemplate,
)

# 初始化 ChatOpenAI 聊天模型，温度设置为 0
chat = ChatOpenAI(temperature=0)

# 定义系统消息模板
template = (
    "You are a helpful assistant that translates {input_language} to "
    "{output_language}."
)
system_message_prompt = \
    SystemMessagePromptTemplate.from_template(template)

# 定义人类消息模板
human_template = "{text}"
human_message_prompt = \
    HumanMessagePromptTemplate.from_template(human_template)

# 将这两个模板组合到聊天提示词模板中
chat_prompt = ChatPromptTemplate.from_messages([
    system_message_prompt,
    human_message_prompt
])

# 使用 LLMChain 组合聊天模型组件和提示词模板
chain = LLMChain(llm=chat, prompt=chat_prompt)
```

```
# 运行链，传入参数
chain.run(
    input_language="English",
    output_language="French",
    text="I love programming."
)
```

这段代码首先初始化了一个 ChatOpenAI 聊天模型，然后定义了系统消息模板和人类消息模板，并将它们组合在一起创建了一个聊天提示词模板。接着，使用 LLMChain 来组合聊天模型和提示词模板。最后运行链，并传入用户输入作为参数。这样，我们就可以方便地与 LLM 交互，并且不需要每次都为提示词模板提供所有的参数。

Agent

当代生活越来越依赖于各种信息，比如想要去郊游时需要查询当天的天气状况、路况信息等，这时聊天机器人就可以发挥巨大的作用了。不仅如此，它甚至可以帮助制订计划。那么，如何让聊天机器人完成这样的任务呢？这就需要借助 LangChain 的高级模块 Agent 了。

目前，Agent 是 LangChain 中最先进的模块，它的主要职责是基于输入的信息动态选择执行哪些动作，以及确定这些动作的执行顺序。一个 Agent 会被赋予一些工具，这些工具可以执行特定的任务。Agent 会反复选择一个工具，运行这个工具，观察输出结果，直到得出最终的答案。换句话说，Agent 就像一个决策者，它决定使用什么工具来获取天气信息，我们只需要关注它给的最终答案即可。

要创建并加载一个 Agent，你需要选择以下几个要素：

（1）聊天模型包装器：这是驱动 Agent 的 LLM。

（2）工具：执行特定任务的函数，例如，谷歌搜索、数据库查询、Python REPL，甚至其他 LLM 链。

（3）代理名称：一个字符，用于选择具体的 Agent 类。这个类中含有一组预定义的"提示词模板"，这些模板有助于 LLM 更准确地判断在不同场景或任务下应该如何执行。比如，如果一个 Agent 类是专门用于进行网页数据爬取的，那么它的提示词模板中可能会包含与爬取相关的各种任务指示，以帮助 LLM 更准确地执行这类任务。在以下的代码示例中，我们将使用 SerpAPI 查询搜索引擎来创建一个 Agent。

安装必要的 Python 库：

```
pip -q install  openai
```

```
pip install LangChain
```

设置密钥：

```
# 设置 OpenAI 的 API 密钥
os.environ["OPENAI_API_KEY"] = "填入你的密钥"
# 设置谷歌搜索的 API 密钥
os.environ["SERPAPI_API_KEY"] = ""

from langchain.agents import load_tools
from langchain.agents import initialize_agent
from langchain.agents import AgentType
from langchain.chat_models import ChatOpenAI
```

加载控制 Agent 的大语言模型：

```
chat = ChatOpenAI(temperature=0)
```

加载一些工具：

```
tools = load_tools(["serpapi", "llm-math"], llm=llm)
```

注意这里的 llm-math 工具使用了一个 LLM，因此需要将其传入。

用工具、大语言模型，以及想要使用的 Agent 类型初始化一个 Agent：

```
agent =initialize_agent(tools, chat,
agent=AgentType.CHAT_ZERO_SHOT_REACT_DESCRIPTION, verbose=True)
```

测试 Agent：

```
agent.run("What will be the weather in Shanghai three days from now?")
```

通过以上步骤，我们成功创建并运行了一个 Agent，它能够帮助从网络上获取信息，并进行一些数学计算。这样，无论想要查询天气、路况，还是计划郊游，都可以轻松地通过这个聊天机器人得到所需的信息。

记忆组件

在此之前，我们实现的聊天机器人虽然已经能使用工具进行搜索并进行数学运算，但它仍然是无状态的，在对话中无法跟踪与用户的交互信息，这意味着它无法引用过去的消息，也就无法根据过去的交互理解新的消息。这对于聊天机器人来说显然是不足的，因为我们希望聊天机器人能够理解新消息，并在此基础上理解过去的消息。

LangChain 提供了一个名为"记忆"的组件，用于维护应用程序的状态。这个组件不仅允许用户根据最新的输入和输出来更新应用状态，还支持使用已存储的会话状态来调整或修改即将输入的内容。这样，它能为实现更复杂的对话管理和信息跟踪提供基础设施。

记忆组件具有两个基本操作：读取（Reading）和写入（Writing）。在执行核心逻辑之前，系统会从记忆组件中读取信息以增强用户输入。执行核心逻辑之后，返回最终答案之前，系统会将当前运行的输入和输出写入记忆组件，以便在未来的运行中引用。

这种设计方式提供了一种灵活且可扩展的方法，使得 LangChain 可以更有效地管理对话和应用状态。在内置的记忆组件中，最简单的是缓冲记忆。缓冲记忆只是将最近的一些输入/输出预置到当前的输入中，下面我们通过代码来查看这个过程。

首先，从 langchain.prompts 中导入一些类和函数。然后，创建一个 ChatOpenAI 对象。具体如下：

```
from langchain.prompts import (
    ChatPromptTemplate,
    MessagesPlaceholder,
    SystemMessagePromptTemplate,
    HumanMessagePromptTemplate
)
from langchain.chains import ConversationChain
from langchain.chat_models import ChatOpenAI
from langchain.memory import ConversationBufferMemory

prompt = ChatPromptTemplate.from_messages([
    SystemMessagePromptTemplate.from_template(
    """
The following is a friendly conversation between a human and an AI.
The AI istalkative and provides lots of specific details from its
context. If the AI does not know the answer to a question,
it truthfully says it does not know.
    """
    ),
    MessagesPlaceholder(variable_name="history"),
    HumanMessagePromptTemplate.from_template("{input}")
])

llm = ChatOpenAI(temperature=0)
```

接着，创建一个 ConversationBufferMemory 对象，这是 LangChain 内置的记忆组件之一：

```
memory = ConversationBufferMemory(return_messages=True)
```

最后，创建一个 ConversationChain 对象，它是一个会话链组件，该组件会使用之前创建的 ChatOpenAI 对象和 ConversationBufferMemory 对象。会话链也是内置的组件，传入参数后即可实例化运行：

```
conversation = ConversationChain(memory=memory, prompt=prompt, llm=llm)
```

创建了会话链之后，就可以用它获取机器人响应了：

```
conversation.predict(input="你好，我是李特丽!")
```

例如，可以向会话链中输入"你好，我是李特丽！"然后，会话链就会根据存储状态和用户输入生成一个响应。由于记忆类型是缓冲记忆，所以会话链的响应会考虑最近几轮的对话信息。

在后面的会话中，聊天机器人会记住这个名字。你也可以给聊天机器人取一个特别的名字，因为有记忆的存在，它会记住自己的名字。

总的来说，通过使用记忆组件，聊天机器人不仅可以进行搜索和数学运算，还能引用过去的交互，理解新的消息，这大大提高了聊天机器人的实用性和智能水平。

祝贺大家，到这里，你的第一个聊天机器人已开发完成。

2.3　LangChain 表达式

LangChain 秉持的核心设计理念是"做一件事并把它做好"。这种设计理念强调，每一个工具或组件都应该致力于解决一个特定的问题，并能够与其他工具或组件集成。在 LangChain 中，这种设计理念的体现是，它的各个组件都是独立且模块化的。例如，通过使用管道操作符"|"，开发者可以轻松地实现各个组件链的组合，开发者可以像说话一样编写代码，"直接"和"简洁"就是 LangChain 表达式的精髓所在。这种表达式不仅使得代码结构更为清晰，还让编程的方式更加接近自然语言的表达，为开发者提供了更为直观和顺滑的编程体验。

考虑到 LangChain 的目标是构建 LLM 应用，因此，开发者可以轻松地利用其提供的组件，如 PromptTemplate、ChatOpenAI 和 OutputParser，为 LLM 应用创建自定义的处理链。例如，基于 StrOutputParser，开发者可以轻松地将 LLM 或 Chat Model 输出的原始格式转换为更易于处理的字符串格式。以下代码示例展示了 LangChain 表达式的实际应用：

```
from langchain.prompts import ChatPromptTemplate
from langchain.chat_models import ChatOpenAI
from langchain.schema.output_parser import StrOutputParser

# 实例化提示词模板和聊天模型包装器
prompt = ChatPromptTemplate.from_template("tell me a joke about {topic}")
model = ChatOpenAI(openai_api_key="你的 API 密钥")

# 定义处理链
chain = prompt | model | StrOutputParser()
```

```
# 调用处理链
response = chain.invoke({"foo": "bears"})
print(response)
# 输出: "Why don't bears wear shoes?\n\nBecause they have bear feet!"
```

此外，LangChain 的另一个关键是流水线处理。在软件开发中，流水线处理是一种将多个处理步骤组合在一起的方法，其中每个步骤的输出都是下一个步骤的输入。这种设计不仅简化了 LLM 应用开发流程，还确保了输出的高效性和可靠性。

开发者们在使用 LangChain 构建 LLM 应用时，不仅可以利用其组件化的设计优势，还可以确保应用具有较高的灵活性和可扩展性，这些都是现代 LLM 应用开发中的关键要素。

注意，使用管道操作符进行链式调用（即 prompt | model | StrOutputParser()）需要新版本的 LangChain 仓库支持，开发者们请务必将 LangChain 升级到最新版本。

为了帮助开发者更好地理解和使用 LangChain 表达式，接下来的部分将详细介绍 LangChain 中的一些常见表达式。

提示词模板+模型包装器

提示词模板与模型包装器的组合构成了最基础的链组件，通常用在大多数复杂的链中。复杂的链组件通常都包含提示词模板和模型包装器，这是与 LLM 交互的基础组件，可以说缺一不可。请看以下示例：

```
from langchain.prompts import ChatPromptTemplate
from langchain.chat_models import ChatOpenAI

# 实例化提示词模板和聊天模型包装器
prompt = ChatPromptTemplate.from_template("tell me a joke about {topic}")
model = ChatOpenAI(openai_api_key="你的 API 密钥")

# 定义处理链
chain = prompt | model

# 调用处理链
response = chain.invoke({"foo": "bears"})
print(response)

# 输出: AIMessage(content='Why don\'t bears use cell phones? \n\n
Because they always get terrible "grizzly" reception!',
additional_kwargs={}, example=False)
```

为了获得更加可控和有针对性的输出，确保输出的文本符合期望和需求，经常要将 additional_kwargs 传入模型包装器。在下面给出的代码示例中，chain = prompt |

model.bind(stop=["\n"]) 这行代码表示，当 LLM 生成文本并遇到换行符 \n 时，应该停止进一步的文本生成：

```
chain = prompt | model.bind(stop=["\n"])
response = chain.invoke({"foo": "bears"})

# 输出 response: AIMessage(content="Why don't bears use cell phones?",
additional_kwargs={}, example=False)
```

bind 方法同样支持 OpenAI 的函数回调功能，可以将函数描述列表绑定到模型包装器上：

```
functions = [
    {
        "name": "joke",
        "description": "A joke",
        "parameters": {
            "type": "object",
            "properties": {
                "setup": {
                    "type": "string",
                    "description": "The setup for the joke"
                },
                "punchline": {
                    "type": "string",
                    "description": "The punchline for the joke"
                }
            },
            "required": ["setup", "punchline"]
        }
    }
]
chain = prompt | model.bind(function_call= {"name": "joke"}, functions=
functions)

response = chain.invoke({"foo": "bears"}, config={})

# 输出 response: AIMessage(content='', additional_kwargs={'function_call':
{'name': 'joke', 'arguments': '{\n "setup": "Why don\'t bears wear
shoes?",\n "punchline": "Because they have bear feet!"\n}'}},
example=False)
```

提示词模板+模型包装器+输出解析器

可以在提示词模板与模型包装器的组合基础上，再增加一个输出解析器。示例如下：

```
from langchain.schema.output_parser import StrOutputParser
```

```
chain = prompt | model | StrOutputParser()
response = chain.invoke({"foo": "bears"}, config={})
```

```
# 输出 response: "Why don't bears wear shoes?\n\nBecause they have bear feet!"
```

当定义一个要返回的函数时，你可能不希望进行额外的处理，而只希望直接对函数进行解析。为了满足这个需求，LangChain 为 OpenAI 提供了一个专门的函数回调解析器，名为 JsonOutputFunctionsParser。这意味着在 LangChain.output_parsers 下的所有内置输出解析器的类型都是可用的。此外，还可以根据自己的需要使用自定义的输出解析器：

```
from langchain.output_parsers.openai_functions import (
    JsonOutputFunctionsParser
)

chain = (
    prompt
    | model.bind(
        function_call={"name": "joke"},
        functions=functions
    )
    | JsonOutputFunctionsParser()
)

response = chain.invoke({"foo": "bears"})

# 输出 response:  {'setup': "Why don't bears wear shoes?",
'punchline': 'Because they have bear feet!'}
```

多功能组合链

首先定义两个提示词模板 prompt1 和 prompt2，分别用来询问某人来自哪个城市，以及这个城市位于哪个国家。

chain1 是由 prompt1、model 和 StrOutputParser 组成的链，目的是根据给定的人名返回此人来自哪个城市。

chain2 是更复杂的链。它首先使用 chain1 的结果（城市），然后结合 itemgetter 提取的 language 键值，生成输入 prompt2 的完整问题。这个问题随后会被传递给模型，并通过 StrOutputParser 解析：

```
from operator import itemgetter

prompt1 = \
ChatPromptTemplate.from_template("what is the city {person} is from?")

prompt2 = ChatPromptTemplate.from_template(
```

```
        "what country is the city {city} in? respond in {language}"
)

chain1 = prompt1 | model | StrOutputParser()

chain2 = (
    {"city": chain1, "language": itemgetter("language")}
    | prompt2
    | model
    | StrOutputParser()
)

chain2.invoke({"person": "obama", "language": "spanish"})
```

当调用 chain2 并传递{"person": "obama", "language": "spanish"}作为输入时,整个流程将按顺序执行,并返回最终结果:

```
# 'El país en el que nació la ciudad de Honolulu, Hawái, donde nació Barack
Obama, el 44° presidente de los Estados Unidos, es Estados Unidos.'
```

下面我们加大难度,创建一个更复杂的组合链。先定义 4 个提示词模板,涉及颜色、水果、某国家国旗颜色,以及水果和国家(国旗)的颜色对应关系。

chain1 是一个简单的链,根据 prompt1 生成一个随机颜色。

chain2 是一个复杂的链,首先使用 RunnableMap 和 chain1 来获取一个随机颜色。接下来,这个颜色被用作两个并行链的输入,分别询问此颜色的水果有什么,以及哪个国家的国旗是这个颜色的。示例代码如下:

```
from langchain.schema.runnable import RunnableMap

prompt1 = \
ChatPromptTemplate.from_template("generate a random color")

prompt2 = \
ChatPromptTemplate.from_template("what is a fruit of color: {color}")

prompt3 = \
ChatPromptTemplate.from_template("what is countries flag that has the color:
{color}")

prompt4 = \
ChatPromptTemplate.from_template("What is the color of {fruit} and
{country}")

chain1 = prompt1 | model | StrOutputParser()

chain2 = RunnableMap(steps={"color": chain1}) | {
    "fruit": prompt2 | model | StrOutputParser(),
```

```
    "country": prompt3 | model | StrOutputParser(),
} | prompt4
```

最后，这两个并行链的返回结果（一个水果和一个国家）被用作 prompt4 的输入，询问这个水果和这个国家的国旗是什么颜色的。

```
chain2.invoke({})
# ChatPromptValue(messages=[HumanMessage(content="What is the color of A
fruit that has a color similar to #7E7DE6 is the Peruvian Apple Cactus (Cereus
repandus). It is a tropical fruit with a vibrant purple or violet exterior. and
The country's flag that has the color #7E7DE6 is North Macedonia.",
additional_kwargs={}, example=False)])
```

第3章

模型 I/O

在所有 LLM 应用中，核心元素无疑都是模型本身。与模型进行有效的交互是实现高效、灵活和可扩展应用的关键。LangChain 提供了一系列基础构建块，使你能够与主流语言模型进行对接。

3.1 什么是模型 I/O

LangChain 可以说是大语言模型应用开发的"最后 1 公里"。

2023 年以来，大语言模型如同雨后春笋般一根接一根地冒出来。其中，知名度较高的几个模型包括 OpenAI 的 GPT 系列、Anthropic 的 Claude 系列、谷歌的 PaLM 系列，以及 Meta 公司发布的 LLaMA 系列。这些模型都由各自的模型平台（见图 3-1）发布，并配备了接口供开发者使用。

对于开发者来说，要想充分利用这些模型的能力，首先需要了解并掌握每个模型平台的 API 调用接口。有了这些知识，开发者就可以发起调用，向模型输入数据，并获取模型的输出结果。

问题是，初学者面对众多的大语言模型平台和各自不同的 API 调用协议，可能会感到困惑甚至望而却步。毕竟，每个模型平台都有其特定的调用方式和规范，初学者需要投入大量的时间和精力去学习和理解。例如，OpenAI 就发布了十几种不同的大语言模型，其中 2023 年发布的 GPT-4 模型需要使用 Chat 类型的 API 进行调用。这意味着，每当想要使用一个新的模型时，就需要重新学习和理解这个模型特定的 API 调用方式，这无疑增加了开发者的工作负担。这就像每当遇到一个新的语言环境就需要重新学习一门新的语言一样，既费时又费力。

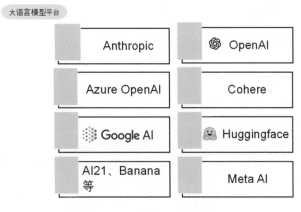

图 3-1

对于那些想要利用大语言模型构建应用的开发者来说，同样如此。以应用程序为例，一个复杂的应用可能包含各种不同的功能需求，这就意味着可能需要调用不同类型的模型来满足这些需求。比如，在处理文本分类任务时，可能只需要一个参数较少、规模较小的模型就能够实现。但在处理聊天场景任务时，则需要一个能够理解用户输入并能让对话具有"说人话"感觉的模型，比如 GPT-4。这就需要掌握和管理更多的模型调用方式，无疑增加了开发的复杂度。

为了解决这些问题，LangChain 推出了模型 I/O，这是一种与大语言模型交互的基础组件。模型 I/O 的设计目标是使开发者无须深入理解各个模型平台的 API 调用协议就可以方便地与各种大语言模型平台进行交互（图 3-2 中的③）。本质上来说，模型 I/O 组件是对各个模型平台 API 的封装，这个组件封装了 50 多个模型接口。

这就好比 LangChain 提供了通用包装器，无论你要和哪种模型进行交互，都可以通过这个包装器（图 3-2 中第③部分的 LLM 模型包装器和聊天模型包装器）来实现。开发者可以很方便地与最新、最强大的模型（如 2023 年 7 月的 GPT-4）进行交互，也可以与本地私有化部署的语言模型，甚至在 HuggingFace 上找到的开源模型进行交互。只需要几行代码，开发者就可以与这些模型对话，无须关心模型平台的底层 API 调用方式。

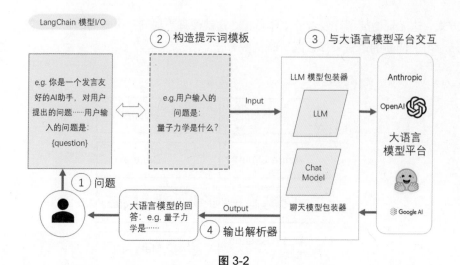

图 3-2

那如何使用 LangChain 的基础组件模型 I/O 来访问各个平台的大语言模型呢？模型 I/O 组件提供了 3 个核心功能。

模型包装器：通过接口调用大语言模型，见图 3-3 中的模型预测（Predict）部分。

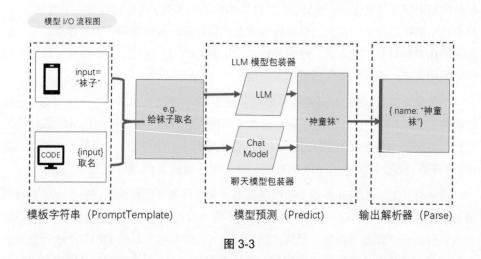

图 3-3

提示词模板管理：将用户对 LLM 的输入进行模板化，并动态地选择和管理这些模板，即模型输入（Model I），见图 3-3 中的模板字符串（PromptTemplate）部分。

输出解析器：从模型输出中提取信息，即模型输出（Model O），见图 3-3 中的输出解析器（Parse）部分。

3.2 模型 I/O 功能之模型包装器

截至 2023 年 7 月，LangChain 支持的大语言模型已经超过了 50 种，这其中包括了来自 OpenAI、Meta、Google 等顶尖科技公司的大语言模型，以及各类优秀的开源大语言模型。对于这些大语言模型，LangChain 都提供了模型包装器以实现交互。

随着大语言模型的发展，LangChain 的模型包装器组件也在不断升级，以适应各个大模型平台的 API 变化。2023 年，OpenAI 发布了 GPT-3.5-Turbo 模型，并且在他们的平台上增加了一个全新类型的 API，即 Chat 类型 API。这种 API 更适合用于聊天场景和复杂的应用场景，例如多轮对话。截至 2023 年 8 月，最新的 GPT-4 模型和 Anthropic 的 Claude 2 模型都采用了 Chat 类型 API。这种 API 也正在成为模型平台 API 的发展趋势。如果不使用这种 API，将无法利用最强大的 GPT-4 模型，也无法生成接近 "人类标准" 的自然语言对话文本。因此，选择适合自己应用需求的 API，以及配套的 LangChain 模型包装器组件，是在使用大语言模型进行开发时必须考虑的重要因素。

3.2.1 模型包装器分类

LangChain 的模型包装器组件是基于各个模型平台的 API 协议进行开发的，主要提供了两种类型的包装器。一种是通用的 LLM 模型包装器，另一种是专门针对 Chat 类型 API 的 Chat Model（聊天模型包装器）。

如图 3-4 所示，以 OpenAI 平台的两种类型 API 为例，如果使用 text-davinci-003 模型，则导入的是 OpenAI 的 LLM 模型包装器（图 3-4 第①步），而使用 GPT-4 模型则需要导入 ChatOpenAI 的聊天模型包装器（图 3-4 第②步）。选择的模型包装器不同，获得的模型响应也不同。选择 LLM 模型包装器获得的响应是字符串（图 3-4 第③步），选择聊天模型包装器，它接收一系列的消息作为输入，并返回一个消息类型作为输出，获得的响应是 AIMessage 消息数据（图 3-4 第④步）。

LangChain 的模型包装器组件提供了一种方便的方式来使用各种类型的大语言模型，无论是通用的 LLM 模型包装器，还是专门针对聊天场景的聊天模型包装器，都能让开发者更高效地利用大语言模型的能力。

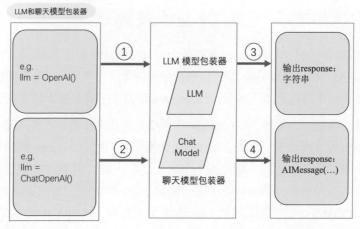

图 3-4

LLM 模型包装器是一种专门用于与大语言模型文本补全类型 API 交互的组件。这种类型的大语言模型主要用于接收一个字符串作为输入，然后返回一个补全的字符串作为输出。比如，你可以输入一个英文句子的一部分，然后让模型生成句子的剩余部分。这种类型的模型非常适合用于自动写作、编写代码、生成创意内容等任务。

例如你想使用 OpenAI 的 text-davinci-003 模型，你可以选择使用 OpenAI 模型包装器，示例如下：

```
from langchain.llms import OpenAI
openai = OpenAI(model_name="text-davinci-003")
```

代码中的 openai 是 OpenAI 类的一个实例，它继承了 OpenAI 类的所有属性和方法，你可以使用这个 openai 对象来调用 OpenAI 的 text-davinci-003 模型，导入的 OpenAI 类即 LangChain 的模型包装器，专门用于处理 OpenAI 公司的 Completion 类型 API。

2023 年，LangChain 已经实现了 50 种不同大语言模型的 Completion 类型 API 的包装器，包括 OpenAI、Llama.cpp、Cohere、Anthropic 等。也就是说，开发者无须关注这 50 个模型平台的底层 API 是如何调用的，LangChain 已经包装好了调用方式，开发者可以"即插即用"。

通过 LangChain.llms 获取的所有对象都是大语言模型的包装器，这些对象称为 LLM 模型包装器。所有的 LLM 模型包装器都是 BaseLLM 的子类，它们继承了 BaseLLM 的所有属性和方法，并根据需要添加或覆盖一些自己的方法。这些包装器封装了各平台上的大语言模型的功能，使得开发者可以以面向对象的方式使用这些大语言模型的功能，而无须直接与各个模型平台的底层 API 进行交互。

需要注意的是，OpenAI 的 Text Completion 类型 API 在 2023 年 7 月进行了最后一次更新，该 API 现在只能用于访问较旧的历史遗留模型，如 2020—2022 年的模型 text-davinci-003、text-davinci-002、Davinci、Curie、Babbage、Ada 等。

OpenAI 的 Text Completion 类型 API 与新的 Chat Completion 类型 API（以下简称 "Chat 类型 API"）不同。Text Completion 类型 API 使得开发者可以直接提供一段具有特定上下文的文本，然后让模型在这个上下文的基础上生成相应的输出。尽管这种方式在某些场景下可能会更方便，比如翻译和写文案的场景，但在需要模拟对话或者复杂交互的情况下，OpenAI 平台建议使用 Chat 类型 API。

相比之下，如果要使用 OpenAI 的最新模型，如 2023 年以后的模型 GPT-4 和 GPT-3.5-Turbo，那么你需要通过 Chat 类型 API 进行访问。这意味着，如果你想充分利用 OpenAI 最新的技术，就需要将应用程序或服务从使用 Text Completion 类型 API 迁移到使用 Chat 类型 API 上。

LangChain 创建了聊天模型包装器组件，适配了模型平台的 Chat 类型 API。

通过 LangChain.chat_models 获取的所有对象都是聊天模型包装器。聊天模型包装器是一种专门用于与大语言模型的 Chat 类型 API 交互的包装器组件。设计这类包装器主要是为了适配 GPT-4 等先进的聊天模型，这类模型非常适合用于构建能与人进行自然语言交流的多轮对话应用，比如客服机器人、语音助手等。它接收一系列的消息作为输入，并返回一个消息作为输出。

2023 年 7 月，LangChain 已经实现了 6 个针对不同模型平台的聊天模型包装器：

① ChatOpenAI：用于包装 OpenAI Chat 大语言模型（如 GPT-4 和 GPT-3.5-Turbo）；

② AzureChatOpenAI：用于包装 Azure 平台上的 OpenAI 模型；

③ PromptLayerChatOpenAI：用于包装 PromptLayer 平台上的 OpenAI 模型；

④ ChatAnthropic：用于包装 Anthropic 平台上的大语言模型；

⑤ ChatGooglePalm：用于包装 Google Palm 平台上的大语言模型；

⑥ ChatVertexAI：用于包装 Vertex AI 平台上的大语言模型，Vertex AI 的 PaLM API 中包含了 Google 的 Pathways Language Model 2（PaLM 2）的发布端点。

聊天模型包装器都是 BaseChatModel 的子类，继承了 BaseChatModel 的所有属性和方法，并根据需要添加或覆盖一些自己的方法。

例如，如果你想使用最先进的 GPT-4 模型，那么可以选择使用 ChatOpenAI 模型包装器，示例如下：

```
from langchain.chat_models import ChatOpenAI
llm = ChatOpenAI(temperature=0, model_name="gpt-4")
```

在上述代码中，llm 是 ChatOpenAI 类的一个实例，你可以使用这个 llm 对象来调用 GPT-4 模型的功能。

LLM 模型包装器和聊天模型包装器，都是 LangChain 对各个大语言模型底层 API 的封装，开发者无须关注各个模型平台底层 API 的实现方式，只需要关注模型输入什么，以及输出什么。

在 LangChain 的官网文档中，凡是涉及模型输入、输出的链（Chain）和代理（Agent）的示例代码，都会提供两份。一份是使用 LLM 模型包装器的，一份是使用聊天模型包装器的，这是因为两者之间存在着细微但是很重要的区别。

1. 输入的区别

对于 LLM 模型包装器，其输入通常是单一的字符串提示词（prompt）。例如，你可以输入"Translate the following English text to French: '{text}'"，然后模型会生成对应的法文翻译。另外，LLM 模型包装器主要用于文本任务，例如给定一个提示"今天的天气如何？"模型会生成一个相应的答案"今天的天气很好。"

聊天模型包装器，其输入则是一系列的聊天消息。通常这些消息都带有发言人的标签（比如系统、AI 和人类）。每条消息都有一个 role（角色）和 content（内容）。例如，你可以输入[{"role": "user", "content": 'Translate the following English text to French: "{text}"'}]，模型会返回对应的法文翻译，但是返回内容包含在 AIMessage(...)内。

2. 输出的区别

对于 LLM 模型包装器，其输出是一个字符串，这个字符串是模型对提示词的补全。而聊天模型包装器的输出是一则聊天消息，是模型对输入消息的响应。

虽然 LLM 模型包装器和聊天模型包装器在处理输入和输出的方式上有所不同，但是为了使它们可以混合使用，它们都实现了基础模型接口。这个接口公开了两个常见的方法：predict（接收一个字符串并返回一个字符串）和 predict messages（接收一则消息并返回一则消息）。这样，无论你是使用特定的模型，还是创建一个应该匹配其他类型模型的应用，都可以通过这个共享接口来进行操作。

之所以要区分这两种类型，主要是因为它们处理输入和输出的方式不同，且各自适用的场景不同。通过这种方式，开发者可以更好地利用不同类型的大语言模型，提高模型的适用性和灵活性。

在 LangChain 的发展迭代过程中，每个模块调用模型 I/O 功能都提供了 LLM 模型包装器和聊天模型包装器两种代码编写方式。因为 OpenAI 平台的底层 API 发生了迭代，LangChain 为了不增加开发者的代码修改量，更好地适配新的大语言模型发展要求，做了类型划分。这种划分已经形成了技术趋势，同时也为学习 LangChain 提供了线索。

如果你使用的是 LangChain 的 llms 模块导出的对象，则这些对象是 LLM 模型包装器，主要用于处理自由形式的文本。输入的是一段或多段自由形式文本，输出的则是模型生成的新文本。这些输出文本可能是对输入文本的回答、延续或其他形式的响应。

相比之下，如果你使用的是 LangChain 的 chat_models 模块导出的对象，则这些对象是专门用来处理对话消息的。输入的是一个对话消息列表，每条消息都由角色和内容组成。这样的输入给了大语言模型一定的上下文环境，可以提高输出的质量。输出的也是一个消息类型，这些消息是对连续对话内容的响应。

当看到一个类的名字内包含"Chat"时，比如 ChatAgent，那么就表示要给模型输入的是消息类型的信息，也可以预测 ChatAgent 输出的是消息类型。

3.2.2　LLM 模型包装器

LLM 模型包装器是 LangChain 的核心组件之一。LangChain 不提供自己的大语言模型，而是提供与许多不同的模型平台进行交互的标准接口。

下面通过示例演示如何使用 LLM 模型包装器。示例代码使用的 LLM 模型包装器是 OpenAI 提供的模型包装器，封装了 OpenAI 平台的接口，导入方式和实例化方法对于所有 LLM 模型包装器都是通用的。

首先，安装 OpenAI Python 包：

```
pip install openai LangChain
```

然后导入 OpenAI 模型包装器并设置好密钥：

```
from langchain.llms import OpenAI
OpenAI.openai_api_key = "填入你的密钥"
```

使用 LLM 模型包装器最简单的方法是，输入一个字符串，输出一个字符串：

```
# 运行一个最基本的 LLM 模型包装器，由模型平台 OpenAI 提供文本生成能力
```

```
llm = OpenAI()
llm("Tell me a joke")
```

运行结果如下：

```
'Why did the chicken cross the road?\n\nTo get to the other side.'
```

说明：这里的运行结果是随机的，不是固定的。

3.2.3 聊天模型包装器

当前最大的应用场景便是"Chat"（聊天），比如模型平台 OpenAI 最热门的应用是 ChatGPT。为了紧跟用户需求，LangChain 推出了专门用于聊天场景的聊天模型包装器（Chat Model），以便能与各种模型平台的 Chat 类型 API 进行交互。

聊天模型包装器以聊天消息作为输入和输出的接口，输入不是单个字符串，而是聊天消息列表。

下面通过示例演示输入聊天消息列表的聊天模型包装器如何运行，以及与 3.2.2 节介绍的 LLM 模型包装器在使用上有什么区别。

首先安装 OpenAI Python 包：

```
pip install openai LangChain
```

然后设置密钥：

```
import os
os.environ['OPENAI_API_KEY'] = '填入你的密钥'
```

为了使用聊天模型包装器，这里将导入 3 个数据模式（schema）：一个由 AI 生成的消息数据模式（AIMessage）、一个人类用户输入的消息数据模式（HumanMessage）、一个系统消息数据模式（SystemMessage）。这些数据模式通常用于设置聊天环境或提供上下文信息。

然后导入聊天模型包装器 ChatOpenAI，这个模型包装器封装了 OpenAI 平台 Chat 类型的 API，无须关注 OpenAI 平台的接口如何调用，只需要关注向这个 ChatOpenAI 中输入的内容：

```
from langchain.schema import (
  AIMessage,
  HumanMessage,
  SystemMessage
)
from langchain.chat_models import ChatOpenAI
```

向 ChatOpenAI 聊天模型包装器输入的内容必须是一个消息列表。消息列表的数据模式需要符合 AIMessage、HumanMessage 和 SystemMessage 这 3 种数据模式的要求。这样设计的目的是提供一种标准和一致的方式来表示和序列化输入消息。序列化是将数据结构转换为可以存储或传输的数据模式的过程。在 ChatOpenAI 中，序列化是指将消息对象转换为可以通过 API 发送的数据。这样，接收消息的一方（OpenAI 平台的服务器）就能知道如何正确地解析和处理每则消息了。

在本示例中，SystemMessage 是指在使用大语言模型时用于配置系统的系统消息，HumanMessage 是指用户消息。下面将 SystemMessage 和 HumanMessage 组合成一个聊天消息列表，输入模型。这里使用的模型是 GPT-3.5-Turbo。如果你有 GPT-4，也可以使用 GPT-4。

```
chat = ChatOpenAI(model_name="gpt-3.5-turbo",temperature=0.3)
messages = [
  SystemMessage(content="你是个取名大师，你擅长为创业公司取名字"),
  HumanMessage(content="帮我给新公司取个名字，要包含AI")
]
response=chat(messages)

print(response.content,end='\n')
```

创建一个消息列表 messages，这个列表中包含了一系列 SystemMessage 和 HumanMessage 对象。每个消息对象都有一个 content 属性，用于存储实际的消息内容。例如，在上面的示例代码中，系统消息的内容是"你是个取名大师，你擅长为创业公司取名字"，用户消息的内容是"帮我给新公司取个名字，要包含 AI"。

当你调用 chat(messages)时，ChatOpenAI 对象会接收这个消息列表，然后按照 AIMessage、HumanMessage 和 SystemMessage 这 3 种数据模式将其序列化并发送到 OpenAI 平台的服务器上。服务器会处理这些消息，生成 AI 的回应，然后将这个回应发送回 ChatOpenAI 聊天模型包装器。聊天模型包装器接收回应，回应是一个 AIMessage 对象，你可以通过 response.content 方法获取它的内容。

```
包含 "AI" 的创业公司名称的建议：
1. AIgenius
2. AItech
3. AIvision
4. AIpros
5. AIlink
6. AIsense
7. AIsolutions
8. AIwave
9. AInova
10. AIboost

希望这些名称能够给你一些启发！
```

相比于 LLM 模型包装器，聊天模型包装器在使用过程中确实更显复杂一些。主要是因为，聊天模型包装器需要先导入 3 种数据模式，并且需要组合一个消息列表 messages，最后从响应对象中解析出需要的结果。而 LLM 模型包装器则简单许多，只需要输入一个字符串就能直接得到一个字符串结果。

为什么聊天模型包装器会设计得如此复杂呢？这其实是因为各个模型平台的 Chat 类型 API 接收的数据模式不统一。为了能够正确地与这些 API 进行交互，必须定义各种消息的数据模式，满足各个模型平台 Chat 类型 API 的所需，以获取期望的聊天消息结果。如果不使用统一的数据模式，每次向不同的模型平台提交输入时，都需要对输入进行单独的处理，这无疑会增加开发工作量。而且，如果不进行类型检查，那么一旦出现类型错误，可能会在代码运行时才发现，进而导致程序崩溃，或者产生不符合预期的结果。

尽管聊天模型包装器在使用过程中的复杂性较高，但这种复杂性是有价值的。通过前置对数据模式的处理，可以简化和统一数据处理流程，减小出错的可能性。这样，开发者在使用大语言模型时，可以将更多的注意力放在业务逻辑的开发上，而不必被各种复杂的数据处理和错误处理所困扰。这种设计理念也可以让开发者不必为各模型平台的 API 调用方式不同而烦恼，可以更快速地集成和使用这些强大的大语言模型。

聊天模型包装器的设计目标是处理复杂的对话场景，它需要处理的输入是一个聊天消息列表，支持多轮对话。这个列表中的每一则消息都包含了消息角色（AI 或用户）和消息内容，它们合在一起构成了一个完整的对话上下文。这种输入方式非常适合处理那些需要引入历史对话内容以便生成带有对话上下文的响应的任务。

LLM 模型包装器的设计目标是处理那些只需要单一输入就可以完成的任务，如文本翻译、文本分类等。因此，它只需要一个字符串作为输入，不需要复杂的消息列表和对话上下文。这种简洁的输入方式使得 LLM 模型包装器在处理一些简单的任务时更加便捷。

3.3　模型 I/O 功能之提示词模板

在 LangChain 框架中，提示词不是简单的字符串，而是一个更复杂的结构，是一个"提示词工程"。这个结构中包含一个或多个提示词模板（PromptTemplate 类的实例），每个提示词模板可以接收一些输入变量，并根据这些变量生成对应的提示词，这样就可以根据具体的需求和情境动态地创建各种各样的提示词。这就是提示词模板的核心思想和工作方式。

例如，可能有一个提示词模板用于生成写邮件时的提示词，这个模板需要接收如收件人、主题、邮件内容等输入变量，然后根据这些变量生成如"写一封给 {收件人} 的邮件，主题是 {主题}，内容是 {邮件内容}"这样的提示词模板字符串。

这种工程化的提示词构造方式，可以产出适用于各种应用程序的内容，而不仅仅是简单的聊天内容。复杂的提示词可以用于生成文章、编写邮件、回答问题、执行任务等各种场景，大大提高了大语言模型的实用性和可用性。

3.3.1　什么是提示词模板

提示词可以被视为向大语言模型提出的请求，它们表明了使用者希望模型给出何种反应。提示词的质量直接影响模型的回答质量，决定了模型能否成功完成更复杂的任务。

在 LangChain 框架中，提示词是由"提示词模板"（PromptTemplate）这个包装器对象生成的。每一个 PromptTemplate 类的实例都定义了一种特定类型的提示词格式和生成规则。在 LangChain 中，要想构造提示词，就必须学会使用这个包装器对象。

你可以将提示词模板视为一个幕后工作者，它在幕后默默地工作，用户只看到他们自己输入的简单关键词，却得到了模型给出的出色响应。这是因为开发者将用户的输入嵌入了预先设计好的提示词模板中，这个模板就是一个包装器，用户的输入经过包装器的包装后，最终变成一个高效的提示词被输出。这个包装器还能组合不同的提示词，提供各种格式化、参数检验工具，帮助开发者构造复杂的提示词。

提示词模板是一种可复制、可重用的生成提示词的工具，是用于生成提示词的模板字符串，其中包含占位符，这些占位符可以在运行时被动态替换成实际终端用户输入的值，其中可以插入变量、表达式或函数的结果。

提示词模板中可能包含（不是必须包含）以下 3 个元素。

1. 明确的指令：这些指令可以指导大语言模型理解用户的需求，并按照特定的方式进行回应，见图 3-5 中的"明确的指令"。

2. 少量示例：这些示例可以帮助大语言模型更好地理解任务，并生成更准确的响应，见图 3-5 中的"少量示例"。

3. 用户输入：用户的输入可以直接引导大语言模型生成特定的答案，见图 3-5 中的"用户输入"。

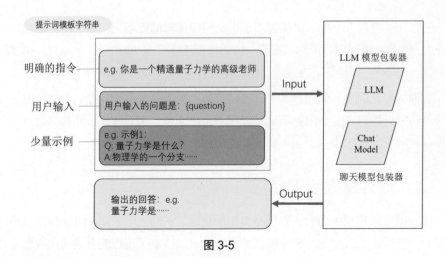

图 3-5

通过灵活使用这些元素创建新的提示词模板，可以更有效地利用大语言模型的能力，提高其在各种应用场景下的表现。

提示词模板可批量生成提示词，它可以接收开发者对任务的描述文本，也可以接收用户输入的一系列参数。比如，要给公司的产品取一个好听的名字，用户输入的是产品的品类名，如"袜子""毛巾"，然而我们并不需要为每一个品类都编写一个提示词，使用提示词模板，根据用户输入的不同品类名生成对应的提示词即可："请给公司的 {品类名}，取一个简单且容易传播的产品名字"。

提示词模板的职责就是根据大语言模型平台的 API 类型，包装并生成适合的提示词。为了满足不同类型模型平台底层 API 的需求，提示词模板提供了 format 方法和 format_prompt 方法，输出可以是字符串、消息列表，以及 ChatPromptValue 形式。比如对于需要输入字符串的 LLM 模型包装器，提示词模板会使用 to_string 方法将提示词转化为一个字符串。而对于需要输入消息列表的聊天模型包装器，提示词模板则会使用 to_messages 方法将提示词转化为一个消息列表。

总的来说，提示词模板就是一种能够产生动态提示词的包装器，开发者将数据输入包装器，经过包装后，输出的是适配各个模型平台的提示词。

3.3.2 提示词模板的输入和输出

如前所述，提示词模板是一个输入数据并输出提示词的包装器，那么开发者可以向它输入什么样的数据呢？具体的输出又是什么样的呢？本节将重点介绍。

提示词模板的输入

开发者向提示词模板输入的数据可以有很多来源，根据来源不同，可分为内部数据和外部数据。

内部数据是指那些已经被 LangChain 框架封装好的数据，以及开发者写的示例和需求描述文本（图 3-5 中的"明确的指令"和"少量示例"）。比如，LangChain 的许多 Agent 和 Chain 实例对象都内置了自己的提示词。这些提示词都被预先定义在源码 prompt.py 文件中，使用时直接导入即可，例如可以导入预制的 API_RESPONSE_PROMPT，它是引导模型根据 API 响应回答用户问题的提示词，导入方式如下：

```
from langchain.chains.api.prompt import API_RESPONSE_PROMPT
```

API_RESPONSE_PROMPT 在源码中的定义如下：

```
API_RESPONSE_PROMPT_TEMPLATE = (
API_URL_PROMPT_TEMPLATE
+ """ {api_url}

Here is the response from the API:

{api_response}

Summarize this response to answer the original question.

Summary:"""
)

API_RESPONSE_PROMPT = PromptTemplate(
input_variables=["api_docs", "question", "api_url", "api_response"],
template=API_RESPONSE_PROMPT_TEMPLATE,
)
```

导入 API_RESPONSE_PROMPT 后，格式化外部输入变量，将提示词提交给模型平台的 API：

```
from langchain.chains.api.prompt import API_RESPONSE_PROMPT
prompt= API_RESPONSE_PROMPT.format(api_docs= "",question= "",
api_url= "", api_response= "")
```

构建复杂的提示词就像盖房子，LangChain 的提示词模板做了"盖房子"的基建工程，比如内置的提示词模板不仅可以解决大多数的业务需求，还可以检查数据格式、规划提示词结构、格式化提示词等。这些基建工程通常用于描述模型的任务，或用于指示模型的行为。

外部数据则是开发者自由添加的数据，这些数据可以来自各种渠道。最主要的外部数据有用户的输入、用户和模型的历史聊天记录，以及开发者为模型增加的外部知识库数据、程序运行的上下文管理信息。例如，开发者可以收集并使用历史聊天记录，这些历史聊天记录可以帮助模型理解之前的对话上下文，从而生成更加连贯和有用的回答。开发者也可以使用用户的输入，这些输入被填充到模板占位字符串中，可以帮助模型理解用户的需求，从而生成更加符合用户期望的回答。此外，开发者还可以编写自己的示例文本，或者导入外部的文档片段，这些示例文本和文档片段可以帮助大语言模型理解任务需求，增加大语言模型的"脑容量"和"记忆时长"，从而生成更加高质量的回答。

图 3-6 是一个典型的加入外部数据的提示词模板，它服务于 RAG 任务。RAG 主要采用外部的知识库文档，将其插入提示词模板字符串中，让模型学习可能包含答案的上下文内容，模型学习了这些知识库文档后，生成答案的精确度将提升。2023 年，AI 创新领域常见的落地应用就是通过 RAG 提升机器人的回答质量。在 LangChain 框架中，通常用 context 代表检索到的相关文档内容，比如图 3-6 中的节点①{docs[i]}，另外节点②是跟模型包装器交互过一次后生成的答案，也作为提示词的"中间答案"，最终形成节点③的提示词。

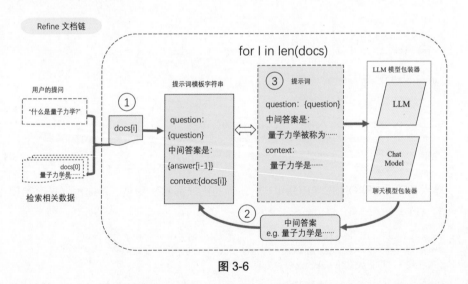

图 3-6

在图 3-6 中，节点①和节点②注入提示词模板的数据即外部数据。更加复杂的 RAG 场景中还会加入历史聊天记录，聊天记录也是一种外部数据。

总的来说，无论是内部数据还是外部数据，都是供提示词模板包装器生成更好提示词的，从而可以开发出更加强大的大语言模型应用。构造提示词的过程就是一项"提示词工程"。

提示词模板的输出

在 LangChain 中，提示词模板输出的是适用于各种模型平台 API 类型的提示词。例如，LLM 类型 API 接收的输入是一个字符串，而 Chat 类型 API 接收的是一个消息列表。如果你使用 GPT-4 模型，那么你就需要准备一个消息列表提示词，而 ChatPromptTemplate 包装器输出的就是符合 GPT-4 模型要求的提示词。同模型包装器的分类一样，提示词模板包装器也分为 PromptTemplate 包装器和 ChatPromptTemplate 包装器两类。

PromptTemplate 包装器可以输出一个字符串类型的提示词。这个字符串可能包含一些特定的任务描述、用户问题，或者其他的上下文信息，它们都被整合在一起，构成了一个完整的、用于引导模型生成预期输出的提示词。字符串类型提示词如下：

```
' You are a helpful assistant that translates English to French '
```

ChatPromptTemplate 包装器可以生成一个消息列表格式的提示词。模型平台的 Chat 类型 API 通常需要一个消息列表作为输入，在这种情况下，这种包装器将构造出一个包含多个消息对象的提示词。每个消息对象都代表一条消息，它可能是一个用户问题、一个 AI 回答，或者一条系统指令。这些消息被组织在一起，形成了一个清晰的对话流程，用于引导模型完成复杂的对话任务。消息列表格式的提示词如下：

```
[
    SystemMessage(
        content=(
            'You are a helpful assistant that translates English '
            'to French.'
        ),
        additional_kwargs={}
    ),
    HumanMessage(
        content='I love programming.',
        additional_kwargs={}
    )
]
```

无论使用哪种类型的 API，只要选择对应的提示词模板包装器，就可以轻松生成符合 API 要求的提示词，这极大地简化了构造提示词的过程，使得开发者可以将更多的精力放在优化业务逻辑上，而无须手动处理复杂的数据转换和格式化工作。

3.3.3 使用提示词模板构造提示词

LangChain 提供了一套内置的提示词模板，这些模板可以用来生成各种任务提示词。在一些基础和通用的场景中，使用内置模板可能就足够了，但在一些特定和复杂的场景中，可能需要创建自定义模板。这里介绍最常见的使用 LangChain 内置模板来构造提示词的方法。

PromptTemplate 包装器

PromptTemplate 是 LangChain 提示词组件中最核心的一个类，构造提示词的步骤本质上是实例化这个类的过程。这个类被实例化为对象，在 LangChain 的各个链组件中被调用。

在实例化 PromptTemplate 类时，两个关键参数是 template 和 input_variables。只需要准备好这两个参数就可以实例化一个基础的 PromptTemplate 类，生成结果就是一个 PromptTemplate 对象，即一个 PromptTemplat 包装器。

```
from langchain import PromptTemplate
template = """
You are an expert data scientist with an expertise in building deep learning
models.
Explain the concept of {concept} in a couple of lines
"""
#实例化 PromptTemplate:
prompt = PromptTemplate(template=template, input_variables=["concept"])
```

值得注意的是，PromptTemplate 包装器接收内部数据（实例化时定义的 template 和 input_variables）和外部数据（运行链时传递的数据），在使用链组件调用时，外部数据（用户输入）是通过链组件传递的，而不是直接传递给提示词模板包装器的。

如果不需要通过链组件进行调用，PromptTemplate 包装器还提供了一些其他方法。例如，format 方法可以将 PromptTemplate 包装器的用户输入和模板字符串的变量进行绑定，形成一个完整的提示词，方便查看完整的提示词内容，示例如下：

```
from langchain import PromptTemplate
template = """
You are an expert data scientist with an expertise in building deep
Learning models. Explain the concept of {concept} in a couple of lines
"""

# 实例化模板的第一种方式:
prompt = PromptTemplate(template=template, input_variables=["concept"])

# 实例化模板的第二种方式:
# prompt = PromptTemplate.from_template(template)
# 将用户的输入通过 format 方法嵌入提示词模板，并且做格式化处理
final_prompt = prompt.format(concept="NLP")
```

打印 final_prompt 提示词，结果如下：

```
'\nYou are an expert data scientist with an expertise in building deep learning
models. \nExplain the concept of NLP in a couple of lines\n'
```

创建提示词模板主要涉及两个要求：

需要有一个 input_variables 属性，这个属性指定了提示词模板期望的输入变量。这些输入变量生成提示词需要的数据，比如在以上示例中，输入变量就是{concept}。

如果不想显式指定输入变量，还可以使用 from_template 方法，见上述代码中的第二种方式。这个方法接收与预期的 input_variables 对应的关键字参数，并返回格式化的提示词。在上面的示例中，from_template 方法实例化模板，format 方法接收concept="NLP"作为输入，并返回格式化后的提示词。

PromptTemplate 包装器可以被链组件调用，也可以调用其他方法（结合外部用户输入和内部定义的关键参数），最终的结果是实现内部数据和外部数据的整合，形成一个完整的提示词。

ChatPromptTemplate 包装器

ChatPromptTemplate 包装器与 PromptTemplate 包装器不同，ChatPromptTemplate 包装器构造的提示词是消息列表，支持输出 Message 对象。LangChain 提供了内置的聊天提示词模板（ChatPromptTemplate）和角色消息提示词模板。角色消息提示词模板包括 AIMessagePromptTemplate、SystemMessagePromptTemplate 和 HumanMessagePromptTemplate 这 3 种。

无论看起来多么复杂，构造提示词的步骤都是通用的，将内置的模板类实例化为包装器对象，用包装器来格式化外部的用户输入，调用类方法输出提示词。

下面我们将上一个示例改造为使用 ChatPromptTemplate 包装器构造提示词的示例。先导入内置的聊天提示词模板和角色消息提示词模板：

```
from langchain.prompts import (
  ChatPromptTemplate,
  PromptTemplate,
  SystemMessagePromptTemplate,
  AIMessagePromptTemplate,
  HumanMessagePromptTemplate,
)
```

改造思路是生成人类消息和系统消息类型的提示词对象，将 SystemMessagePromptTemplate 类和 HumanMessagePromptTemplate 类实例化为包装器，再实例化 ChatPromptTemplate 类，将前面两个对象作为参数传递给 ChatPromptTemplate 类实例化后的包装器，调用其 from_messages 方法生成消息列表提示词包装器实例。

先使用 from_template 方法实例化 SystemMessagePromptTemplate 类和 Human MessagePromptTemplate 类，传入定义的 template 模板字符串，得到人类消息模板对象和系统消息模板对象：

```
from langchain import PromptTemplate

template = """
You are an expert data scientist
with an expertise in building deep learning models.
"""
system_message_prompt =
    SystemMessagePromptTemplate.from_template(template)
human_template="Explain the concept of {concept} in a couple of lines"
human_message_prompt = \
HumanMessagePromptTemplate.from_template(human_template)
```

将上述两个模板对象作为参数传入 from_messages 方法，转化为 ChatPromptTemplate 包装器：

```
chat_prompt=ChatPromptTemplate.from_messages(
[system_message_prompt,
human_message_prompt])
```

打印结果，如下：

```
ChatPromptTemplate(
    input_variables=['concept'],
    output_parser=None,
    partial_variables={},
    messages=[
        SystemMessagePromptTemplate(
            prompt=PromptTemplate(
                input_variables=[],
                output_parser=None,
                partial_variables={},
                template=(
                    '\nYou are an expert data scientist with an expertise '
                    'in building deep learning models. \n'
                ),
                template_format='f-string',
                validate_template=True
            ),
            additional_kwargs={}
        ),
        HumanMessagePromptTemplate(
            prompt=PromptTemplate(
                input_variables=['concept'],
                output_parser=None,
```

```
        partial_variables={},
        template=(
            'Explain the concept of {concept} in a couple of lines'
        ),
        template_format='f-string',
        validate_template=True
    ),
    additional_kwargs={}
    )
])
```

最后使用包装器的 format 方法将用户输入传入包装器，组合为完整的提示词：

```
chat_prompt.format_prompt(concept="NLP")
```

调用 format_prompt 方法，获得的是 ChatPromptValue 对象：

```
ChatPromptValue(messages=[SystemMessage(content='\nYou are an expert data
scientist with an expertise in building deep learning models. \n',
additional_kwargs={}), HumanMessage(content='Explain the concept of NLP
in a couple of lines', additional_kwargs={}, example=False)])
```

ChatPromptValue 对象中有 to_string 方法和 to_messages 方法。调用 to_messages
方法：

```
chat_prompt.format_prompt(concept="NLP").to_messages()
```

结果如下：

```
[SystemMessage(content='\nYou are an expert data scientist with an expertise
in building deep learning models. \n', additional_kwargs={}),
 HumanMessage(content='Explain the concept of NLP in a couple of lines',
additional_kwargs={}, example=False)]
```

调用 to_string 方法，结果如下：

```
'System: \nYou are an expert data scientist with an expertise in building
deep learning models. \n\nHuman: Explain the concept of NLP in a couple of lines'
```

值得一提的是，PromptTemplate 包装器和 ChatPromptTemplate 包装器在实现方式
上存在差异，包括它们所使用的内置模板及实例化方法都有所不同。

PromptTemplate 包装器的内置模板是 PromptTemplate 类，而 ChatPromptTemplate
包装器的内置模板是 ChatPromptTemplate 类。PromptTemplate 的实例化方法相对简
单，只需要传递 input_variables 和 template 参数后直接进行函数式调用或使用
from_template 的类方法进行调用即可，比如：

```
PROMPT = PromptTemplate.from_template (template=template)
```

相比之下，ChatPromptTemplate 的实例化方法就复杂多了。它接收的参数是已经
实例化的多个对象列表（如 system_message_prompt 和 human_message_prompt）。如

果把 ChatPromptTemplate 实例化的对象视为"大包",那么传入的包装器就是"小包",形成了一种"大包装小包"的情况。此外,这个"大包"的实例化类方法也与 PromptTemplate 不同,它使用的是 from_messages 方法,这个方法只接收消息列表形式的参数,比如下面代码中的变量 messages:

```
messages = [
SystemMessagePromptTemplate.from_template(system_template),
HumanMessagePromptTemplate.from_template("{question}"),
]
CHAT_PROMPT = ChatPromptTemplate.from_messages(messages)
```

尽管存在差异,但 PromptTemplate 包装器和 ChatPromptTemplate 包装器的实例化仍有一定的通用规律,这些规律方便记忆和使用。以 format 为前缀的类方法主要用于在实例化模板对象后将外部用户输入格式化并传入对象内。如果是实例化 LLM 模型包装器的内置模板对象,需要使用 format 方法,而实例化聊天模型包装器的内置模板对象则使用 format_prompt 方法。

类似地,以 from_为前缀的类方法主要用于实例化内置模板对象。PromptTemplate 类只能使用 from_template 方法,而 ChatPromptTemplate 类则使用 from_messages 方法。

此外,为了实现这两种类型的相互转换,聊天模型包装器使用 format_prompt 方法实例化模板对象,生成的对象符合 PromptValue 数据模式。所有返回该数据模式的对象都包含以 to_为前缀的方法名,包括 to_string 方法和 to_messages 方法,分别用于导出字符串和包含角色的消息列表。

3.3.4 少样本提示词模板

少样本提示是一种基于机器学习的技术,利用少量的样本(即提示词的示例部分)来引导模型对特定任务进行学习和执行。这些示例能让模型理解开发者期望它完成的任务的类型和风格。在给定的任务中,这些提示通常包含问题(或任务描述)及相应的答案或解决方案。

例如,如果希望一个大语言模型能够以某种特定的风格来回答用户的问题,那么可以给模型提供几个已经按照这种风格编写好的问题和答案对。这样,模型就能通过这些示例来理解期望的回答风格,并在处理新的用户问题时尽可能地模仿这种风格。

OpenAI 的文档中也强调了这种技术的重要性。文档指出,尽管通常情况下,为所有示例提供适用的一般性指令比示例化所有任务更为高效,但在某些情况下,提供示例可能更为简单,尤其是当你想让模型复制一种难以明确描述的特定响应风格时。

在这种情况下，"少样本提示"能够通过少量的示例，帮助模型理解并复制这种特定的响应风格，从而大大提高模型的使用效率和效果。

FewShotPromptTemplate 类与 PromptTemplate 类

FewShotPromptTemplate 是 LangChain 内置的一个少样本提示词模板类，其独特之处在于支持动态添加示例和选择示例。这样，示例在提示词中就不再是固定的，而是可以动态变化的，能够适应不同的需求。这符合 OpenAI 文档中的建议，LangChain 也认为这个内置模板是必须有的，它可以为开发者节约大量的时间。另外，LangChain 还封装了示例选择器，以支持这种模板的动态化。

通过观察 FewShotPromptTemplate 类的源码，可以看到它如何实现这种动态化。这个类继承自 PromptTemplate 类，它的实例化方法和 PromptTemplate 类完全一样。然而，FewShotPromptTemplate 类在参数上多了一些内容，例如 examples（示例）和 example_selector（示例选择器），这些参数可以在实例化模板对象时添加示例，或者在运行时动态选择示例。

即使这个类中添加了一些新的特性，但它的使用方式仍然和 PromptTemplate 类一样。如果你想要在链组件上使用它，那么只需要像使用 PromptTemplate 类一样使用即可。实际上，FewShotPromptTemplate 类只是给实例化模板对象添加了更多的外部数据，即示例，并没有改变使用方式。

如果你想引导模型得到更好的结果，可以更多地使用 FewShotPromptTemplate 类，因为它在 PromptTemplate 类的基础上添加了示例功能。正如前面所说的，添加示例的提示词会引导模型生成更准确的回答。

PromptTemplate 类和 FewShotPromptTemplate 类都是 LangChain 的内置提示词模板类，但它们有一些重要的区别。

PromptTemplate 类是一种基本的提示词模板，它接收一个包含变量的模板字符串和一个列表，示例如下：

```
example_prompt=PromptTemplate(input_variables=["input","output"],
    template="""
词语: {input}\n
反义词: {output}\n
"""
)
```

template 是一个包含两个变量 {input} 和 {output} 的模板字符串，而 input_variables 是一个包含这两个变量名的列表。PromptTemplate 对象可以用来生成提示词，例如通过调用 example_prompt.format(input="好", output="坏")可以生成提示词 "\n 词语: 好 \n\n 反义词: 坏\n\n"。

FewShotPromptTemplate 类提供了更高级的功能，不仅继承了 PromptTemplate 类的所有属性和方法，还添加了一些新的参数来支持少样本示例：

```
few_shot_prompt = FewShotPromptTemplate(
  examples=examples,
  example_prompt=example_prompt,
  example_separator="\n",
  prefix="来玩个反义词接龙游戏，我说词语，你说它的反义词\n",
  suffix="词语: {input}\n 反义词: ",
  input_variables=["input"],
)
```

在这个示例中，examples 是示例列表，example_prompt 是用于格式化列表中示例的 PromptTemplate 对象。而 prefix 和 suffix 则构成了用于生成最终提示词的模板，其中 suffix 还接收用户的输入。这种设计使得 FewShotPromptTemplate 类可以在给出指导和接收用户输入的同时，还能展示一系列的示例。

可以看到，FewShotPromptTemplate 类的 prefix 和 suffix 参数的组合实际上等价于 PromptTemplate 类的 template 参数，因此它们的目的和作用是一样的。然而，FewShotPromptTemplate 类提供了更高的灵活性，因为它允许在提示词中添加示例。这些示例可以是硬编码在模板中的，也可以是动态选择的，具体取决于是否提供了 ExampleSelector 对象。

总的来说，FewShotPromptTemplate 类是 PromptTemplate 类的扩展，它在保留了 PromptTemplate 类所有功能的同时，还提供了对少样本示例的支持，可以更方便地使用少样本提示技术，而这种技术已经被证明能够改善模型的性能。

少样本提示词模板的使用

要想使用少样本提示词模板，首先需要了解新参数。在 FewShotPromptTemplate 类中，参数 example_selector、example_prompt、prefix 和 suffix 具有以下含义和使用方式。

example_selector 是一个 ExampleSelector 对象，用于选择要被格式化的示例（这些示例被嵌入提示词）。如果你想让模型基于一组示例来生成响应，那么你可以提供一个 ExampleSelector 对象，该对象会根据某种策略（例如随机选择、基于某种标准选择等）从一组示例中选择一部分。如果没有提供 ExampleSelector 对象，那么你应该直接提供一个示例列表（通过 examples 参数）。example_selector 是必填参数。

example_prompt 是一个 PromptTemplate 对象，用于格式化单个示例。当你提供了一组示例（无论是直接提供示例列表，还是提供 ExampleSelector 对象）后，FewShotPromptTemplate 类会通过 example_prompt 来格式化这些示例，生成最终的提示词。example_prompt 是必填参数。

前面说过，prefix 和 suffix 参数的组合实际上等价于 PromptTemplate 类的 template 参数，因此它们的目的和作用是一样的。其中 suffix 参数是必填的。

下面我们编写一个包含正反义词的示例列表，少样本提示词模板需要传入的 examples 参数的格式如下：

```
examples = [
    {"input": "高", "output": "矮"},
    {"input": "胖", "output": "瘦"},
    {"input": "精力充沛", "output": "萎靡不振"},
    {"input": "快乐", "output": "伤心"},
    {"input": "黑", "output": "白"},
]
```

假设现在的任务是让模型进行反义词接龙游戏。在这个任务中，给模型一个词，然后期望模型返回这个词的反义词。我们需要提供一些示例，例如"高"的反义词是"矮"，"胖"的反义词是"瘦"，以此类推。像构造提示词模板对象一样，构造一个普通的 PromptTemplate 对象，用于格式化单个示例：

```
example_prompt=PromptTemplate(input_variables=["input","output"],
    template="""
词语：{input}\n
反义词：{output}\n
"""
)
```

调用 format 方法，填入 input 和 output 参数：

```
example_prompt.format(**examples[0])
# 打印的结果：'\n词语：高\n\n反义词：矮\n\n'
```

当你写 example_prompt.format(**examples[0])时，**examples[0]会将第一个字典的键值对解开，作为关键字参数传递给 format 方法，等价于 example_prompt.format(input="高", output="矮")，然后通过实例化 FewShotPromptTemplate 类来设置提示词模板：

```
few_shot_prompt = FewShotPromptTemplate(
  examples=examples,
  example_prompt=example_prompt,
  example_separator="\n",
  prefix="来玩个反义词接龙游戏，我说词语，你说它的反义词\n",
```

```
    suffix="现在轮到你了，词语: {input}\n 反义词: ",
    input_variables=["input"],
)
few_shot_prompt.format(input="好")
```

需要为模型设置一些标准的示例（examples），以帮助模型理解任务需求。接下来，实例化一个 FewShotPromptTemplate 类，然后传入示例。example_prompt 是一个 PromptTemplate 对象，用于格式化单个示例。还要设置一个前缀（prefix="来玩个反义词游戏，我说词语，你说它的反义词\n"）和一个后缀（suffix="词语: {input}\n 反义词: "），这样可以帮助构造一个结构清晰的提示词文本：

```
'来玩个反义词接龙游戏，我说词语，你说它的反义词
词语： 高
反义词： 矮

词语： 胖
反义词： 瘦

词语： 精力充沛
反义词： 萎靡不振

词语： 快乐
反义词： 伤心

词语： 黑
反义词： 白'
```

可以看到，上述示例仍然使用 FewShotPromptTemplate 类的函数式调用方法来实例化对象。运行代码，看看模型能否正确地生成期望的结果。例如，如果输入"冷"，模型就应该返回"热"，这就是我们期望看到的结果。

```
from langchain.llms import OpenAI
from langchain.chains import LLMChain
chain = LLMChain(llm=OpenAI(openai_api_key="这里填入 OpenAI 的密钥"),
prompt=few_shot_prompt)
chain.run("冷")
```

这段代码中首先实例化了一个 LLMChain 对象。这个对象是 LangChain 库中的一个核心组件，可以理解为一个执行链，它将各个步骤连接在一起，形成一个完整的运行流程。LLMChain 对象在实例化时需要两个关键参数：一个是 llm，这里使用了 OpenAI 提供的大语言模型；另一个是 prompt，这里传入的是刚刚创建的 few_shot_prompt 对象。

然后通过调用 LLMChain 对象的 run 方法来运行执行链。这个方法中传入了一个字符串"冷"，这个字符串将作为输入传递给 few_shot_prompt 对象。最后，模型返

回了"热"，这就是我们期望看到的反义词。

' 热 '

示例选择器

实际应用开发中面临的情况常常很复杂，例如，可能需要将一篇新闻摘要作为示例加入提示词。更具挑战性的是，还可能需要在提示词中加入大量的历史聊天记录或从外部知识库获取的数据。然而，大型语言模型可以处理的字数是有限的。如果提供的每个示例都是一篇新闻摘要，那么很可能会超过模型能够处理的字数上限。

为了解决这个问题，LangChain 在 FewShotPromptTemplate 类上设计了示例选择器（Example Selector）参数。示例选择器的作用是在传递给模型的示例中进行选择，以确保示例的数量和内容长度不会超过模型的处理能力。这样，即使有大量的示例，模型也能够有效地处理提示词，而不会因为示例过多或内容过长而无法处理。而且，尝试适应所有示例可能会非常昂贵，尤其是在计算资源和时间上。

这就是示例选择器能发挥作用的地方，它帮助选择最适合的示例来提示模型。示例选择器提供了一套工具，这些工具能基于策略选择合适的示例，如根据示例长度、输入与示例之间的 n-gram 重叠度来评估其相似度并打分，找到与输入具有最大余弦相似度的示例，或者通过多样性等因素来选择示例，从而保持提示成本的相对稳定。

根据长度选择示例是很普遍和现实的需求，下面我们介绍具体方法。3.3.4 节关于少样本提示词模板的示例代码里没有提供示例选择器对象，而是通过 examples 参数直接提供了一个示例列表。本节示例提供 ExampleSelector 参数，使用示例选择器，选择根据长度选择示例的 LengthBasedExampleSelector 类，其他几种策略工具类 LangChain 都设计好了，开发者可以直接导入使用。

本节示例首先导入 LangChain 的 LengthBasedExampleSelector 类，其他均重复 3.3.4 节少样本提示词模板的代码。LengthBasedExampleSelector 类是一个示例选择器，用于根据指定的长度选择示例。

```
from langchain.prompts.example_selector import LengthBasedExampleSelector
```

然后实例化一个 LengthBasedExampleSelector 对象，传入之前定义的示例列表（examples）和示例提示词模板（example_prompt），并设置最大长度（max_length）为 25。这意味着示例选择器将选择那些长度不超过 25 的示例。

```
example_selector = LengthBasedExampleSelector(
  examples=examples,
  example_prompt=example_prompt,
  max_length=25,
```

```
)
```

接着创建一个 FewShotPromptTemplate 对象，传入新创建的示例选择器参数（example_selector）及其他参数，根据选择器所选择的示例来生成提示词：

```
example_selector_prompt = FewShotPromptTemplate(
  example_selector=example_selector,
  example_prompt=example_prompt,
  example_separator="\n",
  prefix="来玩个反义词接龙游戏，我说词语，你说它的反义词\n",
  suffix="现在轮到你了，词语: {input}\n 反义词: ",
  input_variables=["input"],
)
example_selector_prompt.format(input="好")
```

当调用 example_selector_prompt.format(input="好")后，程序将根据 input 值和示例选择器来生成一个提示词：

```
'来玩个反义词接龙游戏，我说词语，你说它的反义词\n\n\n 词语:   高\n\n 反义词:   矮
\n\n\n\n 词语:   胖\n\n 反义词:   瘦\n\n\n\n 现在轮到你了，词语: 好\n 反义词: 坏'
```

在结果中，我们发现并不是所有的示例都出现在了生成的提示词中，这是因为设置的最大长度为"25"，一些过长的示例被选择器过滤掉了。此时将最大长度参数改为"100"（max_length=100）：

```
example_selector = LengthBasedExampleSelector(
  examples=examples,
  example_prompt=example_prompt,
  max_length=100, # 将最大长度由 25 修改为 100
)
```

所有的示例都将被选择，因为所有示例的长度都不超过"100"，结果如下：

```
[{'input': '高', 'output': '矮'}, {'input': '胖', 'output': '瘦'}, {'input':
'精力充沛', 'output': '萎靡不振'}, {'input': '快乐', 'output': '伤心'}, {'input':
'黑', 'output': '白'}]
```

这段代码展示了如何使用基于长度的示例选择器（LengthBasedExampleSelector）和少样本提示词模板（FewShotPromptTemplate）来创建复杂的提示词。这种方法可以有效地管理复杂的示例集，确保生成的提示词不会因过长而被截断。

示例选择器是一种用于选择需要在提示词中包含什么示例的工具。LangChain 中提供了多种示例选择器，分别实现了不同的选择策略。

1. 基于长度的示例选择器（LengthBasedExampleSelector）：根据示例的长度来选择示例。这在担心提示词长度可能超过模型处理窗口长度时非常有用。对于较长的输入，它会选择较少的示例，而对于较短的输入，它会选择更多的示例。

2. 最大边际相关性选择器（MaxMarginalRelevanceExampleSelector）：根据示例

与输入的相似度及示例之间的多样性来选择示例。通过找到与输入最相似（即嵌入向量的余弦相似度最大）的示例来迭代添加示例，同时对已选择的示例进行惩罚。

3. 基于 n-gram 重叠度的选择器（NGramOverlapExampleSelector）：根据示例与输入的 n-gram 重叠度来选择和排序示例。n-gram 重叠度是一个介于 0.0 和 1.0 之间的浮点数。该选择器还允许设置一个阈值，重叠度低于或等于阈值的示例将被剔除。

4. 基于相似度的选择器（SemanticSimilarityExampleSelector）：根据示例与输入的相似度来选择示例，通过找到与输入最相似（即嵌入向量的余弦相似度最大）的示例来实现。

LangChain 设计示例选择器的目的是帮助开发者在面对大量示例时能够有效地选择最适合当前输入的示例，以提升模型的性能和效率。对于上述示例选择器，它们实例化参数的方式的确有所不同，但都需要向其中传入基础的参数，如 examples 和 example_prompt。根据示例选择器的不同，还有一些额外的参数需要设置。

对于 LengthBasedExampleSelector，除了 examples 和 example_prompt，还需要传入 max_length 参数来设置示例的最大长度：

```
example_selector = LengthBasedExampleSelector(
    examples=examples,
    example_prompt=example_prompt,
    max_length=25,
)
```

对于 MaxMarginalRelevanceExampleSelector，除了 examples，还需要传入一个用于生成语义相似性测量的嵌入类（OpenAIEmbeddings()），一个用于存储嵌入类和执行相似性搜索的 VectorStore 类（FAISS），并设置需要生成的示例数量（k=2）：

```
example_selector = MaxMarginalRelevanceExampleSelector.from_examples(
    examples,
    OpenAIEmbeddings(),
    FAISS,
    k=2,
)
```

对于 NGramOverlapExampleSelector，除了 examples 和 example_prompt，还要传入一个 threshold 参数用于设定示例选择器的停止阈值：

```
example_selector = NGramOverlapExampleSelector(
    examples=examples,
    example_prompt=example_prompt,
    threshold=-1.0,
)
```

对于 SemanticSimilarityExampleSelector，除了 examples，还需要传入一个用于生

成语义相似性测量的嵌入类（OpenAIEmbeddings()），一个用于存储嵌入类和执行相似性搜索的 VectorStore 类（Chroma 或其他 VectorStore 类均可），并设置需要生成的示例数量（k=1）。

```
example_selector = SemanticSimilarityExampleSelector.from_examples(
    examples,
    OpenAIEmbeddings(),
    Chroma,
    k=1
)
```

每种示例选择器都有其独特的参数设置方案，以满足不同的示例选择需求。参数设置虽然不一样，但是使用方式基本一致：实例化后，通过 example_selector 参数传递给 FewShotPromptTemplate 类。

应该注意的是，每一种示例选择器都可以通过函数方式来实例化，或者使用类方法 from_examples 来实例化。比如 MaxMarginalRelevanceExampleSelector 类使用类方法 from_examples 来实例化，而 LengthBasedExampleSelector 类则使用函数方式实例化。

3.3.5　多功能提示词模板

LangChain 提供了极其灵活的提示词模板方法和组合提示词的方式，能满足各种开发需求。在所有的方法中，基础模板和少样本提示词模板是最基础的，其他所有的方法都在此基础上进行扩展。

LangChain 提供了一套默认的提示词模板，可以生成适用于各种任务的提示词，但是可能会出现默认提示词模板无法满足需求的情况。例如，你可能需要创建一个带有特定动态指令的提示词模板。在这种情况下，LangChain 提供了很多不同功能的提示词模板，支持创建复杂结构的提示词模板。多功能提示词模板包括 Partial 提示词模板、PipelinePrompt 组合模板、序列化模板、组合特征库和验证模板。

（1）Partial 提示词模板功能

有时你可能会面临一个复杂的配置或构建过程，其中某些参数在早期已知，而其他参数在后续步骤中才会知道。使用 Partial 提示词模板可以帮助你逐步构建最终的提示词模板，Partial 会先传递当前的时间戳，最后剩余的是用户的输入填充。Partial 提示词模板适用于已经创建了提示词模板对象，但是还没有明确的用户输入变量的场景。LangChain 以两种方式支持 Partial 提示词模板：实例化对象的时候指定属性值（partial_variables={"foo": "foo"}）；或者得到一个实例化对象后调用 partial 方法。

```
prompt = PromptTemplate(template="{foo}{bar}", input_variables=["foo",
"bar"])
partial_prompt = prompt.partial(foo="foo");
print(partial_prompt.format(bar="baz"))
```

这里使用 Partial 提前传递了变量 foo 的值，模拟用户输入变量 bar 的值，最终的提示词如下：

```
foobaz
```

可以通过 PipelinePrompt 组合模板来组合多个不同的提示词，这在希望重用部分提示词时非常有用：

```
full_template = """
{introduction}
{example}
{start}
"""
full_prompt = PromptTemplate.from_template(full_template)
input_prompts = [
    ("introduction", introduction_prompt),
    ("example", example_prompt),
    ("start", start_prompt)
]
pipeline_prompt=PipelinePromptTemplate(final_prompt=full_prompt,
pipeline_prompts=input_prompts)
```

（2）PipelinePrompt 组合模板功能

PipelinePromptTemplate 实例化的时候，将 pipeline_prompts 属性设置成了一个包含 3 个模板对象的列表，并且设置了 final_prompt 属性的模板字符串。将这 3 个模板对象与模板字符串整合为一个完整的提示词对象。

（3）序列化模板功能

LangChain 支持加载 JSON 和 YAML 格式的提示词模板，用于序列化和反序列化提示词信息。你可以将应用程序的提示词模板保存到 JSON 或 YAML 文件中（序列化），或从这些文件中加载提示词模板（反序列化）。序列化模板功能可以让开发者对提示词模板进行共享、存储和版本控制。

```
{
    "_type": "few_shot",
    "input_variables": ["adjective"],
    "prefix": "Write antonyms for the following words.",
    "example_prompt": {
        "_type": "prompt",
        "input_variables": ["input", "output"],
        "template": "Input: {input}\nOutput: {output}"
    },
```

```
        "examples": "examples.json",
        "suffix": "Input: {adjective}\nOutput:"
}
```

例如你有一个 JSON 文件，里面定义了实例化提示词模板类的参数：

```
prompt = load_prompt("few_shot_prompt.json")
print(prompt.format(adjective="funny"))
```

使用 load_prompt 方法可以很便利地利用外部文件，构造自己的少样本提示词模板，如下：

```
Write antonyms for the following words.

    Input: happy
    Output: sad

    Input: tall
    Output: short

    Input: funny
Output:
```

（4）组合特征库功能

为了个性化大语言模型应用，你可能需要将模型应用与特定用户的最新信息进行组合。特征库可以很好地保持这些数据的新鲜度，而 LangChain 提供了一种方便的方式，可以将这些数据与大语言模型应用进行组合，做法是从提示词模板内部调用特征库，检索值，然后将这些值格式化为提示词。

（5）验证模板功能

最后，PromptTemplate 类会验证模板字符串，检查 input_variables 是否与模板中定义的变量匹配。可以通过将 validate_template 设为 False 来禁用这种方式。这意味着，如果你确信模板字符串和输入变量是正确匹配的，你可以选择关闭这个验证功能，以节省一些额外的计算时间。PromptTemplate 类默认使用 Python f-string 作为模板格式，也支持其他模板格式，如 jinja2，可以通过 template_format 参数来指定。这意味着，除了 Python 的 f-string 格式，你还可以选择使用像 jinja2 这样的更强大、更灵活的模板引擎，以适应更复杂的模板格式需求。

3.4 模型 I/O 功能之输出解析器

在使用 GPT-4 或类似的大语言模型时，一个常见的挑战是如何将模型生成的输出格式转化为可以在代码中直接使用的格式。对于这个问题，通常使用 LangChain 的输出解析器（OutputParsers）工具来解决。

虽然大语言模型输出的文本信息可能非常有用，但应用与真实的软件数据世界连接的时候，希望得到的不仅仅是文本，而是更加结构化的数据。为了在应用程序中展示这些结构化的信息，需要将输出转换为某种常见的数据格式。可以编写一个函数来提取输出，但这并不理想。比如在模型指导提示词中加上"请输出 JSON 格式的答案"，模型会返回字符串形式的 JSON，还需要通过函数将其转化为 JSON 对象。但是在实践中常常会遇到异常问题，例如返回的字符串 JSON 无法被正确解析。

处理生产环境中的数据时，可能会遇到千奇百怪的输入，导致模型的响应无法解析，因此需要增加额外的补丁来进行异常处理。这使得整个处理流程变得更为复杂。

另外，大语言模型目前确实存在一些问题，例如机器幻觉，这是指模型在理解或生成文本时会产生错误或误解。另一个问题是为了显得自己"聪明"而加入不必要的、冗长华丽的语句，这可能会导致模型输出过度详细，显得"话痨"。这时你可以在提示词的结尾加上"你的答案是："，模型就不会"话痨"了。

在真实的开发环境中，开发者不仅希望获取模型的输出结果，还希望能够对输出结果进行后续处理，比如解析模型的输出数据。

这就是为什么在大语言模型的开发中，结构化数据，如数组或 JSON 对象，显得尤为重要。结构化数据在软件开发中起着至关重要的作用，它提高了数据处理的效率，简化了数据的存储和检索，支持数据分析，并且有助于提高数据质量。

结构化数据可以帮助开发者更好地理解和处理模型的输出结果，比如通过解析输出的 JSON 对象，可以得到模型的预测结果，而不仅仅是一个长文本字符串。也可以根据需要对这些结果进行进一步的处理，例如提取关键信息、进行数据分析等，这样不仅可以得到模型的"直接回答"，还可以根据自己的需求进行定制化的后续处理，比如传递给下一个任务函数，从而更好地利用大语言模型。

3.4.1　输出解析器的功能

输出解析器具有两大功能：添加提示词模板的输出指令和解析输出格式。看到这里你也许会感到很奇怪，解析输出格式很好理解，但是输出解析器跟提示词模板有什么关系呢？

确实，从名字上看，输出解析器（OutputParser）似乎与提示词模板没有关系，因为它听起来更像用于处理和解析输出的工具。然而实际上，输出解析器是通过改变提示词模板，即增加输出指令，来指导模型按照特定格式输出内容的。换句话说，原本的提示词模板中不包含输出指令，如果你想得到某种特定格式的输出结果，就得使用输出解析器。这样做的目的是分离提示词模板的输入和输出，输出解析器会把增加"输出指令"这件事做好。如果不要求模型按照特定的格式输出结果，则保持原提示词模板即可。

举例来说，下面这个输出指令要求模型输出一系列用逗号分隔的值（CSV），即模型的答案中应该含有多个值，这些值之间用逗号分隔。

```
"Your response should be a list of comma separated values, "
        "eg: `foo, bar, baz`"
```

大语言模型接收到这条指令并且进行意图识别后，响应的结果是使用逗号分隔的值（CSV）。你可以直接将这个指令写入提示词模板，也可以构造好提示词模板后使用输出解析器的预设指令。两者的效果是等价的，区别在于亲自写还是使用预设指令，以及一起写还是分开写。

这些区别决定了 LangChain 输出解析器的意义。输出解析器的便利性体现在，你想要某种输出格式时不需要手动写入输出指令，而是导入预设的输出解析器即可。除了预设大量的输出指令，输出解析器的 parse 方法还支持将模型的输出解析为对应的数据格式。总的来说，输出解析器已经写好了输出指令（注入提示词模板的字符串），也写好了输出数据的格式处理函数，开发者不需要"重复造轮子"。

LangChain 提供了一系列预设的输出解析器，这些输出解析器能够针对不同的数据类型给出合适的输出指令，并将输出解析为不同的数据格式。这些输出解析器包括：

1. BooleanOutputParser：用于解析布尔值类型的输出。

2. CommaSeparatedListOutputParser：用于解析以逗号分隔的列表类型的输出。

3. DatetimeOutputParser：用于解析日期时间类型的输出。

4. EnumOutputParser：用于解析枚举类型的输出。

5. ListOutputParser：用于解析列表类型的输出。

6. PydanticOutputParser：用于解析符合 Pydantic 大语言模型需求的输出。

7. StructuredOutputParser：用于解析具有特定结构的输出。

还是拿刚才的以逗号分隔的列表类型的输出指令举例，我们来看看 LangChain 是如何编写输出指令的。CommaSeparatedListOutputParser 类的源码如下：

```
class CommaSeparatedListOutputParser(ListOutputParser):
    """Parse out comma separated lists."""
```

```
def get_format_instructions(self) -> str:
    return (
        "Your response should be a list of comma separated values, "
        "eg: `foo, bar, baz`"
    )

def parse(self, text: str) -> List[str]:
    """Parse the output of an LLM call."""
    return text.strip().split(", ")
```

从以上代码中可以很直观地看到预设的输出指令:

```
"Your response should be a list of comma separated values, "
            "eg: `foo, bar, baz`"
```

实例化 CommaSeparatedListOutputParser 类之后, 调用 get_format_instructions()方法返回上述字符串。其实这个字符串就是前面示例中用逗号分隔的输出指令。同 CommaSeparatedListOutputParse 输出解析器一样, 其他几种输出解析器也按照不同的数据类型预设了相应的输出指令, parse 方法内处理了不同类型的数据, 这些都是 LangChain 造好的"轮子"。

3.4.2 输出解析器的使用

输出解析器的使用主要依靠提示词模板对象的 partial 方法注入输出指令的字符串, 主要的实现方式是利用 PromptTemplate 对象的 partial 方法或在实例化 PromptTemplate 对象时传递 partial_variables 参数。这样做可以提高代码的灵活性, 使得提示词的占位符变量可以根据需要动态增加或减少。使用这种方式可为提示词模板添加输出指令, 指导模型输出。

具体操作是, 首先使用 output_parser.get_format_instructions()获取预设的输出指令, 然后在实例化 PromptTemplate 类时将 format_instructions 作为 partial_variables 的一部分传入, 如此便在原有的提示词模板中追加了 format_instructions 变量, 这个变量是输出指令字符串。

以下是相关的示例代码:

```
format_instructions = output_parser.get_format_instructions()
prompt = PromptTemplate(
    template="List five {subject}.\n{format_instructions}",
    input_variables=["subject"],
    partial_variables={"format_instructions": format_instructions}
)
```

在这段代码中, PromptTemplate 的模板字符串 template 中包含两个占位符变量

{subject} 和 {format_instructions}。在实例化 PromptTemplate 对象时，除了要传入 input_variables=["subject"] 参数，还要通过 partial_variables={"format_instructions": format_instructions} 参数预先填充 {format_instructions} 变量，这样就成功地为提示词模板添加了输出解析器所提供的输出指令。

现在通过下面的示例完成输出解析器的两大功能：添加输出指令和解析输出格式，同时展示如何将输出解析器运用到链组件上。

首先，采用 CommaSeparatedListOutputParser 输出解析器：

```
from langchain.output_parsers import CommaSeparatedListOutputParser
from langchain.prompts import PromptTemplate
from langchain.llms import OpenAI
output_parser = CommaSeparatedListOutputParser()
```

然后，使用 output_parser.get_format_instructions() 方法获取预设的格式化输出指令。这个字符串输出指令会指导模型如何将输出格式化为以逗号分隔的消息列表。接下来，创建一个 PromptTemplate 提示词模板对象：

```
format_instructions = output_parser.get_format_instructions()
prompt = PromptTemplate(
    template="List five {subject}.\n{format_instructions}",
    input_variables=["subject"],
    partial_variables={"format_instructions": format_instructions}
)
```

这个提示词模板中定义了一个字符串模板，其中包含两个占位符变量 {subject} 和 {format_instructions}。{subject} 是希望模型产生的列表主题，例如"ice cream flavors"，而 {format_instructions} 是从输出解析器中获取的预设的输出指令。这里引入 OpenAI 的 LLM 模型包装器。

打印 format_instructions 的结果，内容是"Your response should be a list of comma separated values, eg: `foo, bar, baz`"。

```
from langchain.chains import LLMChain

chain = LLMChain(
    llm=OpenAI(
        openai_api_key="填入 OpenAI 的密钥"
    ),
    prompt=prompt
)
```

将 subject 的值设为 ice cream flavors，然后调用 prompt.format(subject="ice cream flavors") 方法，返回一个完整的提示词字符串，包含指导模型产生 5 种冰淇淋口味的指令。

导入 LLMChain 链组件，为 OpenAI 模型类设置密钥，将 PromptTemplate 类实例化后的对象传入 LLMChain 链：

```
output = chain("ice cream flavors")
```

运行这个链得到的是一个 JSON 对象，output['text']是模型回答的字符串，然后调用输出解析器的 parse()方法将这个字符串解析为一个列表。由于输出解析器是 CommaSeparatedListOutputParser，所以它会将模型输出的以逗号分隔的文本解析为列表。

```
output_parser.parse(output['text'])
```

最后得到的结果是一个包含 5 种冰淇淋口味的列表，代表口味的值用逗号隔开：

```
['Vanilla',
 'Chocolate',
 'Strawberry',
 'Mint Chocolate Chip',
 'Cookies and Cream']
```

3.4.3 Pydantic JSON 输出解析器

PydanticOutputParser 输出解析器可以指定 JSON 数据格式，并指导 LLM 输出符合开发者需求的 JSON 格式数据。

可以使用 Pydantic 来声明数据模式。Pydantic 的 BaseModel 就像一个 Python 数据类，但它具有实际的类型检查和强制转换功能。

下面是最简单的 Pydantic JSON 输出解析器示例代码，导入 OpenAI 模型包装器和提示词模板包装器：

```
from langchain.prompts import (PromptTemplate)
from langchain.llms import OpenAI
```

导入 PydanticOutputParser 类：

```
from langchain.output_parsers import PydanticOutputParser
from pydantic import BaseModel, Field, validator
from typing import List
```

这里使用 LLM 模型包装器，实现与机器人的对话：

```
model = OpenAI(openai_api_key ="填入你的密钥")
```

定义数据结构 Joke，实例化 PydanticOutputParser 输出解析器，将该输出解析器预设的输出指令注入提示词模板：

```
# 定义所需的数据结构
class Joke(BaseModel):
```

```
    setup: str = Field(description="question to set up a joke")
    punchline: str = Field(description="answer to resolve the joke")

    # 使用 Pydantic 轻松添加自定义的验证逻辑
    @validator("setup")
    def question_ends_with_question_mark(cls, field):
      if field[-1] != "?":
        raise ValueError("Badly formed question!")
      return field

# 创建一个用于提示 LLM 生成数据结构的查询
joke_query = "Tell me a joke."

# 设置一个输出解析器，并将指令注入提示词模板
parser = PydanticOutputParser(pydantic_object=Joke)

prompt = PromptTemplate(
  template="Answer the user query.\n{format_instructions}\n{query}\n",
  input_variables=["query"],
  partial_variables={"format_instructions":
      parser.get_format_instructions()},
)

_input = prompt.format_prompt(query=joke_query)

output = model(_input.to_string())

parser.parse(output)
```

将用户输入“ice cream flavors”绑定到提示词模板的 query 变量上，使用 LLM 模型包装器与模型平台进行交互。将该输出解析器预设的输出指令绑定到提示词模板的 format_instructions 变量上：

```
_input = prompt.format(subject="ice cream flavors")
output = model(_input)
```

调用输出解析器的 parse 方法，将输出解析为 Pydantic JSON 格式：

```
output_parser.parse(output)
```

最终的结果是符合 Joke 定义的数据格式：

```
 Joke(setup='Why did the chicken cross the road?', punchline='To get to the
other side!')
```

3.4.4　结构化输出解析器

OutputParsers 是一组工具，其主要目标是处理和格式化模型的输出。它包含了多个部分，但对于实际的开发需求来说，其中最关键的部分是结构化输出解析器

（StructuredOutputParser）。这个工具可以将模型原本返回的字符串形式的输出，转化为可以在代码中直接使用的数据结构。特别要指出的是，通过定义输出的数据结构，提示词模板中加入了包含这个定义的输出指令，让模型输出符合该定义的数据结构。本质上来说就是通过告诉模型数据结构定义，要求模型给出一个符合该定义的数据，不再仅仅是一句话的回答，而是抽象的数据结构。

使用结构化输出解析器时，首先需要定义所期望的输出格式。输出解析器将根据这个期望的输出格式来生成模型提示词，从而引导模型产生所需的输出，例如使用 StructuredOutputParser 来获取多个字段的返回值。尽管 Pydantic/JSON 解析器更强大，但在早期实验中，选择的数据结构只包含文本字段。

首先从 LangChain 中导入所需的类和方法：

```python
from langchain.output_parsers import (
    StructuredOutputParser, ResponseSchema
)
from langchain.prompts import (
    PromptTemplate, ChatPromptTemplate,
    HumanMessagePromptTemplate
)
from langchain.llms import OpenAI
from langchain.chat_models import ChatOpenAI
```

然后定义想要接收的响应模式：

```python
response_schemas = [
    ResponseSchema(
        name="answer",
        description="answer to the user's question"
    ),
    ResponseSchema(
        name="source",
        description=(
            "source used to answer the user's question, "
            "should be a website."
        )
    )
]

output_parser = \
StructuredOutputParser.from_response_schemas(response_schemas)
```

接着获取一个 format_instructions，包含将响应格式化的输出指令，然后将其插入提示词模板：

```python
format_instructions = output_parser.get_format_instructions()
```

```
prompt = PromptTemplate(
    template=(
        "answer the users question as best as possible.\n"
        "{format_instructions}\n{question}"
    ),
    input_variables=["question"],
    partial_variables={
        "format_instructions": format_instructions
    }
)

model = OpenAI(openai_api_key ="填入你的密钥")
_input = prompt.format_prompt(question="what's the capital of france?")
output = model(_input.to_string())
output_parser.parse(output)
```

返回结果如下：

```
{'answer': 'Paris', 'source': '请参考本书代码仓库 URL 映射表，找到对应资
源://www.worldatlas.com/articles/what-is-the-capital-of-france.html'}
```

接下来是一个在聊天模型包装器中使用这个方法的示例：

```
chat_model = ChatOpenAI(openai_api_key ="填入你的密钥")

prompt = ChatPromptTemplate(
    messages=[
        HumanMessagePromptTemplate.from_template(
            "answer the users question as best as possible.\n"
            "{format_instructions}\n{question}"
        )
    ],
    input_variables=["question"],
    partial_variables={
        "format_instructions": format_instructions
    }
)

_input = prompt.format_prompt(question="what's the capital of france?")
output = chat_model(_input.to_messages())
output_parser.parse(output.content)  # 多包一层 content
```

返回结果如下：

```
{'answer': 'Paris', 'source': '请参考本书代码仓库 URL 映射表，找到对应资
源://en.wikipedia.org/wiki/Paris'}
```

这就是使用 PromptTemplate 和 StructuredOutputParser 来格式化和解析模型输入及输出的完整过程。

第 4 章

数据增强模块

在这一章，将主要探讨如何在 LangChain 框架中连接外部的数据，即数据增强模块（Data Connection）。我们的生活周围充斥着各种各样的数据，例如本地的文档、网页上的知识、企业内部的知识库、各类研究报告、软件数据库以及聊天的历史记录等。这些数据，无论是广泛的互联网数据，还是具有特定价值的企业内部数据，都是构建和优化大语言模型的重要资源。

4.1 数据增强模块的相关概念

但是你可能会问，既然已经有了强大的大语言模型，例如 OpenAI 的 GPT-4，为什么还需要连接外部的数据呢？原因其实很简单，那就是大语言模型的"知识"是有限的。以 OpenAI 的 GPT-4 为例，它的数据集只训练到 2023 年 4 月份，也就是说，这个时间之后的数据并没有被模型学习和理解。所以，到 2023 年下半年，仍会看到 ChatGPT 在其界面上提示：ChatGPT 可能会产生关于人、地点或事件的不准确信息。这是因为模型在训练数据集之外的知识领域中，其预测能力是受限的。

除此之外，还需要个性化的知识，比如企业的内部知识。想象一下，如果你有一个企业，你可能希望你的聊天机器人能够理解和回答一些关于你的产品或服务的具体问题，这些问题的答案往往需要依赖于你的企业内部的专有知识。大语言模型无法直接访问这些知识，因此需要将这些知识以某种方式连接到大语言模型。

连接外部数据不仅可以填补大语言模型的"知识"缺失，而且还能让开发的应用程序更加"可靠"。当模型需要回答一个问题时，它可以根据真实的外部数据进行回答，而不是仅仅依赖于它在训练时学习的知识。例如，当询问模型"2023 年的新冠病毒疫苗有哪些副作用？"时，模型可以根据最新的医学研究报告来提供答案，而不是依赖于它在两年前学习的可能已经过时的知识进行回答。

这些大语言模型不仅需要连接外部的数据，填补缺失的"知识"，同时还受到了提示词的限制。正如我们在讲述模型 I/O 的提示词模板数据来源时提到的，构建好的提示词模板需要依靠外部数据。然而，这种提示词的字符数量是有限的，这就是我们所说的 Max Tokens 概念。

为了解决大语言模型的这些限制问题，LangChain 设计了数据增强模块。设计这个模块的目的是检索与用户输入的问题相关的外部数据，包括筛选相关问题和相关的文档。然后，这些相关数据会形成提示词模板，提交给 LLM 或 Chat Model 类型的模型包装器。这些模型包装器封装了各个大语言模型平台的底层 API，使得我们可以方便地与这些平台进行交互，获取大语言模型平台的输出。

然而，加载了这些外部的文档数据后，我们经常希望对它们进行转换以更好地适应应用程序。最简单的例子是将一个长文档切割成多个较小的文档，避免文档长度超过 GPT-4 模型的 Max Tokens。为了实现这一目标，LangChain 框架提供了一系列内置的文档转换器，这些文档转换器可以对文档进行切割、组合、过滤等操作。例如，可以使用这些转换器将一个长篇的研究报告切割成一系列的小段落，每个小段落都可以作为一个独立的输入提交给模型。

4.1.1　LEDVR 工作流

数据增强模块是一个多功能的数据增强集成工具，我们可以方便地称作 LEDVR（图 4-1），其中，L 代表加载器（Loader），E 代表嵌入模型包装器（Text Embedding Model），D 代表文档转换器（Document Transformers），V 代表向量存储库（VectorStore），R 代表检索器（Retriever）。

加载器负责从各种来源加载数据作为文档，其中文档是由文本和相关元数据组成的。无论是简单的.txt 文件，还是任何网页文本内容，加载器都可以将它们加载为文档。

嵌入模型包装器是一个专为与各种文本嵌入模型（如 OpenAI、Cohere、Hugging Face 等）交互而设计的类。它的作用与模型 I/O 模块的 LLM 模型包装器和聊天模型包装器一样。

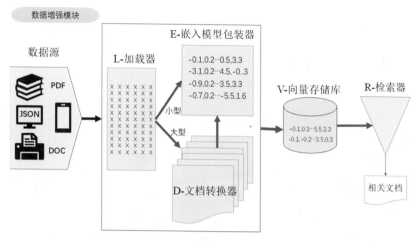

图 4-1

文档转换器主要用来对文档进行切割、组合、过滤等各种转换。数据增强模块提供了一系列内置的文档转换器。最常见的文档转换是切割文档，例如，将大型文档切割为小片段文档。文本切割器（RecursiveCharacterTextSplitter）是最常见的文档转换工具。文档转换器的目的是将加载的文档转换为可被嵌入模型包装器操作的文档数据格式。

向量存储库是用于存储和检索嵌入向量的工具，处理的数据是通过模型平台的文本嵌入模型（Text Embedding Model）转换的向量数据，这是处理非结构化数据的一种常见方法。向量存储库负责存储嵌入数据并执行向量检索。在检索时，可以嵌入非结构化查询，以检索与嵌入数据"最相似"的嵌入向量。

检索器是一个接口，返回非结构化查询的文档。它比向量存储库更通用。检索器无须存储文档，只需要返回（或检索）文档。

下面以一个具体的代码示例来解析 LangChain 数据处理流程中的各个步骤。首先，使用加载器，创建一个 WebBaseLoader 实例，用于从网络加载数据。在这个例子中，加载的是一篇博客文章。文档加载器读取该网址的内容，并将其转换为一份文档数据。

```
from langchain.document_loaders import WebBaseLoader
loader = WebBaseLoader("http://developers.mini1.cn/wiki/luawh.html")
data = loader.load()
```

随后，使用嵌入模型包装器，将这些切割后的文本数据转换为向量数据。创建一个 OpenAIEmbeddings 实例，用于将文本转换为向量。

```
from langchain.embeddings.openai import OpenAIEmbeddings
embedding = OpenAIEmbeddings(openai_api_key="填入你的 OpenAI 密钥")
```

接下来，使用文档转换器，将数据切割为小块，然后转换为文档格式的数据。这是为了让数据更好地适应数据增强模块的工作流程。创建一个 RecursiveCharacterTextSplitter 实例作为切割工具，并指定每个片段的大小为 500 个字符。使用这个切割工具按照每个片段 500 个字符将数据切割成多个片段。

```
from langchain.text_splitter import RecursiveCharacterTextSplitter
text_splitter = RecursiveCharacterTextSplitter(chunk_size=500,
chunk_overlap=0)
splits = text_splitter.split_documents(data)
```

然后，进入工作流的向量存储库环节，创建一个向量存储库：FAISS 实例，用于存储这些向量数据。

```
from langchain.vectorstores import FAISS
vectordb = FAISS.from_documents(documents=splits, embedding=embedding)
```

最后，实例化一个检索器，在这些数据中进行检索。创建一个 ChatOpenAI 实例和一个 MultiQueryRetriever 实例，用于执行检索问答。在这个例子中，使用相似度查询方法 get_relevant_documents，检索"LUA 的宿主语言是什么？"。

```
from langchain.chat_models import ChatOpenAI
from langchain.retrievers.multi_query import MultiQueryRetriever

question = "LUA 的宿主语言是什么?"
llm = ChatOpenAI(openai_api_key="填入你的密钥")
retriever_from_llm = MultiQueryRetriever.from_llm(
    retriever=vectordb.as_retriever(), llm=llm
)
docs = retriever_from_llm.get_relevant_documents(question)
```

通过这个例子，最后获得了 4 个与检索问题相关的源文档片段。第一个源文档片段即为"LUA 的宿主语言是什么？"这个问题的答案，"Lua 提供了非常易于使用的扩展接口和机制：由宿主语言（通常是 C 或 C++）提供这些功能"。

```
print(docs[0])
<LangChain.vectorstores.faiss.FAISS at 0x228dfa4b050>
Document(page_content='Lua 提供了非常易于使用的扩展接口和机制：由宿主语言(通常是 C
或 C++)提供这些功能,Lua 可以使用它们,就像内置的功能一样。其他特性:', metadata={'source':
'http://developers.mini1.cn/wiki/luawh.html', 'title': '什么是 Lua 编程 | 开发者脚
本帮助文档', 'description': '迷你世界开发者接口文档', 'language': 'zh-CN'})
```

由以上示例我们可以看到，LangChain 如何将加载器、嵌入模型包装器、文档转换器、向量存储库和检索器有机地组合在一起，形成一个从加载、转换、嵌入、存储到检索的完整流程。

4.1.2　数据类型

在数据增强模块中，主要操作两种类型的数据：文档数据和向量数据。这两种数据类型在 LangChain 数据增强模块的处理流程中可以自由流通和转换。

文档数据主要通过加载器从各种不同的源被加载进数据增强模块。无论是简单的文本文件，还是网页内容，甚至是 YouTube 视频的转录，都可以被加载为文档数据。在这个过程中，每一个文档都被视为一个包含文本和相关元数据的单元。

一旦文档数据被加载进来，就可以将它们传递给文档转换器进行处理。最常见的处理就是切割文档，另外还有压缩文档、过滤文档。做这些转换主要是为了使文档数据更好地适应应用需求。

经过处理的文档数据会被传递给嵌入模型包装器，在这里，它们会被转换为向量数据，完成文本向量化。文本向量化是将原始文本数据转换为向量的过程。向量是用于机器学习模型处理的数值表示形式。这些向量数据会被存储在向量存储库中，在需要时会对它们进行检索。检索过程由检索器完成，它根据用户的查询返回相应的数据。

总的来说，数据在 LangChain 的数据增强模块中，通过加载器、嵌入模型包装器、文档转换器、向量存储库和检索器的处理后，被规范化为文档数据和向量数据两种类型，这两种类型的数据能够自由地在各个组件之间流通和转换。

4.2　加载器

在 LangChain 的数据处理流程中，加载器起着至关重要的作用。它从各种数据源加载数据，并将数据转换为"文档"（Document）的格式。

加载器有暴露的 load 方法，用于从指定的数据源读取数据，并将其转换成一个或多个文档。这使得 LangChain 能够处理各种形式的输入数据，不仅仅限于文本数据，还可以是网页、视频字幕等。

值得注意的是，加载器还可以选择性地实现一个 lazy load 方法，该方法的作用是实现数据的懒加载，即在需要时才将数据加载到内存中。这样可以有效地减少内存占用，并提高数据处理的效率。

下面是最简单的加载器的代码示例，它可以加载简单.txt 文件：

```
from langchain.document_loaders import TextLoader
# 代码仓库中有这个文件，也可以加入自己的测试文件。如果文件中包含中文，请指定
encoding="utf-8"
```

```
loader = TextLoader(file_path="./index.md",encoding="utf-8")
loader.load()
```

文件中的所有内容都被加载到了文档数据中。

```
[Document(page_content='在语言模型中,一个 Token 并不是指一个字符,而是指一个词或者
一个词的一部分。对于英文,一个 Token 可能是一个完整的单词,也可能是一个单词的一部分。对于中文,
通常一个汉字就是一个 Token。这是由语言模型的编码方式决定的。\n\n 让以英文为例。在许多 NLP 任
务和一些语言模型中,英文通常会被切割为子词或者字符。例如,"apple"可能被切割为一个 Token,即
["apple"],而"apples"可能被切割为两个 Token,即["apple", "s"]。这是因为模型在训练时学
习到,"s"常常用于表示复数。所以,"apples"被切割为两个 Token。\n\n 对于中文,由于其语言特性,
通常每个字符就是一个 Token,即每个汉字都是一个 Token。但是在某些特殊情况下,如一些复杂的或者
不常见的汉字,可能会被编码为两个或者更多的 Token。这通常发生在使用子词编码方法的模型中,如
Byte Pair Encoding(BPE)或 Unigram Language Model(ULM)。\n\n 至于每个英文单词对应
0.75 个 Token 的例子,这是一个假设的平均值,用于说明如果一个英文单词被切割为多个 Token,那么
模型能处理的单词数量可能会比 Token 数量多。在实际情况中,这个比值可能会根据具体的文本和模型的
编码方式有所不同。\n\n 这里需要明确的是,无论英文还是中文,一个 Token 并不一定等同于一个字符
或一个单词,而是取决于具体的编码方式。在理解和使用语言模型时,需要考虑到这一点。',
metadata={'source': './index.md'})]
```

不同文档数据格式的加载方法

LangChain 有很强的数据加载能力,而且它可以处理各种常见的数据格式,例如
CSV、文件目录、HTML、JSON、Markdown 及 PDF 等。下面,分别介绍这些不同的
文档格式数据的加载方法。

CSV

逗号分隔值(Comma-Separated Values,CSV)文件是一种使用逗号来分隔值的文
本文件。文件的每一行都是一条数据记录,每条记录包含一个或多个用逗号分隔的字
段。LangChain 将 CSV 文件的每一行都视为一个独立的文档。

CSVLoader 是 BaseLoader 的子类,主要用于从 CSV 文件加载数据,并将其转换
为一系列的 Document 对象。每个 Document 对象代表 CSV 文件的一行,CSV 文件的
每一行都被转换为键值对,并输出到 Document 对象的 page_content 中。对于从 CSV
文件加载的每个文档,在默认情况下源都被设置为 file_path 参数的值。如果设置
source_column 参数的值为 CSV 文件中的列名,那么每个文档的源将被设置为指定
source_column 的列的值。

可以设置的主要参数包括:

- file_path:CSV 文件的路径。
- source_column:可选参数,用于指定作为文档源的列的名称。
- encoding:可选参数,用于指定打开文件的编码方式。

- csv_args：可选参数，传递给 csv.DictReader 的参数。

CSVLoader 的典型用法是创建一个 CSVLoader 实例，然后调用其 load 方法来加载文件，如下面的示例：

```
loader = CSVLoader(file_path='data.csv', encoding='utf-8')
documents = loader.load()
```

在这个例子中，documents 是从 data.csv 文件中加载的 Document 对象的列表。每个 Document 对象代表文件中的一行。

文件目录

对于文件目录，LangChain 提供了一种方法来加载目录中的所有文件。在底层，它默认使用 UnstructuredLoader 来实现这个功能。这意味着，只要将文件存放在同一一个目录下，无论文件数量是多少，LangChain 都能够将它们全部加载进来。

DirectoryLoader 是 BaseLoader 的子类，主要用于从一个指定的目录加载文件。每个从目录中加载的文件都被处理为一个 Document 对象。

可以设置的主要参数包括：

- loader_cls：用于加载文件的加载器类，是 BaseLoader 的子类。
- loader_kwargs：传递给加载器类的参数。
- recursive：是否递归加载子目录中的文件。
- show_progress：是否显示加载进度。

DirectoryLoader 的典型用法是创建一个 DirectoryLoader 实例，并给出一个文件目录的路径。然后调用其 load 方法来加载目录中的文件。例如：

```
loader = DirectoryLoader(path='data_directory')
documents = loader.load()
```

在这个例子中，documents 是从 data_directory 目录中加载的 Document 对象列表。每个 Document 对象代表目录中的一个文件。

HTML

HTML 是用于在 Web 浏览器中显示文档的标准标记语言。LangChain 可以将 HTML 文档加载为它可以使用的文档。这就意味着，它可以直接从网页上提取并处理数据。

HTMLLoader 的典型用法是创建一个 UnstructuredHTMLLoader 或者 BSHTMLLoader 实例。然后调用其 load 方法来加载 HTML 文档。这两个实例都可以将 HTML 文档加载为可以在后续过程中使用的文档。同时，它们还会提取网页标题，并将其作为 title 存储在元数据 metadata 中。

这种方法的优点在于它可以从 HTML 文档中提取出结构化的信息，比如段落、标题等，这些信息在后续的处理中可能会很有用。使用 BSHTMLLoader 加载 HTML 文档的例子如下：

```
from langchain.document_loaders import BSHTMLLoader
loader = BSHTMLLoader(file_path='example.html')
documents = loader.load()
```

在这个例子中，documents 是从 example.html 文档中加载的 Document 对象的列表，其中每个 Document 对象都代表 HTML 文档中的一部分内容。

JSON

JSON 是一种使用人类可读的文本来存储和传输数据对象的开放标准文件格式和数据交换格式，这些对象由属性-值对和数组（或其他可序列化值）组成。LangChain 的 JSONLoader 使用指定的 jq 模式来解析 JSON 文件。jq 是一种适用于 Python 的软件包。JSON 文件的每一行都被视为一个独立的文档。

JSONLoader 的典型用法是创建一个 JSONLoader 实例。然后调用其 load 方法来加载文件。JSONLoader 可以通过引用一个 jq schema（一种用于处理 JSON 数据的查询语言）来提取文本并加载到文档中。

可以设置的主要参数包括：

- file_path：JSON 文件的路径。
- jq_schema：用于从 JSON 中提取数据或文本的 jq schema。
- content_key：如果 jq schema 的结果是对象（字典）的列表，则使用此键从 JSON 中提取内容。

metadata_func：一个函数，接受由 jq schema 提取的 JSON 对象和默认的元数据，返回更新后的元数据的字典。

下面是一个使用 JSONLoader 加载 JSON 文件的例子：

```
from langchain.document_loaders import JSONLoader
loader = JSONLoader(file_path='example.json', jq_schema='.[]')
documents = loader.load()
```

在这个例子中，documents 是从 example.json 文件加载的 Document 对象的列表，其中每个 Document 对象都代表 JSON 文件中的一部分内容。

下面的列表提供了一些可能的 jq_schema 参考值，用户可以根据 JSON 数据的结构使用这些值来提取内容。在上面的例子中，指定了 jq_schema='.[]'，对应的 JSON 格式是["...", "...", "..."]。如果你预期的 JSON 格式是[{"text": ...}, {"text": ...}, {"text": ...}]，则可以配置 jq_schema='.[].text '

```
JSON        -> [{"text": ...}, {"text": ...}, {"text": ...}]
jq_schema   -> ".[].text"

JSON        -> {"key": [{"text": ...}, {"text": ...}, {"text": ...}]}
jq_schema   -> ".key[].text"

JSON        -> ["...", "...", "..."]
jq_schema   -> ".[]"
```

Markdown

Markdown 是一种使用纯文本编辑器创建格式化文本的轻量级标记语言。LangChain 可以将 Markdown 文档加载为在后续过程中能够使用的文档。设置 mode="elements"后，Markdown 文档会被解析成其各个基本组成元素，例如标题、段落、列表和代码块等。

MarkdownLoader 的典型用法是创建一个 UnstructuredMarkdownLoader 实例。然后调用其 load 方法来加载文档。

下面是一个使用 UnstructuredMarkdownLoader 加载 Markdown 文档的例子：

```
markdown_path = "../../../../../README.md"
loader = UnstructuredMarkdownLoader(markdown_path, mode="elements")
documents = loader.load()
```

PDF

PDF 是 Adobe 在 1992 年开发的一种文件格式，这种格式的文档在各种不同的环境下都能以一种标准和一致的方式呈现，无论是文本还是图像。LangChain 可以将 PDF 文档加载为能够在后续过程中使用的文档。

LangChain 的数据增强模块中有多种文档加载器可以加载 PDF 文档。下面将介绍一些主要的 PDF 文档加载器及其用法。

1. PyPDF 文档加载器：它可以将 PDF 文档加载为文档数组，数组中的每个文档包含页面内容和页码的元数据。示例如下：

```
from langchain.document_loaders import MathpixPDFLoader
loader = MathpixPDFLoader("example_data/layout-parser-paper.pdf")
```

或者可以使用 UnstructuredPDFLoader 加载：

```
from langchain.document_loaders import UnstructuredPDFLoader
loader = UnstructuredPDFLoader("example_data/layout-parser-paper.pdf")
```

在底层，UnstructuredPDFLoader 会为不同的文本块创建不同的元素。在默认情况下，它会将这些元素合并在一起，但可以通过指定 mode="elements" 来轻松地分离这些元素。

2. 在线 PDF 文档加载器：它可以加载在线 PDF 文档，并将其转换为可以在下游使用的文档格式，示例如下：

```
from langchain.document_loaders import OnlinePDFLoader
loader = OnlinePDFLoader("请参考本书代码仓库 URL 映射表，找到对应资
源://arxiv.org/pdf/2302.03803.pdf")
```

3. PyPDFium2 文档加载器：使用 PyPDFium2 文档加载器加载 PDF 文档的示例如下：

```
from langchain.document_loaders import PyPDFium2Loader
loader = PyPDFium2Loader("example_data/layout-parser-paper.pdf")
data = loader.load()
```

4. PDFMiner 文档加载器：使用 PDFMiner 文档加载器加载 PDF 文档的示例如下：

```
from langchain.document_loaders import PDFMinerLoader
loader = PDFMinerLoader("example_data/layout-parser-paper.pdf")
```

5. 使用 PDFMiner 文档加载器可生成 HTML 文档。这对于将文本按照语义划分为各个部分非常有帮助，生成的 HTML 内容可以通过使用 Python 的 BeautifulSoup 库进行解析和处理，以获取关于字体大小、页码、PDF 文件头/页脚等更多结构化的信息。

6. PyMuPDF 文档加载器：这是最快的一种 PDF 文档加载器，它输出的文档包含关于 PDF 及其页面的详细元数据，且为每页返回一个文档。

```
from langchain.document_loaders import PyMuPDFLoader
```

7. PyPDFDirectoryLoader 文档加载器可从目录加载 PDF 文档，示例如下：

```
from langchain.document_loaders import PyPDFDirectoryLoader
```

8. PDFPlumberLoader 文档加载器：与 PyMuPDF 文档加载器类似，其输出的文档包含关于 PDF 及其页面的详细元数据，且为每页返回一个文档。

以上是 LangChain 支持的 PDF 文档加载器及其使用示例。

4.3 嵌入模型包装器

在深度学习和自然语言处理领域，嵌入（Embedding）是一种将文本数据转换为

浮点数值表示形式的技术，它能够分析两段文本之间的相关性。嵌入的一个典型例子是词嵌入，这种嵌入将每个词映射到多维空间中的一个点，使得语义上相似的词在空间中的距离更近。词嵌入是将词语映射到向量空间中的一种技术，它通过对大量文本数据的训练，为每个词语生成一个高维向量。通过这个向量能够捕获词语的语义信息，例如，相似的词语（如"男"和"国王"，"女"和"女王"）在向量空间中的位置会非常接近。这是因为嵌入模型在训练过程中学习到了词语之间的语义关系。

例如，可以使用预训练的 Word2Vec 或 GloVe 等模型得到每个词的向量表示。假设"国王"的向量表示为[1.2, 0.7, -0.3]，"男"的向量表示为[1.1, 0.6, -0.2]，"女王"的向量表示为[-0.9, -0.8, 0.2]，"女"的向量表示为[-0.8, -0.7, 0.3]。我们就会发现，相同性别的词语（如"国王"和"男"）在向量空间中的距离更近，这就反映了它们之间的语义关系。这种关系可以通过计算向量之间的余弦相似度来量化。

词嵌入的一个重要应用就是自然语言处理，例如文本分类、命名实体识别、情感分析等。词嵌入通过将词语转换为向量，然后利用深度学习模型来处理文本数据，实现对语言的理解。

LangChain 框架提供了一个名为 Embeddings 的类，它为多种文本嵌入模型（如 OpenAI、Cohere、Hugging Face 等）提供了统一的接口。通过该类实例化的嵌入模型包装器，可以将文档转换为向量数据，同时将搜索的问题也转换为向量数据，这使得可通过计算搜索问题和文档在向量空间中的距离，来寻找在向量空间中最相似的文本。实例化的 Embeddings 类被称为嵌入模型包装器，同 Model I/O 模块的 LLM 模型包装器和聊天模型包装器（Chat Model）并称为三大模型包装器。OpenAI 平台的嵌入模型，使用大量的文本数据进行训练，以尽可能地捕捉和理解人类语言的复杂性。这使得 OpenAI 的嵌入模型可以生成高质量的向量表示，并有效地捕捉文本中的语义关系和模式。在 LangChain 框架中，当你创建一个 OpenAIEmbeddings 类的实例时，该实例将使用 text-embedding-ada-002 这个型号模型来进行文本嵌入操作。这种嵌入模型对于搜索、聚类、推荐、异常检测和分类任务等都有很好的效果。

4.3.1 嵌入模型包装器的使用

嵌入模型包装器与其他两个模型包装器的使用方法一样，在使用时需要导入 Embedding 类，设置密钥。嵌入模型包装器提供了两个主要的方法，分别是 embed_documents 和 embed_query。前者接受一组文本作为输入并返回它们的嵌入向量，而后者接受一个文本并返回其嵌入向量。之所以分开这两个方法，是因为模型平台的嵌入模型对于待搜索的文档和搜索查询本身有不同的嵌入方法。

例如，在使用 OpenAI 的嵌入模型时，可以通过以下代码来嵌入一组文档和一个查询：

```
from langchain.embeddings import OpenAIEmbeddings
embeddings_model = OpenAIEmbeddings(openai_api_key="填入你的密钥")
```

可以使用 embed_documents 方法将一系列文本嵌入为向量。例如，下面的例子将 5 句话嵌入为向量：

```
embeddings = embeddings_model.embed_documents(
    [
        "Hi there!",
        "Oh, hello!",
        "What's your name?",
        "My friends call me World",
        "Hello World!"
    ]
)
len(embeddings), len(embeddings[0])
```

该例子会返回一个嵌入向量列表，其中每个嵌入向量由 1536 个浮点数构成。

可以使用 embed_query 方法将单个查询嵌入为向量。这在你想要将一个查询和其他已嵌入的文本进行比较时非常有用，如下面的示例：

```
embedded_query = embeddings_model.embed_query("What was the name mentioned
in
the conversation?")
embedded_query[:5]
```

该例子将返回查询的嵌入向量，下面只展示了向量的前 5 个元素。

```
[0.0053587136790156364,
 -0.0004999046213924885,
 0.038883671164512634,
 -0.003001077566295862,
 -0.009008182212710381
```

4.3.2　嵌入模型包装器的类型

LangChain 为各种大语言模型平台提供了嵌入模型接口的封装。其中，为 OpenAI 平台提供的接口封装为"OpenAIEmbeddings"。这种嵌入方式的特点是能够充分利用大规模预训练模型的语义理解能力，其中包括 OpenAI、Hugging Face 等提供的自然语言处理模型。以下是一些具体的嵌入类型：

1. 自然语言模型嵌入：这类嵌入包括 OpenAIEmbeddings、HuggingFace

Embeddings、HuggingFaceHubEmbeddings、HuggingFaceInstructEmbeddings、SelfHosted HuggingFaceEmbeddings 和 SelfHostedHuggingFaceInstructEmbeddings 等。这类嵌入主要利用诸如 OpenAI、Hugging Face 等自然语言处理模型进行文本嵌入。

2. AI 平台或云服务嵌入：这类嵌入主要依托 AI 平台或云服务的能力进行文本嵌入，这类嵌入主要包括 Elasticsearch、SagemakerEndpoint 和 DeepInfra 等。这类嵌入的主要特点是能够利用云计算的优势，处理大规模的文本数据。

3. 专门的嵌入模型：这类嵌入专门用于处理特定结构的文本，主要包括 AlephAlpha 的 AsymmetricSemanticEmbedding 和 SymmetricSemanticEmbedding 等，这类嵌入适用于处理结构不同或相似的文本。

4. 自托管嵌入：这类嵌入一般适用于用户自行部署和管理的场景，如 SelfHostedEmbeddings，给予用户更大的灵活性和控制权。

5. 仿真或测试用嵌入：例如，FakeEmbeddings 一般用于测试或模拟场景，不涉及实际的嵌入计算。

6. 其他类型：此外，LangChain 还支持一些其他类型的嵌入方式，如 Cohere、LlamaCpp、ModelScope、TensorflowHub、MosaicMLInstructor、MiniMax、Bedrock、DashScope 和 Embaas 等。这些嵌入方式各有特点，能够满足不同的文本处理需求。

用户可以根据自己的具体需求，选择最合适的文本嵌入类型。同时，LangChain 将持续引入更多的嵌入类型，以进一步提升其处理文本的能力。

4.4 文档转换器

在大语言模型开发时代，处理海量文档成了一个常见且重要的任务。LangChain 框架的数据增强模块为此提供了一系列强大的包装器，其中文档转换器就是解决这个问题的关键工具之一。

文档转换器处理任务分为两个步骤：第一步是对文档进行切割，主要由切割器完成；第二步是将切割后的文档转换为 Document 数据格式。尽管从名称上看，文档转换器主要进行的是转换操作，但实际上，这是从结果出发来定义的。在数据增强模块中，数据以 Document 对象和向量形式在各个包装器中流通。向量形式的数据由向量存储库管理，而被转换为向量之前，数据以 Document 对象的形式存在。

文档转换器将文档数据切割并转换为 Document 对象后，这些 Document 对象会被传递给嵌入模型包装器，嵌入模型包装器再将它们转换为嵌入向量，被存储在向量存储库中，检索器再从向量存储库中检索与用户输入的问题相关的文档内容。

你可能会问，为什么需要切割文档呢？先看看主要用于切割的文档转换器和文档加载器之间的关系。

文档加载器的主要任务是从各种源加载数据，然后再通过文档转换器将这些数据转换为 Document 对象。Document 对象包含文本及其相关元数据。这是处理数据的第一步，即将不同格式、不同来源的数据统一为 Document 对象。

然而，通过文档加载器加载后的文档可能非常长，可能包含几十页甚至几百页的内容。处理这样长的文档可能会带来一些问题。一方面，大语言模型平台处理长文本的能力是有限的，例如，某些模型平台有最大 Max Tokens 的限制。另一方面，将整个文档作为一个整体处理可能无法充分发挥模型的作用，因为文档中不同部分的内容可能在语义上存在较大的差异。因此，需要将长文档切割为较小的文本块，并使得每个文本块在语义上尽可能一致，这就是文档转换器要完成的文本切割任务，由文本切割器完成。

文本切割器按照一定的策略将文档切割为多个小文本块。这些策略可能包括如何切割文本（例如，按照句子切割），如何确定每个小文本块的大小（例如，按照一定的字符数切割）等。通过合理的切割，可以保证每个小文本块的内容在语义上尽可能一致，并且可以被模型平台处理。

文本切割

文本切割器的工作原理是：将文本切割成小的、在语义上有意义的文本块（通常是句子）。由这些小文本块开始，再组合成大的文本块，直到达到某个大小（通过某种函数进行测量）。一旦达到该大小，就将该块作为一个文本片段。然后开始创建新的文本块，新的文本块和前一个文本块会有一些重叠（以保持块与块之间的上下文）。这意味着，可以沿着两个不同的轴来定制文本切割器：文本如何被切割以及如何测量块的大小。

这里推荐的文本切割器是 RecursiveCharacterTextSplitter。这个文本切割器接受一个字符列表作为输入，它尝试基于第一个字符进行切割，但如果文本块太大，它就会移动到下一个字符，以此类推。在默认情况下，它尝试切割的字符是["\n\n", "\n", " ", ""]。

除了可以控制切割的字符，还可以控制以下几个方面：

- length_function：如何计算文本块的长度。默认只计算字符数量，但是通常会给其传入一个标记计数器。
- chunk_size：文本块的最大大小（由长度函数测量）。
- chunk_overlap：文本块之间的最大重叠。有一些重叠可以在文本块之间保持连续性（例如采用滑动窗口的方式）。
- add_start_index：是否在元数据中包含每个文本块在原始文档中的起始位置。

在处理大规模文本数据方面，LangChain 提供了多种文本切割器，以满足各种类型的应用需求。下面通过示例代码，了解如何使用不同的文本切割器。

1. 按字符切割

这是最简单的切割方法。它基于字符（默认为"\n\n"）进行切割，并通过字符数量来测量文本块的大小。使用 chunk_size 属性可设置文本块的大小，使用 chunk_overlap 属性设置文本块之间的最大重叠。

```python
# This is a long document we can split up.
with open('../../../state_of_the_union.txt') as f:
    state_of_the_union = f.read()
from langchain.text_splitter import CharacterTextSplitter
text_splitter = CharacterTextSplitter(
    chunk_size = 1000,
    chunk_overlap  = 200,
)
texts = text_splitter.create_documents([state_of_the_union])
print(texts[0])
```

2. 代码切割

RecursiveCharacterTextSplitter 切割器，通过递归的方式分析代码的结构，允许你对特定的编程语言（通过 Language 枚举类型指定）的代码进行切割。在这个例子中，处理的是 JavaScript 代码。首先定义了一段 JavaScript 代码，然后使用 RecursiveCharacterTextSplitter 的 from_language 类方法创建一个适用于 JavaScript 语言的切割器。这个方法接受一个 language 参数，它的类型是枚举类型 Language，其可以表示多种编程语言。除了支持 JavaScript，该切割器目前还支持 'cpp'、'go'、'java'、'js'、'php'、'proto'、'python'、'rst'、'ruby'、'rust'、'scala'、'swift'、'markdown'、'latex'、'html'、'sol' 等多种编程语言。

```python
from langchain.text_splitter import (
    RecursiveCharacterTextSplitter,
```

```
    Language,
)
JS_CODE = """
function helloWorld() {
        console.log("Hello, World!");
}

// Call the function
helloWorld();
"""

js_splitter = RecursiveCharacterTextSplitter.from_language(
    language=Language.JS, chunk_size=60, chunk_overlap=0
)
js_docs = js_splitter.create_documents([JS_CODE])
js_docs
```

3. Markdown 标题文本切割器

在聊天机器人、在线客服系统或自动问答回复系统等应用中，文本切割是一个关键步骤，常常需要在嵌入和存储向量之前将输入文档进行切割。这是因为当嵌入整个段落或文档时，在嵌入过程中会考虑文本内部的整体上下文和句子、短语之间的关系。这样可以得到一个更全面的向量表示，从而捕捉到文本的广义主题和主旨。

在这些场景中，切割的目标通常是将具有共同上下文的文本保持在一起。因此，我们可能希望保留文档本身的结构。例如，一个 Markdown 文档是按照标题进行组织的，那么在特定的标题组内创建块是一种直观的想法。可以使用 MarkdownHeaderTextSplitter 切割器。这个切割器可以根据指定的一组标题来切割一个 Markdown 文档。例如，下面的示例：

```
# Markdown 的一级标题

## Markdown 的二级标题

Markdown 的段落。Markdown 的段落 Markdown 的段落 Markdown 的段落。
Markdown 的段落。
Markdown 的段落。
Markdown 的段落。
Markdown 的段落。
```

可以这样来设置切割的标题：

```
headers_to_split_on = [
    ("#", "Header 1"),
    ("##", "Header 2"),
]
```

然后，使用 MarkdownHeaderTextSplitter 切割器来进行切割。实例化切割器后，调用实例的 split_text 方法，该方法接受 Markdown 文档的内容作为输入，并返回 Document 格式的数据。一旦转换为这种数据格式，就可以使用其他切割器的 split_documents 方法进行再切割：

```
# MD splits
markdown_splitter =
MarkdownHeaderTextSplitter(headers_to_split_on=headers_to_split_on)
md_header_splits = markdown_splitter.split_text(markdown_document)
```

这样，就得到了按标题切割的文档。然而，这可能还不够。如果某个标题下的内容非常长，可能还需要进一步切割。这时，可以使用 RecursiveCharacterTextSplitter 切割器来进行字符级别的切割：

```
# Char-level splits
from langchain.text_splitter import RecursiveCharacterTextSplitter
chunk_size = 250
chunk_overlap = 30
text_splitter = RecursiveCharacterTextSplitter(
    chunk_size=chunk_size, chunk_overlap=chunk_overlap
)
# Split
splits = text_splitter.split_documents(md_header_splits)
```

这样，就可以得到更小的、便于处理的文本块了。

4. 按字符递归切割

这是为通用文本推荐的文本切割器。这种方法由一组特定的字符或字符串（如换行符、空格等）来控制切割，递归地将文本切割成越来越小的部分。通常，预定义的字符列表是["\n\n", "\n", " ", ""]。这样切割是尽可能地将所有段落（然后是句子，再然后是单词）保持在一起，因为它们通常看起来是语义相关性最强的文本部分。

5. 按标记（Token）切割

在处理自然语言时，经常需要将长文本切割成小文本块以便于模型处理。这时就需要使用标记切割器。标记切割器的主要任务是按照一定的规则将文本切割成小文本块，这些小文本块的长度通常由模型的输入限制决定。以下是一些常用的标记切割器。

● Tiktoken 标记切割器：它是由 OpenAI 创建的一种快速的字节对编码（BPE）标记器。可以使用它来估计使用的标记数量。对于 OpenAI 的模型来说，它的准确度是比较高的。该切割器的文本切割方式是按照传入的字符进行切割，文本块大小也由它计算。该标记切割器的使用方式有些复杂，下面通过代码展示它的使用方式。首先要安装 tiktoken python 包。然后导入 CharacterTextSplitter 类，再使用类方法 from_tiktoken_encoder 实例化这个类。与 SpacyTextSplitter 等其他内置的切割器不一样的是，Tiktoken 标记切割器是由 CharacterTextSplitter 类的类方法实例化而来的。

```
pip install tiktoken

# This is a long document we can split up.
with open("../../../state_of_the_union.txt") as f:
    state_of_the_union = f.read()
from langchain.text_splitter import CharacterTextSplitter
text_splitter = CharacterTextSplitter.from_tiktoken_encoder(
    chunk_size=100, chunk_overlap=0
)
texts = text_splitter.split_text(state_of_the_union)
```

- SpaCyTextSplitter 标记切割器：SpaCy 是一种用于高级自然语言处理的开源软件库，是用 Python 和 Cython 编写的。SpaCyTextSplitter 标记切割器的文本切割方式是通过 SpaCy 标记器进行切割，文本块大小通过字符数量计算。它是 NLTKTextSplitter 标记切割器的替代方案。

- SentenceTransformersTokenTextSplitter 标记切割器：它是专门用于处理句子转换模型的专用文本切割器。该切割器的默认行为是将文本切割成适合所要使用的句子转换器模型的标记窗口的文本块。

- NLTKTextSplitter 标记切割器：NLTK（Natural Language Toolkit）是一套支持符号方法和统计方法的自然语言处理 Python 库。与仅仅在"\n\n"处切割不同，NLTKTextSplitter 标记切割器的文本切割方式是通过 NLTK 标记器进行切割，文本块大小通过字符数量进行计算。

- Hugging Face 标记切割器：它提供了许多标记器。可使用 Hugging Face 标记切割器的标记器 GPT2TokenizerFast 来计算文本长度（以标记为单位）。该切割器的文本切割方式是按照传入的字符进行切割。文本块大小的计算方式是，使用 Hugging Face 标记器计算出标记数量。这个标记切割器的使用方式更复杂一些，下面通过代码展示它的使用方式。

首先，从 transformers 库导入 GPT2TokenizerFast 类，该类负责使用预训练的 GPT-2 模型来初始化分词器，其实例名为 tokenizer。

接着，从 langchain.text_splitter 模块导入 CharacterTextSplitter 类，这个类用

于切割文本。

然后，调用 CharacterTextSplitter 的 from_huggingface_tokenizer 类方法，以实例化一个名为 text_splitter 的 Hugging Face 标记切割器。在这个过程中，我们设置该切割器的分词器为 tokenizer，并且规定每个文本块的最大标记数为 100（chunk_size=100），同时确保文本块之间没有重叠（chunk_overlap=0）。

最后，通过调用 text_splitter 的 split_text 方法，将 state_of_the_union 文档切割成多个小文本块，并将这些切割后的文本块存储在变量 texts 中。

```
from transformers import GPT2TokenizerFast

tokenizer = GPT2TokenizerFast.from_pretrained("gpt2")
# This is a long document we can split up.
with open("../../../state_of_the_union.txt") as f:
    state_of_the_union = f.read()
from langchain.text_splitter import CharacterTextSplitter
text_splitter = CharacterTextSplitter.from_huggingface_tokenizer(
    tokenizer, chunk_size=100, chunk_overlap=0
)
texts = text_splitter.split_text(state_of_the_union)
```

以上这些标记切割器是框架内置的标记切割器。选择使用哪种标记切割器主要取决于任务需求和所使用的模型。在选择标记切割器时，需要考虑模型的输入限制、希望保留的上下文信息以及希望如何切割文本等因素。

4.5 向量存储库

我们在学习嵌入模型包装器时，了解到嵌入模型包装器提供了两个主要的方法，分别是 embed_documents 和 embed_query。前者接受一组文本作为输入并返回它们的嵌入向量，而后者接受一个文本作为输入并返回其嵌入向量。也展示了如何利用这个嵌入模型包装器将查询语句转换为浮点数列表，也就是向量。但是，当得到这个向量后，我们应该如何使用它呢？

这就是向量存储库要解决的问题。

向量存储库可以被看作一个大的包装器，它负责处理数据增强模块中 LEDVR 工作流的 LED 环节的输出结果。对于开发者来说，使用向量存储库可以极大地简化工作。开发者不需要关心如何与各个模型平台进行交互，也不需要将数据处理成其他形式。比如，LEDVR 工作流一直都在处理 Document 对象格式的数据，开发者只需要专注于这个格式，然后将数据交给向量存储库就可以了。向量存储库会在底层处理数据格式的转换、解析模型包装器的返回数据等各种复杂的工作。

举个简单的例子，如果单独将查询语句转换为向量，做法是实例化嵌入模型包装器后，调用 embed_documents 方法，但这个方法接受的是字符串列表输入。如果不使用向量存储库则这个包装器需要先把文本切割器处理过的文档数据，转换为字符串列表，最终得到嵌入模型包装器的字符串结果后，还要考虑如何将其转换为向量存储库需要的格式，否则使用不了向量存储库的查询功能。

相比之下，如果使用向量存储库这个包装器，则只需要将原始的 Document 对象格式的数据交给向量存储库，向量存储库会负责将文档转换成字符串，然后将字符串转换成向量，最后将向量存储起来。当需要查询时，只需要提供查询语句，向量存储库会自动将查询语句转换成向量，然后进行查询。这样一来，就可以把所有复杂的数据处理工作都交给向量存储库。也就是可以忘掉 embed_documents 方法了。因为向量存储库帮助做了这些工作，这也正是 LangChain 的设计理念，让 LangChain 为开发者做更多的事情。

4.5.1　向量存储库的使用

在数据增强模块中，数据以 Document 对象和向量的形式在各个包装器中流通。向量形式的数据由向量存储库管理，那么为什么要使用向量这种数据格式？这是因为传统的数据库的数据是结构化的，而如今很多数据都是非结构化的。

非结构化的数据是指在日常操作中并不遵循固定格式或者不容易被数据库系统识别的数据。例如，电子邮件、博客、社交媒体帖子、音频和视频等。这些数据无法通过预定义的数据模式进行分类，或者不适合通过常规的关系数据库进行处理。

对非结构化数据的需求主要是存储和搜索。存储是为了保留这些数据以供日后分析和使用，而搜索则是为了从海量数据中找到所需要的信息。例如，当在互联网上搜索关键词时，搜索引擎会从非结构化的网页数据中找到与关键词相关的信息。而在大数据和人工智能领域，非结构化的数据也被广泛用于情感分析、文本分类、语义理解等任务。

处理非结构化的数据的一种常见方法是将其嵌入并存储为嵌入向量，然后在查询时嵌入非结构化查询，再检索与嵌入查询"最相似"的嵌入向量。这种方法将复杂的非结构化数据转换为了结构化的向量，大大简化了数据的处理和分析。向量存储库就是实现这个功能的工具，它负责存储嵌入的数据并执行向量搜索。

向量存储库的工作流程可以通过以下的代码示例来说明。首先，需要安装 faiss-cpu

Python 包，这是一个用于高效相似性搜索和聚类的库。

```
pip install faiss-cpu
```

向量存储库是通过实例化 VectorStore 类而来的，这个类主要提供了一些实例化的类方法。通过理解这些类方法的功能，你可根据自己的需求进行向量存储库的定制。其中，from_documents 是一个常用的方法，它接受一个文档列表和一个嵌入模型包装器作为输入，返回一个初始化后的向量存储库。这个方法首先从每个文档中提取文本和元数据，然后调用 from_texts 方法，将文本、嵌入模型以及元数据作为输入，来生成向量存储库。这个方法的异步版本 afrom_documents 提供了同样的功能，但是它以异步的方式运行。除此之外，from_texts 方法是一个更基础的方法，它直接接受一组文本和一个嵌入模型包装器，以及可选的元数据作为输入，来生成向量存储库。这个方法的异步版本 afrom_texts 也提供了相同的功能。最后，as_retriever 方法返回一个 VectorStoreRetriever 对象，这个对象包装了向量存储库，并提供了一些用于查询的方法。例如，它可以执行相似性搜索，也可以执行最大边缘相关性搜索。

所以实例化一个 FAISS（Facebook AI Similarity Search）向量存储库（LangChain 封装了几十个向量数据库平台的服务，这里选择的是 FAISS 库，你可以选择其他库），并将文档块 documents 和 OpenAI 的嵌入模型包装器 OpenAIEmbeddings 一起传递给这个向量存储库，并使用 from_documents 方法实例化向量存储库。此时，向量存储库会自动调用嵌入模型包装器将每个文档块转换成一个向量，并将这些向量存储起来。至此，已经完成了向量存储库的准备工作。接下来就可以通过这个向量存储库来对文档进行高效的相似性搜索了，如下所示：

```
from langchain.document_loaders import TextLoader
from langchain.embeddings.openai import OpenAIEmbeddings
from langchain.text_splitter import CharacterTextSplitter
from langchain.vectorstores import FAISS

# LEDVR: raw_documents 是 L, OpenAIEmbeddings()是 E, documents 是 D, db 是 V
raw_documents = TextLoader('../../../state_of_the_union.txt').load()
text_splitter = CharacterTextSplitter(chunk_size=1000, chunk_overlap=0)
documents = text_splitter.split_documents(raw_documents)
db = FAISS.from_documents(documents, OpenAIEmbeddings())
```

使用 similarity_search 方法嵌入一个查询："What did the president say about Ketanji Brown Jackson"。

```
query = "What did the president say about Ketanji Brown Jackson"
docs = db.similarity_search(query)
print(docs[0].page_content)
```

通过比较查询向量与存储库中向量的相似度，就可以找到与查询最相关的文本。

Tonight. I call on the Senate to: Pass the Freedom to Vote Act. Pass the John Lewis Voting Rights Act. And while you're at it, pass the Disclose Act so Americans can know who is funding our elections.

Tonight, I'd like to honor someone who has dedicated his life to serve this country: Justice Stephen Breyer—an Army veteran, Constitutional scholar, and retiring Justice of the United States Supreme Court. Justice Breyer, thank you for your service.

One of the most serious constitutional responsibilities a President has is nominating someone to serve on the United States Supreme Court.

And I did that 4 days ago, when I nominated Circuit Court of Appeals Judge Ketanji Brown Jackson. One of our nation's top legal minds, who will continue Justice Breyer's legacy of excellence.

向量存储库是处理非结构化的数据的一个强大工具。它可以将复杂的非结构化的数据转换为向量格式。一旦数据被嵌入为向量，便可以使用各种相似度计算方法来评估向量之间的相似性。通过这两个步骤，向量存储库不仅简化了非结构化数据的存储，还提供了高效的搜索功能。

4.5.2　向量存储库的搜索方法

下面通过实例代码了解如何使用向量存储库。向量存储库主要提供以下几种搜索方法。

1. similarity_search(query: str, k: int = 4) -> List[Document]。这个方法接受一个字符串查询和一个整数 k 作为参数，返回与查询最相似的 k 个文档的列表。query 是要搜索的字符串，k 是要返回的文档数量，默认为 4。

2. similarity_search_by_vector(embedding: List[float], k: int = 4) -> List[Document]。这个方法接受一个嵌入向量和一个整数 k 作为参数，返回与嵌入向量最相似的 k 个文档的列表。嵌入向量是由文本嵌入模型生成的查询的向量表示。

3. max_marginal_relevance_search(query: str, k: int = 4, fetch_k: int = 20, lambda_mult: float = 0.5) -> List[Document]。这个方法使用最大边际相关性算法返回选择的文档。最大边际相关性算法优化了查询的相似性和所选择文档之间的多样性。query 是要搜索的字符串，k 是要返回的文档数量，默认为 4。fetch_k 是要传递给最大边际相关性算法的文档数量。lambda_mult 是一个 0~1 之间的数字，它决定了结果之间的多样性程度，0 对应最大的多样性，1 对应最小的多样性，默认为 0.5。

4. max_marginal_relevance_search_by_vector(embedding: List[float], k: int = 4,

fetch_k: int = 20, lambda_mult: float = 0.5) -> List[Document]。这个方法与上面的 max_marginal_relevance_search 方法类似，但是接受的是嵌入向量而不是查询字符串作为输入。

以上所有的方法都有对应的异步版本，异步版本方法名前有字符 a，比如 asimilarity_search、asimilarity_search_by_vector 等。这些异步方法可以在协程中使用，使程序在等待结果的同时可以执行其他任务，这提高了程序的效率。

这些方法返回的结果都是 List[Document] 数据格式。这也是数据增强模块中最主要的数据格式。无论是加载器加载的文档，还是实例化向量存储库时，都使用的是 Document 数据类型。而浮点列表的向量数据类型，通常都在嵌入模型包装器的内部流通使用，我们甚至可以不知道它到底被转成了什么浮点数字，对于大部分人来说，浮点数列表只是一堆数字。

4.6 检索器

在 LEDVR 数据处理流程中，有一个环节可能让你感到疑惑，那就是最后的"检索器"环节。你可能会问，既然已经通过 LEDV 流程把外部数据转换为了向量形式并保存在向量存储库中，而且还可以对这个库进行查询并获取相关文档，为什么还需要一个检索器呢？实际上，这正是本节想要讨论的重点，检索器的最大功能是什么？此外，之前还强调了向量存储库实例的 as_retriever 方法，这个方法返回一个 VectorStoreRetriever 对象。这个对象甚至还"包装"了向量存储库。为什么需要一个检索器？为什么一定是 LEDVR？

向量存储库种类繁多，比如 Chroma、FAISS、Pinecone、Zilliz 等。若直接和这些向量存储库进行交互，则可能需要具备深入的数据库操作知识，如了解查询语法，管理数据库连接，处理错误和异常等。这样的操作可能较为复杂，并带来不便。

如果有一种方法，能将各种向量存储库统一到一个接口上，那就非常方便了。LangChain 为我们做了这个事情，它封装了 VectorStoreRetriever 类，提供了一个标准接口。开发者可以通过在向量存储库的实例上调用 as_retriever 方法得到一个基于向量存储库的检索器，即 VectorStoreRetriever 类的实例。

我们从原理上来理解检索器，那就是从向量存储库到检索器，中间只需一个 as_retriever 方法。向量存储库调用它，便创建了一个检索器。这就组成了 LEDVR 工作流，as_retriever 方法粘合了 V 和 R，整个 LEDVR 工作流到此结束。

　　那么，检索器是什么呢？可以把检索器看作一个向量存储库的包装器，它包装了一套统一的接口，无论底层的向量存储库是什么，都可以使用同样的方式对其进行查询，而这个包装器的核心就是包装了向量存储库的实例。这使得可以轻松地切换不同的向量存储库，而无须修改查询代码。

　　那么谁来使用检索器？检索器的作用是什么？其实，在 LangChain 框架中，所有的基础模块都是为了链（Chain）模块的基建工作而设计的。这就像一座大厦的建设，每一块砖，每一捆钢筋，都在为整个建筑的最终成型做准备。从"谁使用了检索器"这个视角来看，可以如下这样来理解这个过程。

　　在处理用户查询时（如图 4-2 第①步），首先需要通过检索器获取相关的文档（如图 4-2 第③步），这些文档能够帮助回答用户的问题。然后，需要将这些文档提交给模型平台，依靠大语言模型的能力生成回答（如图 4-2 第④步）。

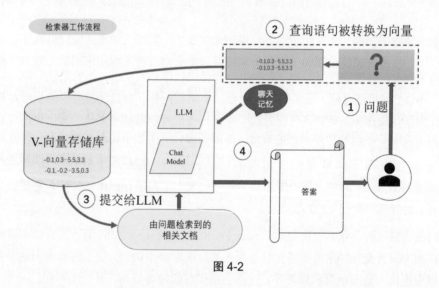

图 4-2

　　这都需要依赖模型平台的处理能力。然而，LangChain 的设计目标是让这一切变得简单和直观。在内置的链组件中，LangChain 将所有这些步骤都整合在一起。只需要指定模型包装器和检索器，链组件就能完成所有的功能。

　　比如，当在 LangChain 中配置好模型包装器和检索器之后，链组件首先会利用检索器把用户的问题转换为向量（如图 4-2 第②步），在向量存储库中找到相关的文档，然后将这些文档送入模型包装器，最后返回模型生成的答案。在这个过程中，只需要关心如何配置模型包装器和检索器，而不需要关心这些基础模块之间的交互细节，因为所有这些工作都由链组件自动完成了。

4.6.1　检索器的使用

下面使用代码示例来展示如何在 LangChain 中配置模型包装器和检索器，然后使用链组件来实现信息检索并返回问题答案。首先，使用 TextLoader 加载文本文件 "state_of_the_union.txt"，该文件包含了一系列的文档：

```
loader = TextLoader("../../state_of_the_union.txt")
documents = loader.load()
```

加载文件后，使用 CharacterTextSplitter 对文档进行切割，将每篇文档都切割成一系列的文本块。每个文本块的大小为 1000 个字符，相邻的文本块之间有重叠部分：

```
text_splitter = CharacterTextSplitter(chunk_size=1000, chunk_overlap=0)
texts = text_splitter.split_documents(documents)
```

然后，使用 OpenAIEmbeddings 为文本块生成嵌入向量，并使用 Chroma 将这些文本块和对应的嵌入向量存储起来。此过程创建了一个向量存储库的实例 docsearch：

```
embeddings = OpenAIEmbeddings()
docsearch = Chroma.from_documents(texts, embeddings)
```

最后，使用 RetrievalQA 创建一个检索式问答系统。这个系统使用了之前创建的 docsearch 作为检索器，将 OpenAI 大语言模型作为回答生成器。这个系统可以根据用户的问题，找到相关的文本块，然后生成回答：

```
qa = RetrievalQA.from_chain_type(llm=OpenAI(),
 chain_type="stuff", retriever=docsearch.as_retriever())
```

在这个过程中，只需要关心如何配置模型包装器和检索器，而不需要关心这些组件之间的交互细节，因为链组件已经帮我们自动处理了所有的事情。

4.6.2　检索器的类型

在实际的信息检索中，你可能会遇到各种各样的问题和需求，比如需要精确匹配关键词，需要理解语义，需要根据时间排序，需要从网络上获取最新的数据，等等。而每种类型的检索器都是为了解决这些特定需求而设计的。

以下是每种类型的检索器所解决的问题和适用的场景。

1. 自查询检索器。这种检索器适用于需要通过自然语言查询来检索具有一定结构或元数据的文档的场景。比如，在一个电子商务网站中，用户可能会输入"最新的 iPhone 手机"，自查询检索器则可以将这个查询转换为一个结构化的查询，比如：{"category": "手机", "brand": "iPhone", "order": "newest"}，从而更精确地获取用户想要的结果。

2. 时间加权向量存储检索器。这种检索器适用于信息的新旧程度对查询结果影响较大的场景。比如，在新闻检索中，用户通常更关心最新的新闻，因此检索器需要根据新闻的发布时间来对结果进行排序。

3. 向量存储支持的检索器。这种检索器适用于需要基于语义相似度进行查询的场景。比如，在问答系统中，用户的问题可能会有很多种表达方式，只有理解了问题的语义，才能找到正确的答案。

4. 网络研究检索器。这种检索器适用于需要从网络上获取最新数据的场景。比如，用户可能想要获取关于一个热点事件的最新信息，此时检索器可以直接从网络上进行检索，以便获取到最新的信息。

第 5 章

链

5.1 为什么叫链

许多人在第一次接触 LangChain 时，可能会因为其名字误以为它是区块链相关的东西。然而实际上，LangChain 的名字源自其框架的核心设计思路：用最简单的链（Chain），将为大语言模型开发的各个组件链接起来，以构建复杂的应用程序。

我们在了解了模型 I/O 模块后，可以使用模型包装器与大语言模型进行对话。在掌握了数据增强模块后，可以连接外部的数据和文档，并使用 LEDVR 工作流来实现对与用户输入问题最相关的文档的检索。当知道如何让大语言模型增加记忆后，又可以提升其智能处理能力。然而，每一个模块在完成自身的功能并获得结果后，面临的都是同样的问题——下一步做什么？仅仅一步无法完全回答用户的问题，那么应如何安排下一步的行动？LEDVR 工作流的终点在哪里？

这个问题的答案就在链模块和一系列的链组件中。链的主要功能是管理应用程序中的数据流动，它将不同的组件（或其他链组件）链接在一起，形成一个完整的数据处理流程。每个组件都是链中的一个环节，它们按照预设的顺序，接力完成各自的任务。在这个过程中，链自动管理各个环节之间的数据传递和格式转换，从而保证了整个流程的顺畅运行。

因此，链实质上是在处理复杂问题且需要多步骤配合解决时的"接力棒"。它将多个功能模块串联起来，使得可以将复杂问题分解为一系列的小问题，然后依次解决这些小问题，最终实现对用户问题的全面解答。所以，无论走到哪一步，链都是帮助迈向下一步的关键工具。

人们对人工智能的期望是它能像真实的人类助理一样，提供实质性的帮助。举例来说，如果你问你的智能助理，"2023 年的中国农历生肖是什么？"我们期望它能够犹如真人助理一般，迅速给出"兔年"的答案。然而，实际情况却是，尽管大语言模型在语言理解方面已经非常出色，但在获取实时信息、进行实质性的查询等方面，仍然存在着一定的局限。

为了解决这一问题，需要在后台增加一个查询的步骤，让应用程序能够"自己去查找"相关信息，然后再通过大语言模型的语言生成能力，将查询结果告诉用户。这个查询的过程，虽然对于用户来说是看不见的，但对于开发者来说，却是必须要去处理的。只有这样，开发的智能助理才能真正做到像人类助理一样，不仅能够"说话"，更能够"做事"。构建复杂应用程序需要将多个大语言模型或者其他模块的能力链接在一起。

在 LangChain 框架中，链模块扮演了类似于"助理"的角色。就像我们在生活中遇到各种琐碎的事情，需要一位贴心的助理帮忙理顺，提供有效的解决方案。同样，当在开发复杂的应用程序时，也需要这样一个助理，它可以帮助我们有序地组织和管理数据流动，帮助处理数据增强、模型输入输出等环节中的各种事情。

可以想象，这位"助理"就像一位负责运营的经理，它处理的不是公司的人力问题，而是数据和模型包装器。也可以将各个模型包装器和内置的链组件看作公司的员工，它们有各自的职责和专长，这位助理将它们有序地组织在一起，连接在一起，让它们在各自的岗位上发挥最大的效能，形成一个井然有序的工作流程。

这就是链模块的作用，它以极其简单的方式，实现了强大的功能。它将复杂的任务简化，将庞大的应用模块化，让我们在开发复杂应用程序时，能更专注于解决问题，而非陷入琐碎的数据流动和格式转换中。

对于开发者来说，链模块的设计正好满足了他们对开发大语言模型的期望。链模块的强大功能及其简洁的设计让我们可以更容易地实现复杂应用程序的开发和维护。这也是链模块设计的初衷。

链模块很好地体现了其解决问题的理念。每一个链都是由一系列组件构成的（如图 5-1 所示），这些链组件可以是大语言模型、数据查询模块或者文档处理链，它们都是为了解决某一特定问题而设计的。这样的设计，使得我们可以灵活地组合使用各种链组件，形成一个完整的数据处理流程，从而解决更复杂的问题。

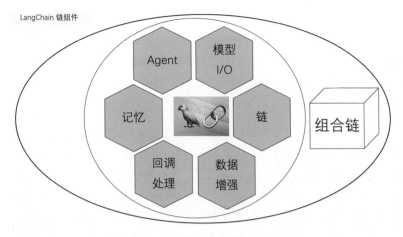

图 5-1

理解了链的概念，掌握了链的基本使用方法后，我们再来了解一下各种各样的内置链组件。这些链组件都是为了解决一些常见问题而设计的，包括数据查询、记忆处理、模型调用等。只有了解了这些链组件解决的问题，才能更好地选择和使用它们，进一步提升开发效率。这就是我们选择使用 LangChain 框架，选择使用链模块的原因。

在本书中，我们将整个链及其内容称为"链模块"，而将具体的链称为"链组件"，比如常见的模型链、会话链、QA 链等都是链组件。通过对组件的称呼可以理解链的内容。

5.1.1 链的定义

相信你也留意到 LangChain 的 Logo—— 一只鹦鹉和链条。鹦鹉，象征大语言模型的"学舌"能力，提示这类模型对人类文本的强大预测能力。而链条，则由无数链环组成，象征链模块中各种链组件的有序连接。

由链模块组织和管理的数据流动，正如哲学家赫拉克利特所言，"万物皆流"。链模块的设计理念，也契合了古印度哲学家龙树的观点："没有任何本身就独立于其他事物的存在"，每个组件的存在和运行都依赖于其他组件，与其他组件息息相关。链模块通过"包装器"的形式，将相互依存和关联的链组件具象化，通过这个"包装器"把链组件都"包"在一起，将复杂的程序设计流程变得可视化。

通过链模块对数据的组织和管理，我们看到了一个完整的数据处理流程，从输入数据的接收，到数据的处理，再到最终的模型预测。每一个过程，就像链条上的每一个链环，都是为了解决特定问题而存在的，它们相互依赖，相互关联。通过将这些组件连接起来，就形成了一个有序、高效的数据处理链条。这就是链模块的强大之处，它将分散的组件连接在一起，使得整个应用程序的流程更加清晰、有序，从而更易于理解和管理。

所以链到底是什么？链是连接组件、管理组件数据流的"包装器"。

那如果没有链，对于大语言模型的开发会有什么影响？其实，简单的应用程序是可以没有链的存在的。链也不是"万金油"，到哪里都好用，如果是简单的应用程序，并不需要链。但是对于复杂的应用程序，则需要将多个大语言模型或组件进行"链"连接和组合，这样才能构建出更强大、更具协同性的应用程序。

这种链的价值在创新应用中已经得到了验证。2023 年，Johei Nakajima 在 Twitter 上分享了一篇名为 "Task-driven Autonomous Agent Utilizing GPT-4, Pinecone, and LangChain for Diverse Applications" 的论文，其中他介绍了最新的 Baby AGI。虽然 Baby AGI 现在还只是在概念代码阶段，但是通过这个概念可以看出，链式结构是实现创新应用的非常有价值的工具。

我们再通过代码示例，观看链模块的工作流程：从输入数据的接收，到数据的处理，再到最终的大语言模型预测。整个流程是通过使用链模块将各个链组件连接在一起形成的。

首先，需要安装所需的库。安装 OpenAI 和 LangChain 这两个 Python 库。然后，设置环境变量 OPENAI_API_KEY 用于认证和调用 OpenAI 的 API。

```
pip -q install openai LangChain
```

在下面的 llm = OpenAI(temperature=0.9) 这行代码中，实例化了一个大语言模型对象 llm，并设置了模型的生成文本的多样性参数 temperature，值应设置为 0~1 之间，越接近 1，代表创意性越强。

```
from langchain.llms import OpenAI
from langchain.prompts import PromptTemplate

llm = OpenAI(temperature=0.9)
```

在下面这段代码中，定义了一个输入模板 PromptTemplate。这个模板接受一个名为 product 的输入变量，并使用这个变量来生成一个关于为制作该产品的公司取名的问题。

```
prompt = PromptTemplate(
  input_variables=["product"],
  template="What is a good name for a company that makes {product}?",
)
```

下面代码中的 chain = LLMChain(llm=llm, prompt=prompt) 就是实际使用的链。在这里构建了一个 LLMChain 包装器，这是使用的第一个内置链组件。该包装器将 llm 和 prompt 这两个组件连接在一起。

```
from langchain.chains import LLMChain
chain = LLMChain(llm=llm, prompt=prompt)
```

最后，调用 chain.run("colorful socks")方法来运行这个链。该链首先将输入的文本 "colorful socks" 插入之前定义的 PromptTemplate 中，生成一个完整的提示词。然后，它将这个提示词传递给 LLM 模型包装器，并输出模型的预测结果。

```
chain.run("colorful socks")
```

这就是链模块的使用示例，它将输入数据的接收、处理和模型预测等步骤连接在一起，形成一个完整的应用程序工作流程。这样做的好处是，使得整个应用程序的数据流程更加清晰、有序，从而更易于组织和管理。

5.1.2　链的使用

Chain 是一个 Python 类，表示一种操作流程。这是一种可以接受一些输入，并通过特定的逻辑处理这些输入，然后产生一些输出的对象。本节我们分三步来介绍链的使用。

1. 准备输入

首先，需要准备一些输入，输入是一个字典，其键是由 prompt 对象的 input_variables 属性决定的。我们需要根据实际的 prompt 对象来确定需要哪些输入。

2. 实例化链类

接着，需要实例化 Chain 类。需要提供一个 BasePromptTemplate 对象和一个 BaseLanguageModel 对象。

3. 运行链

使用函数式调用是最方便的方法，传递参数来运行链。还可以使用 run()、arun() 或 apply()方法来运行链。这些方法都接受输入并提供一些可选的参数：

- inputs：字典类型，包含了需要的输入变量。
- return_only_outputs（可选）：布尔值，表示是否只返回输出。如果为 True，则只返回由这个链生成的新键。如果为 False，则返回输入键和由这个链生成的新键。默认为 False。

- callbacks（可选）：用于设置 Chain 运行时需要调用的回调函数集合。

- include_run_info（可选）：布尔值，表示是否在响应中包含运行信息。默认为 False。

run() 和 arun() 方法都是直接运行链并获取字符串的方法。这两个方法的区别在于，后者支持异步调用。

apply()方法是一个可以由子类自定义的方法。例如，在 LLMChain 中，apply() 方法接受一个字典列表作为输入，每个字典都包含一组输入。

这是使用链的基本步骤。根据具体的 Chain 类和你的需求，可以适当调整这些步骤。

异步支持

LangChain 通过使用 asyncio 库为链提供异步支持。

目前 LLMChain（通过使用 arun、apredict 和 acall 方法）、LLMMathChain（通过使用 arun 和 acall 方法）、ChatVectorDBChain 及 QA 链支持异步操作。其他链的异步支持正在规划中。

使用方法解析

所有的链都可以像函数一样被调用。当链对象只有一个输出键（也就是说，它的 output_keys 中只有一个元素）时，预期的结果是一个字符串，此时可以使用 run 方法。

在 LangChain 中，所有继承自 Chain 类的对象，都提供了一些用于执行链逻辑的方式，其中一种比较直接的方式就是使用__call__方法。__call__ 方法是 Chain 类的一个方法，它让 Chain 类的实例可以像函数一样被调用，比如 result = chain(inputs, return_only_outputs=True)就完成了链调用。

__call__方法的定义如下：

```
def __call__(
    self,
    inputs: Union[Dict[str, Any], Any],
    return_only_outputs: bool = False,
    callbacks: Callbacks = None,
    *,
    tags: Optional[List[str]] = None,
    include_run_info: bool = False,
) -> Dict[str, Any]:
```

__call__ 方法的参数中最有用的是以下 3 个：

- inputs：这个参数的值是要传递给链的输入，它的类型是 Any，这意味着它可以接受任何类型的输入。

- return_only_outputs：这个参数是一个布尔值，如果设为 True，则方法只返回输出结果。如果设为 False，则可能返回其他额外的信息。

- callbacks：这个参数的值是回调函数的列表，它们将在链执行过程中的某些时刻被调用。

__call__ 方法返回一个字典，这个字典包含了链执行的结果和可能的其他信息。

在 Python 中，如果一个类定义了 __call__ 方法，那么这个类的实例就可以像函数一样被调用。例如，如果 chain 是 Chain 类的一个实例，那么你可以像调用函数一样调用 chain：

```
result = chain(inputs, return_only_outputs=True)
```

在这个调用中，inputs 是要传递给链的输入，return_only_outputs=True 表示只返回输出结果。返回的 result 是一个字典，包含了链执行的结果。

最重要的参数是 inputs，如以下示例：

```
chat = ChatOpenAI(temperature=0)
prompt_template = "Tell me a {adjective} joke"
llm_chain = LLMChain(llm=chat,
prompt=PromptTemplate.from_template(prompt_template))
```

```
llm_chain(inputs={"adjective": "corny"})
```

以上代码返回的结果是：

```
{'adjective': 'corny',
  'text': 'Why did the tomato turn red? Because it saw the salad dressing!'}
```

可以通过设置 return_only_outputs 为 True 来配置方法只返回输出键值。

```
llm_chain("corny", return_only_outputs=True)
```

下面返回的结果就不包含 "adjective": "corny"：

```
{'text': 'Why did the tomato turn red? Because it saw the salad dressing!'}
```

然而，当链对象只有一个输出键（也就是说，它的 output_keys 中只有一个元素）时，则可以使用 run 方法运行链。

```
# llm_chain only has one output key, so we can use run
llm_chain.output_keys['text']
```

output_keys 中只有一个元素 ['text']，可以使用 run 方法：

```
llm_chain.run({"adjective": "corny"})
```

如果输入的键值只有一个，则预期的输出也是一个字符串，那么输入可以是字符串也可以是对象，在这种情况下可以使用 run 方法也可以使用 __call__ 方法运行链。

run 方法将整个链的输入键值（input key values）进行处理，并返回处理后的结果。需要注意的是，与 __call__ 方法可能返回字典形式的结果不同，run 方法总是返回一个字符串。这也是为什么当链对象只有一个输出键时，倾向于使用 run 方法，因为这时候处理结果只有一个，返回字符串更直观也更便于处理。

例如，假设有一个链对象，它的任务是根据输入的文本生成摘要，那么在调用 run 方法时，可以直接将待摘要的文本作为参数输入，然后得到摘要文本。在这种情况下，可以直接输入字符串，而无须指定输入映射。

另外，可以很容易地将一个 Chain 对象作为一个工具，通过它的 run 方法集成到 Agent 中，这样可以将链的处理能力直接应用于 Agent 逻辑中。

支持自定义链

可以通过子类化 Chain 来自定义链。在其输出中仅仅调试链对象可能比较困难，因为大多数链对象涉及相当多的输入提示预处理和 LLM 输出后处理。

链的调试

将 verbose 参数设置为 True 可以在运行链对象时打印出一些链对象的内部状态。

```
conversation = ConversationChain(
  llm=chat,
  memory=ConversationBufferMemory(),
  verbose=True
)
conversation.run("What is ChatGPT?")
```

加记忆的链

链可以使用 Memory 对象进行初始化，这使得在调用链时可以持久化数据，从而使链具有状态，如下所示：

```
from langchain.chains import ConversationChain
from langchain.memory import ConversationBufferMemory

conversation = ConversationChain(
  llm=chat,
  memory=ConversationBufferMemory()
```

```
)
conversation.run("Answer briefly. What are the first 3 colors of a rainbow?")
# -> The first three colors of a rainbow are red, orange, and yellow.
conversation.run("And the next 4?")
# -> The next four colors of a rainbow are green, blue, indigo, and
violet.
```

链序列化

链使用的序列化格式是 json 或 yaml。目前，只有一些链支持这种类型的序列化。随着时间的推移会有更多的链支持序列化。首先，我们看看如何将链保存到磁盘。这可以通过.save 方法完成，同时需指定一个带有 json 或 yaml 扩展名的文件路径。可以使用 load_chain 方法从磁盘加载链。

5.1.3　基础链类型

基础链的类型分为 4 种：LLM 链（LLMChain）、路由器链（RouterChain）、顺序链（Sequential Chain）和转换链（Transformation Chain）。

1. LLM 链是一种简单的链。它在 LangChain 中被广泛应用，包括在其他链和代理中。LLM 链由提示词模板和模型包装器（可以是 LLM 或 Chat Model 模型包装器）组成。它使用提供的输入键值格式化提示词模板，然后将格式化的字符串传递给 LLM 模型包装器，并返回 LLM 模型包装器的输出。上一节中的示例代码便使用了 LLM 链。

2. 路由器链是一种使用路由器创建的链，它可以动态地选择给定输入的下一条链。路由器链由两部分组成：路由器链本身（负责选择要调用的下一条链）和目标链（路由器链可以路由到的链）。

3. 顺序链在调用语言模型后的下一步使用，它特别适合将一次调用的输出作为另一次调用的输入的场景。顺序链允许我们连接多个链并将它们组成在特定场景下执行的流水线。顺序链有两种类型：SimpleSequentialChain（最简单形式的顺序链，其中每一步都有一个单一的输入/输出，一个步骤的输出是下一个步骤的输入）和 SequentialChain（一种更通用的顺序链，允许多个输入/输出）。

4. 转换链是一个用于数据转换的链，开发者可以自定义 transform 函数来执行任何数据转换逻辑。这个函数接受一个字典（其键由 input_variables 指定）作为参数并返回另一个字典（其键由 output_variables 指定）。

5.1.4　工具链类型

在 LangChain 中，链其实就是由一系列工具链构成的，每一个工具都可以被视为整个链中的一个环节。这些环节执行的操作可能非常简单，例如将一个提示词模板和一个大语言模型链接起来，形成一个大语言模型链。然而，也可能比较复杂，例如在整个流程中，通过多个环节进行多个步骤的连接。这可能还涉及多个大语言模型及各种不同的实用工具等。在工具链中，一个链的输出将成为下一个链的输入，这就形成了一个输入/输出的链式流程。例如，从大语言模型的输出中提取某些内容，作为 Wolfram Alpha 查询的输入，然后返回查询结果，并再次通过大语言模型生成返回给用户的响应。这就是一个典型的工具链的示例。

常见工具链的功能与应用

在实际的应用中，一些常见的工具链如 APIChain、ConversationalRetrievalQA 等已经被封装好了。

APIChain 使得大语言模型可以与 API 进行交互，以获取相关的信息。构建该链时，需要提供一个与指定 API 文档相关的问题。

ConversationalRetrievalQA 链在问答链的基础上提供了一个聊天历史组件。它首先将聊天历史（要么明确传入，要么从提供的内存中检索）和问题合并成一个独立的问题，然后从检索器中查找相关的文档，最后将这些文档和问题传递给一个问答链，用以返回响应。

对于需要将多个文档进行合并的任务，可以使用文档合并链，如 MapReduceDocumentsChain 或 StuffDocumentsChain 等。

对于需要从同一段落中提取多个实体及其属性的任务，则可以使用提取链。

还有一些专门设计用来满足特定需求的链，如 ConstitutionalChain，这是一个保证大语言模型输出遵循一定原则的链，通过设定特定的原则和指导方针，使得大语言模型生成的内容符合这些原则，从而提供更受控、符合伦理和上下文的回应内容。

工具链的使用方法

工具链的使用方法通常是先使用类方法实例化，然后通过 run 方法调用，输出结果是一个字符串，然后将这个字符串传递给下一个链。类方法通常以"from"和下画线开始，比较常见的有 from_llm() 和 from_chain_type()，它们都接受外部的数据来源作为参数。

from_llm() 方法的名称意味着实例化时，传递的 LLM 模型包装器在内部已被包装为 LLMChain。而只有在需要设置 combine_documents_chain 属性的子类时才使用 from-chain-type() 方法构造链。目前只有文档问答链使用这个类方法，比如 load_qa_with_sources_chain 和 load_qa_chain。也只有这些文档问答链才需要对文档进行合并处理。

下面以 SQLDatabaseChain 为例，介绍如何使用工具链。SQLDatabaseChain 就是一个通过 from_llm()方法实例化的链，用于回答 SQL 数据库上的问题。

```
from langchain import OpenAI, SQLDatabase, SQLDatabaseChain

db = SQLDatabase.from_uri("sqlite:///../../../../notebooks/Chinook.db")
llm = OpenAI(temperature=0, verbose=True)

db_chain = SQLDatabaseChain.from_llm(llm, db, verbose=True)

db_chain.run("How many employees are there?")
```

运行的结果是：

```
> Entering new SQLDatabaseChain chain...
How many employees are there?
SQLQuery:

/workspace/LangChain/LangChain/sql_database.py:191: SAWarning: Dialect
sqlite+pysqlite does *not* support Decimal objects natively, and SQLAlchemy must
convert from floating point - rounding errors and other issues may occur. Please
consider storing Decimal numbers as strings or integers on this platform for
lossless storage.
  sample_rows = connection.execute(command)

SELECT COUNT(*) FROM "Employee";
SQLResult: [(8,)]
Answer:There are 8 employees.
> Finished chain.

'There are 8 employees.'
```

5.2 细说基础链

基础链是整个运行链的基础。这一节详细说明最常使用的基础链：LLM 链、路由器链和顺序链。

5.2.1 LLM 链

LLM 链是一个非常简单的链组件。这是我们最常见到的链组件。它的作用只是将一个大语言模型包装器与提示词模板连接在一起。使用提示词模板来接收用户输入，并使用模型包装器发出聊天机器人的响应。

以下是在文章的事实提取场景下，使用 LLM 链的示例代码。

首先安装库：

```
pip install openai LangChain huggingface_hub
```

还需要设置密钥：

```
import os

os.environ['OPENAI_API_KEY'] = '填入你的 OPENAI 平台的密钥'

from langchain.llms import OpenAI
from langchain.chains import LLMChain
from langchain.prompts import PromptTemplate
```

设置 OpenAI text-davinci-003 模型，将温度设置为 0。

```
llm = OpenAI(model_name='text-davinci-003',
    temperature=0,
    max_tokens = 256)
```

下面对一篇关于 Coinbase 的文章进行事实提取：

```
article = """"Coinbase, the second-largest crypto exchange by trading volume,
released its Q4 2022 earnings on Tuesday, giving shareholders and market players
alike an updated look into its financials. In response to the report, the company's
shares are down modestly in early after-hours trading.In the fourth quarter of
2022, Coinbase generated $605 million in total revenue, down sharply from $2.49
billion in the year-ago quarter…(完整文档可在本书代码仓库找到)
"""
```

提示词模板的大意是，从文本中提取关键事实，不包括观点，给每个事实编号，并保持它们的句子简短。

```
fact_extraction_prompt = PromptTemplate(
    input_variables=['text_input'],
    template=(
        'Extract the key facts out of this text. Don't include opinions. '
        'Give each fact a number and keep them short sentences. :\n\n '
        '{text_input}'
    )
)
```

制作链组件实际上非常简单，只需为 LLMChain 类设置 llm 和 prompt 参数，然后，进行函数式调用，这样就实例化了一个 LLMChain 组件。将需要处理的文本字符串传递给这个链组件。使用 run 方法可以运行这个链组件，将用于提取任务的提示词发送给聊天机器人，聊天机器人进行响应。

```
fact_extraction_chain = LLMChain(llm=llm, prompt=fact_extraction_prompt)

facts = fact_extraction_chain.run(article)

print(facts)
```

可以看到，在运行该链组件之后，提取了 10 个关键事实。

1. Coinbase released its Q4 2022 earnings on Tuesday.
2. Coinbase generated $605 million in total revenue in Q4 2022.
3. Coinbase lost $557 million in the three-month period on a GAAP basis.
4. Coinbase's stock had risen 86% year-to-date before its Q4 earnings were released.
5. Consumer trading volumes fell from $26 billion in Q3 2022 to $20 billion in Q4 2022.
6. Institutional volumes across the same timeframe fell from $133 billion to $125 billion.
7. The overall crypto market capitalization fell about 64%, or $1.5 trillion during 2022.
8. Trading revenue at Coinbase fell from $365.9 million in Q3 2022 to $322.1 million in Q4 2022.
9. Coinbase's "subscription and services revenue" rose from $210.5 million in Q3 2022 to $282.8 million in Q4 2022.
10. Monthly active developers in crypto have more than doubled since 2020 to over 20,000.

该链组件从这篇文章中提取了 10 个事实。这对于用户来说，原本要看 3500 字的原文，现在压缩为了 10 个关键事实，极大地节约了用户的阅读时间。

5.2.2　路由器链

路由器链是一种编程范式，用于动态选择下一个要使用的链来处理给定的输入。在 LangChain 中，路由器链主要由两部分构成：一是路由器链自身，它的任务是负责选择下一个要调用的链；二是所有目标链的字典集合。

LLMRouterChain 是路由器链的一种具体实现，其负责根据某种逻辑或算法来选择下一个要调用的链。路由器链是利用提示词指导模型的能力，让模型按照某种评估或匹配机制选择下一个链。路由器链使用 LLM 模型包装器来决定如何路由，如下例所示：

```
from langchain.chains.router.llm_router import LLMRouterChain

# 创建 LLMRouterChain
router_chain = LLMRouterChain.from_llm(llm, router_prompt)

destination_chains = {}
for p_info in prompt_infos:
    name = p_info["name"]
    prompt_template = p_info["prompt_template"]
    prompt =
PromptTemplate(template=prompt_template,input_variables=["input"])
    chain = LLMChain(llm=llm, prompt=prompt)
    destination_chains[name] = chain
```

destination_chains 是一个字典，其中的键通常是目标链的名称或标识符，值则是这些目标链的实例。

值得注意的是，因为 destination_chains 是一个字典结构，所以可以在运行时动态地添加或删除目标链，而无须修改代码。

5.2.3　顺序链

顺序链是多个链组件的组合，并且按照某种预期的顺序执行其中的链组件。

我们在 5.2.1 节中制作了一个可以提取 10 个文章事实的 LLM 链，这里为了说明顺序链是如何工作的，增加一个新的链。

下面制作一个新的链。然后把其中一些链组合在一起，所以我们新构建一个 LLM 链。

本节采用 5.2.1 节提取 10 个文章事实的示例，把它们改写成投资者报告的形式。提示词可写为："你是高盛的分析师，接受以下事实列表，并用它们为投资者撰写一个简短的段落，不要遗漏关键信息。也可以放一些东西在这里，不要杜撰信息，应该是要传入的事实。"其中，{facts} 是模板字符串的占位符，也就是提示词模板的 input_variables 的一个值：input_variables=["facts"]。

```
investor_update_prompt = PromptTemplate(
   input_variables=["facts"],
   template="You are a Goldman Sachs analyst. Take the following list of facts
      and use them to write a short paragrah for investors. Don't leave out
key
      info:\n\n {facts}"
)
```

再次强调，这是一个 LLM 链，传入 LLM 链，仍然使用上面定义的原始模型，这里的区别在于，传入提示词已经不同了。然后可以运行（run 方法）它。

```
investor_update_chain = LLMChain(llm=llm, prompt=investor_update_prompt)
investor_update = investor_update_chain.run(facts)
```

```
print(investor_update)
len(investor_update)
```

输出结果如下。可以看到，文章内容和文章的字符串长度值都打印出来了。

```
Coinbase released its Q4 2022 earnings on Tuesday, revealing total revenue
of $605 million and a GAAP loss of $557 million. Despite the losses, Coinbase's
stock had risen 86% year-to-date before its Q4 earnings were released. Consumer
trading volumes fell from $26 billion in Q3 2022 to $20 billion in Q4 2022, while
institutional volumes fell from $133 billion to $125 billion. The overall crypto
market capitalization fell about 64%, or $1.5 trillion during 2022. Trading revenue
at Coinbase fell from $365.9 million in Q3 2022 to $322.1 million in Q4 2022,
while its "subscription and services revenue" rose from $210.5 million in Q3 2022
to $282.8 million in Q4 2022. Despite the market downturn, monthly active
developers in crypto have more than doubled since 2020 to over 20,000.
```

```
788
```

该示例写了一篇相当连贯的好文章，字符长度为 788。比之前的文章要短得多。

下面使用简单的顺序链（SimpleSequentialChain）来完成提炼 10 个文章事实和写摘要的两个任务。简单的顺序链就像 PyTorch 中的标准顺序模型一样，它只是从 A 到 B 到 C，没有做任何复杂的操作。顺序链的便利性在于，它接收包含多个链组件的数组，并合并多个链组件。比如提炼 10 个文章事实和写摘要的两个任务链，使用顺序链将它们合并之后，运行得到的响应是两个任务的答案。本来需要运行两次链组件，而使用顺序链后只需运行一次。

```
from langchain.chains import SimpleSequentialChain, SequentialChain

full_chain = SimpleSequentialChain(
    chains=[fact_extraction_chain, investor_update_chain],
    verbose=True
)
response = full_chain.run(article)
```

通过使用顺序链，成功地将原本需要手动执行的两步操作简化为了一步。在这个顺序链组件内部，数据的流动和管理都被自动处理了，开发者并不需要关心这些细节。需要做的只是指定任务以及任务的执行顺序，顺序链会按照要求，将任务有序地组织起来并执行，最后返回预期的结果。

5.3 四大合并文档链

四大合并文档链是 LangChain 专用于处理文档的链，也是较为复杂的链，因为文档链由 2 个以上的基础链构成。最常使用的基础链是 LLM 链。文档链主要用于处理文档问答，它通过优化算法和调整参数，使得文档回答更加稳定和准确。不同于基础链和工具链是为解决业务需求，文档链是通过对算法的优化，来匹配不同的文档问答的需求。文档链让开发者使用参数来配置选择不同的算法类型，以满足不同的文档问答的开发需求。

在许多应用场景中，需要与文档进行交互，如阅读说明书、浏览产品手册等。近来，基于这些场景开发的应用，如 ChatDOC 和 ChatPDF，都受到了广大用户的欢迎。为了满足对特定文档进行问题回答、提取摘要等需求，LangChain 设计了四大合并文档链。

不同类型的文档链组件给初学者造成了很大的困扰。主要是因为通过设置参数配置不同的文档链后，初学者并不清楚其中的算法是什么，中间的处理流程发生了什么变化。如果从各个类型的文档链具体步骤来理解，就会发现，这些类型的文档链主要区别在于，它们处理输入文档的方式，使用的算法，以及在中间过程中与模型的交互次数和答案来源于哪些阶段。理解了这些，就可以更清楚地知道各种类型文档链的优缺点，从而在生产环境中做出更好的决策。

换句话说，我们理解了每个类型文档链的具体步骤，提交了什么提示词模板，就可以明确地知道使用哪种类型的文档链更符合我们的需求。后面会对每个类型的文档链经历的具体步骤进行拆解。在这里先做个概述，后面会详细讲解每个类型的文档链。

1. **Stuff 链**是处理方式最直接的一个文档链。它接收一组文档，将它们全部插入一个提示中，然后将该提示传递给 LLM 链。这种链适合于文档较小且大部分调用只传入少量文档的应用程序。

2. **Refine 链**通过遍历输入文档并迭代更新其答案来构建响应。对于每个文档，它将所有非文档输入、当前文档和最新的中间答案传递给 LLM 链，以获得新的答案。由于 Refine 链一次只向 LLM 链传递一个文档，因此它非常适合需要分析模型上下文容纳不下的文档的任务。但显然，这种链会比 Stuff 这样的链调用更多的 LLM 链。此外，还有一些任务很难通过迭代来完成。例如，当文档经常相互交叉引用或任务需要许多文档的详细信息时，Refine 链的表现可能较差。

3. **MapReduce 链**首先将 LLM 链单独应用于每个文档（Map 步骤），并将链输出视为新的文档。然后，它将所有新文档传递给一个单独的文档链，以获得单一的输出（Reduce 步骤）。如果需要，这个压缩步骤将递归地执行。

4. **重排链**（MapRerank）与 MapReduce 链一样，对每个文档运行一个初始提示的指令微调。这个初始提示不仅试图完成一个特定任务（比如回答一个问题或执行一个动作），也为其答案提供了一个置信度得分。然后，这个得分被用来重新排序所有的文档或条目。最终，得分最高的响应被返回。这种机制有助于在多个可能的答案或解决方案中，找到最合适、最准确或最相关的一个。重排链通过添加一个重排序或重打分步骤，进一步提高系统的性能和准确性。

5.3.1 Stuff 链

Stuff 文档链的处理方式较为直接。它接收一组文档，并将所有文档插入一个提示中，然后将该提示传递给 LLM 链，如图 5-2 所示。

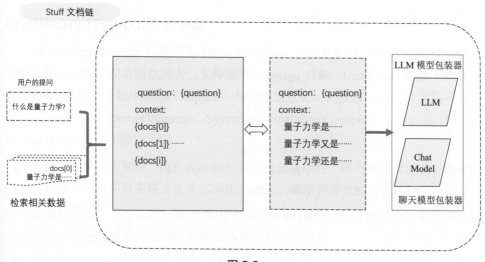

图 5-2

在插入文档阶段，系统接收一组文档，并将它们**全部**插入一个提示中。在如图 5-2 所示的提示词模板中，context 对应的数据是全部文档内容{docs}，{docs}是一个文档数据类型的列表（docs[0]~docs[i]）。这种文档链适用于文档较小且大部分调用只传入少量文档的应用程序。它可以简单地将所有文档拼接在一起，形成一个大的提示，然后将这个提示传递给模型包装器。

在生成答案阶段，系统将包含所有文档的提示传递给模型包装器（图 5-2 的最右侧）。模型包装器根据该提示生成答案。由于所有的文档都被包含在同一个提示中，所以模型包装器生成的答案考虑到了所有的文档。

Stuff 链最终实现的效果是，系统可以对包含多个文档的问题生成一个全面的答案。这种处理方式可以提高文档搜索的质量，特别是在处理小文档和少量文档的情况下。

那么如果需要处理大量文档或者文档尺寸较大，则可能需要使用其他类型的文档链，如 Refine 或 MapReduce。

5.3.2　Refine 链

Refine 文档链通过遍历输入文档并迭代更新其答案来构建响应。对于每个文档，它将所有非文档输入（例如用户的问题或其他与当前文档相关的信息）、当前文档和最新的中间答案传递给 LLM 链，以获得新的答案。包含中间答案的提示词是这个类型文档链的重要特征，如图 5-3 所示。

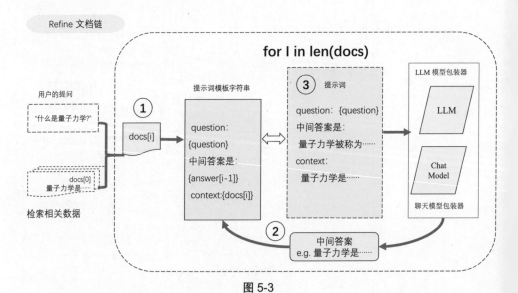

图 5-3

在遍历文档阶段（图 5-3 的 for i in len（docs）），系统会遍历输入的所有文档。对于每个文档，一起作为提示词被传递给模型包装器的内容有：一些上下文信息，例如用户的问题，或者其他与当前文档相关的信息。

最新的中间答案。中间答案是系统在处理之前的文档时产生的。一开始，中间答案可能是空的，但随着系统处理更多的文档，中间答案会不断更新。

Refine 链与 MapReduce 链和重排链不同的是，它不产生新文档，只是不断更新提示词模板，迭代出更全面的答案。而且文档之间的影响是传递性的，由上一个文档形成的答案会影响从下一个文档得到的答案。

在更新答案阶段，系统将提示传递给 LLM 链，然后将 LLM 链生成的答案作为新的中间答案。这个过程会迭代进行，直到所有的文档都被处理。

Refine 链最终实现的效果是，系统可以对包含多个文档的问题生成一个全面的答案，而且对每个文档的处理结果都会影响对后续文档的处理。这种处理方式可以提高文档搜索的质量，特别是在处理大量文档的情况下。

Refine 链适用于处理大量文档，特别是当这些文档不能全部放入模型的上下文中时。然而，这种处理方式可能会使用更多的计算资源，并且在处理某些复杂任务（如文档之间频繁地交叉引用，或者需要从许多文档中获取详细信息）时可能表现不佳。

5.3.3 MapReduce 链

MapReduce 链的整体流程主要由两部分组成：映射阶段（图 5-4 Map 阶段）和归约阶段（图 5-4 Reduce 阶段）。在映射阶段，系统对每个文档单独应用一个 LLM 链（图 5-4 的 LLM 模型包装器），并将链输出视为新的文档。在归约阶段，系统将所有新文档传递给一个单独的文档链，以获得单一的输出。如果需要，系统会首先压缩或合并映射的文档，以确保它们适合相应的文档链。

在映射阶段，系统使用 LLM 链，对每个输入的文档进行处理。处理的方式是，将当前文档作为输入传递给 LLM 链，然后将 LLM 链的输出视为新的文档。这样，每个文档都会被转换为一个新的文档（图 5-4 中间虚线框代表多个新文档），这个新文档包含了对原始文档的处理结果。新文档是 MapReduce 链的主要特征。

对于每个文档，作为提示词模板的一部分传递给 LLM 链的内容是原始文档。MapReduce 链比起 Stuff 链多了预处理步骤，也就是说对每个文档的处理都产生了一个新的文档，这个新文档是运行 LLM 链的结果。

每个原始文档都经过 LLM 链处理，处理结果被写入一个新文档，这就是映射的过程。比如原文档有 2000 字，经过 LLM 链处理后，结果是 200 字。将这 200 字的结果存储为一个新文档，但是新文档与 2000 字原文档存在着映射关系。

在归约阶段，系统使用合并文档链将映射阶段得到的所有新文档合并成一个文档。如果新文档的总长度超过了合并文档链的容量，那么系统会运行一个压缩过程将新文档的数量减少到合适的数量。这个压缩过程会递归运行，直到新文档的总长度满足要求。

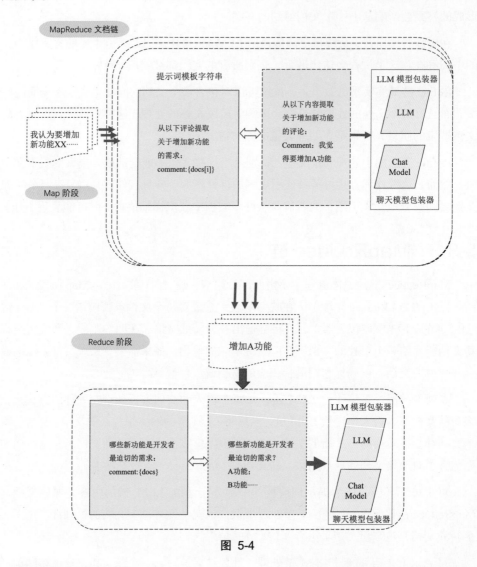

图 5-4

MapReduce 链最终实现的效果是，系统可以对每个文档单独进行处理，然后将所有文档的处理结果合并在一起。这种处理方式可以提高文档搜索的质量，特别是在处理大量文档的情况下。

MapReduce 链适用的场景是需要处理大量文档时，特别是当这些文档不能全部放入模型的上下文中时。通过并行处理每个文档并合并处理结果，这种处理方式可以在有限的资源下处理大量的文档。然而，由于每个文档都需要跟 LLM 链交互，产生新的文档，因此这样的处理方式会使用大量的 API 调用，不适合大量交叉引用文档的情况，或者需要从大量文档中获取详细信息的情况（由于该链有递归压缩的步骤）。

5.3.4 重排链

重排链的整体流程是，对每个文档运行一个初始提示的指令微调，这个提示不仅试图完成任务，还对其答案的确定程度给出评分。最后，得分最高的响应将被返回，如图 5-5 所示。

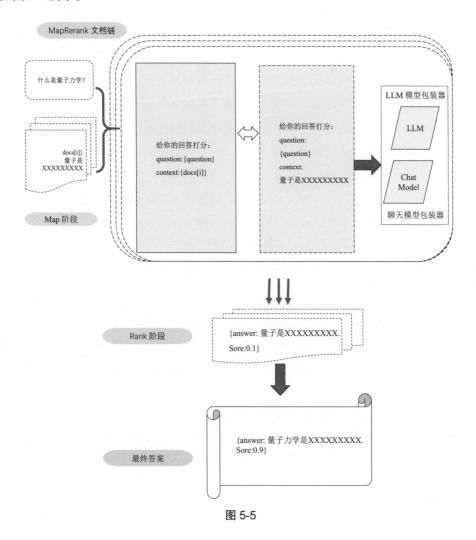

图 5-5

在映射（图 5-5 Map 阶段）和评分阶段（图 5-5 Map 阶段的提示词模板"给你的回答打分"），系统对每个文档运行一个初始提示的指令微调。每个文档都会被独立地处理。处理的方式是，系统不仅试图完成任务，还对其答案的确定程度给出评分。这样，每个文档都会被转换为一个新的文档，这个新文档包含了原始文档的处理结果和评分。

对于每个文档，作为提示词的一部分传递给 LLM 链的内容是原始文档，但是提示词模板增加了评分规则。得到 LLM 链给出的答案后，将其存储为一个新文档，而且新文档与原文档有映射关系。

在重排阶段，系统根据每个新文档的评分进行重排（图 5-5 Rank 阶段）。重排的意思是，之前在 Map 阶段文档已经被打分排序过，到这一步再给文档打分排序一次，而且是重复排序。具体来说，系统最终会选择得分最高的新文档（图 5-5 最终答案），并将其作为最终的输出。只有这个类型的文档链有自动重排的机制，因为只有这个类型的文档链，在对原始文档进行处理时，添加了评分规则的提示。

重排链最终实现的效果是，系统可以对每个文档独立地进行处理和评分，然后选择得分最高的文档作为最终输出。这种处理方式可以提高文档搜索的质量，特别是在处理大量文档的情况下。

重排链的适用场景是在处理大量文档时，特别是当需要从多个可能的答案中选择最优答案时。通过对每个文档的处理结果进行评分和重排，这种处理方式可以在有限的资源下找到最优的答案。然而，这种处理方式可能会使用更多的计算资源，并且可能在处理某些复杂任务（如文档之间频繁地交叉引用，或者需要从许多文档中获取详细信息）时表现不佳。

5.4　揭秘链的复杂性

在本章的前面，我们了解了基础链、工具链和合并文档链。这些链都是为了适应基础的业务场景而设计的。例如，如果只是希望简单地与大语言模型进行交互，那么可以使用基础链，如 LLM 链。工具链则是为了帮助完成应用程序中的特定任务，如 API 链就是专门用来解析 API 的。而合并文档链则承载了数据增强模块的 LEDVR 工作流，当通过检索获取了相关的文档后，需要考虑如何让这些文档正确地回答用户输入的问题。

然而，这些链都是为了适应比较简单的业务场景而设计的，使用这些链的方法也并不复杂。而与这些链相比,LangChain 的链模块却是最难以理解的。为什么这样说呢?

这主要是因为,链需要承担的责任越多,链的内部就越复杂。如果说基础链和工具链只是把几个包装器包裹在链组件里,那么更复杂的链其实是"套娃",即一个链套着另一个链。

5.4.1 复杂链的"套娃"式设计

以 LLM 链作为基础链的代表,它之所以简单,是因为它把模型 I/O 的 3 个核心部分:模型包装器、提示词模板包装器和输出解析器都包裹在了 LLM 链内部。也存在一些更复杂的链,比如 A 链是 LLM 链,B 链是一个合并文档链,而 B 链又包含了 A 链,C 链则可能包含了 A 链和 B 链。再比如我们在 5.3 节了解的不同类型的合并文档链,可是好像并没有地方可以使用这些链。原因在于,在实际业务中,使用最多的是 QA 问答链和摘要链,而这些内置的链组件包含了合并文档链,链包链,甚至包了三四个链,嵌套了几层链。

随着对链的使用需求变得越来越复杂,链的设计和组织也会变得越来越复杂。下面我们一起来探索这些更复杂的链,了解它们的工作原理和使用方法。

先通过 BaseQAWithSourcesChain 类的源码,一起探秘这种"套娃"式的设计。BaseQAWithSourcesChain 就是一个复杂的链,它的内部包含了多个其他的链。实际上,BaseQAWithSourcesChain 链还仅仅是开始,如果要构建 QA 问答链和摘要链,还要继承这个类,也就是继承"套娃"。

首先,我们看 combine_documents_chain 链,这是一个 BaseCombineDocumentsChain 链,它本身就可能是一个复杂的链,由多个子链组成。

然后,在 from_llm 方法中,首先创建了两个 LLM 链(即 A 链),接着创建了一个 StuffDocumentsChain 链和一个 MapReduceDocumentsChain 链(即 B 链)。StuffDocumentsChain 链的内部包含了一个 LLM 链,MapReduceDocumentsChain 链则包含了一个 LLM 链和一个 StuffDocumentsChain 链。这就是以上提到的"套娃"式设计。

最后,这些链被包裹在 BaseQAWithSourcesChain 链中,形成了 C 链。这样的设计使 BaseQAWithSourcesChain 链可以处理复杂的问题回答任务,同时还可以处理源文档,如下例所示:

```
class BaseQAWithSourcesChain(Chain, ABC):
    """Question answering with sources over documents."""
```

```
combine_documents_chain: BaseCombineDocumentsChain
"""Chain to use to combine documents."""
question_key: str = "question"  #: :meta private:
input_docs_key: str = "docs"  #: :meta private:
answer_key: str = "answer"  #: :meta private:
sources_answer_key: str = "sources"  #: :meta private:
return_source_documents: bool = False
"""Return the source documents."""

@classmethod
def from_llm(
    cls,
    llm: BaseLanguageModel,
    document_prompt: BasePromptTemplate = EXAMPLE_PROMPT,
    question_prompt: BasePromptTemplate = QUESTION_PROMPT,
    combine_prompt: BasePromptTemplate = COMBINE_PROMPT,
    **kwargs: Any,
) -> BaseQAWithSourcesChain:
    """Construct the chain from an LLM."""
    llm_question_chain = LLMChain(llm=llm, prompt=question_prompt)
    llm_combine_chain = LLMChain(llm=llm, prompt=combine_prompt)
    combine_results_chain = StuffDocumentsChain(
        llm_chain=llm_combine_chain,
        document_prompt=document_prompt,
        document_variable_name="summaries",
    )
    combine_document_chain = MapReduceDocumentsChain(
        llm_chain=llm_question_chain,
        combine_document_chain=combine_results_chain,
        document_variable_name="context",
    )
    return cls(
        combine_documents_chain=combine_document_chain,
        **kwargs,
    )
```

　　BaseQAWithSourcesChain 类的源码很好地说明了我们在前面讨论的观点：随着链需要承担处理复杂的问题回答任务的责任，同时还要处理源文档，所以链的内部结构也会变得越来越复杂。

　　理解了这种"套娃"式设计，当面对一个复杂的链时，就可以追溯到它的源码，看看内部包含了哪些基础链，哪些工具链，有哪些是合并文档链。

　　由这种设计的链组件实现的典型链是 QA 问答链和摘要链。一旦适应了这两种链的复杂性，其他的链看起来就都简单了。

5.4.2 LEDVR 工作流的终点："上链"

在第 4 章中，已经详细介绍了 LEDVR 工作流的各个阶段，包括文档加载、文档
切割、嵌入模型包装器及向量存储库的创建和使用。在第 4 章中，我们不仅了解了整
个 LEDVR 工作流是如何处理文档的，还给出了示例代码，这些示例代码也展示了如
何把与答案相关的文档内容检索出来。但在第 4 章没有介绍怎么使用检索到的相关文
档内容，这些数据是如何在 LangChain 框架中流动的？LEDVR 工作流的终点是什
么？现在可以回答这个问题——LEDVR 工作流的终点是"上链"。

下面探究如何把 LEDVR 工作流的"胜利成果"加入链组件中完成"上链"，然
后 第 一 次 运 行 会 话 检 索 链 ConversationalRetrievalChain 。 也 就 是 说 ， 导 入
ConversationalRetrievalChain 链之前的代码都是 LEDVR 工作流的代码。

首先，需要从网络加载文档。这可以通过使用 WebBaseLoader 来完成：

```
from langchain.document_loaders import WebBaseLoader
openai_api_key="填入你的密钥"
loader = WebBaseLoader("http://developers.mini1.cn/wiki/luawh.html")
data = loader.load()
```

也可以选择其他的加载器和其他的文档资源。接下来，需要创建一个嵌入模型实
例的包装器，这可以使用 OpenAIEmbeddings 来完成：

```
from langchain.embeddings.openai import OpenAIEmbeddings
embedding = OpenAIEmbeddings(openai_api_key=openai_api_key)
```

然 后 ， 需 要 将 文 档 切 割 成 一 系 列 的 文 本 块 ， 这 可 以 通 过 使 用
RecursiveCharacterTextSplitter 来完成：

```
from langchain.text_splitter import RecursiveCharacterTextSplitter
text_splitter = RecursiveCharacterTextSplitter(chunk_size=500,
chunk_overlap=0)
splits = text_splitter.split_documents(data)
```

接着，需要创建一个向量存储库，这里选择使用 FAISS：

```
from langchain.vectorstores import FAISS
vectordb = FAISS.from_documents(documents=splits,embedding=embedding)
```

现在有了一个向量存储库，可以使用它来创建一个检索器 retriever。至此，LEDVR
工作流就建立起来了。检索器便是 LEDVR 工作流的"胜利果实"：

```
retriever = vectordb.as_retriever()
```

从这里开始，可以将检索器加入链中。首先，需要创建一个 LLM 模型包装器，并
通过 ConversationalRetrievalChain.from_llm 方法创建一个 ConversationalRetrievalChain
链组件的实例：

```
from langchain.llms import OpenAI
from langchain.chains import ConversationalRetrievalChain
llm = OpenAI(openai_api_key=openai_api_key)
qa = ConversationalRetrievalChain.from_llm(llm, retriever)
```

至此，已经构建了一个相当复杂的链 ConversationalRetrievalChain。这个链是目前我们见到的最复杂的链，它承担了会话和检索文档两个重要职责。通过这个链，可以使用如下的方式来查询问题：

```
query = "LUA 的宿主语言是什么? "
result = qa({"question": query})
result["answer"]
```

如此就可以获取到问题的答案。这个链的复杂性和功能性都非常高，它可以有效地处理各种复杂的信息检索任务。

第6章

记忆模块

本书将 LangChain 框架内所有与记忆功能有关的组件统一称为"记忆模块"。简而言之,记忆模块是一个集合体,由多个不同的记忆组件构成。每个记忆组件都负责某一特定方面的记忆功能。在记忆模块(langchain.memory)下,有多种不同的类,每一个类都可以看作一个"记忆组件"。记忆组件是记忆模块的子元素,用于执行更具体的记忆任务。例如,如果你从记忆模块中导入 ConversationBufferMemory 类并对其进行实例化,你将得到一个名为 ConversationBufferMemory 的记忆组件。

6.1 记忆模块概述

想一想,为什么需要记忆模块?

大语言模型本质上是无记忆的。当与其交互时,它仅根据提供的提示生成相应的输出,而无法存储或记住过去的交互内容。因为是无记忆的,意味着它不能"学习"或"记住"用户的偏好、以前的错误或其他个性化信息,难以满足人们的期望。

人们期待聊天机器人具有人的品质和回应能力。在现实的聊天环境中,人们的对话中充满了缩写和含蓄表达,他们会引用过去的对话内容,并期待对方能够理解和回应。例如,如果在聊天一开始时提到了某人的名字,随后仅用代词指代,那么人们就期望聊天机器人能够理解和记住这个指代关系。

对聊天机器人的期待并不仅仅是它需要具备基础的回答功能,人们更希望聊天机器人能够在整个对话过程中,理解对话,记住交流内容,甚至理解情绪和需求。为了实现这个目标，需要赋予大语言模型一种"记忆"能力。

记忆是一种基础的人类特性，是理解世界和与世界交流的基础。这是需要记忆模块的原因，将这种记忆能力赋予机器人，使机器人具备人类般的记忆能力。

最后，需要强调，为什么在实际的大语言模型应用开发中，需要记忆能力。简单来说，同样作为提示词模板的外部数据，通过"记忆"能力形成的外部数据，与检索到的外部文档内容起到一样的作用。同样地，它可以确保大语言模型在处理信息时始终能够获取到最新、最准确的上下文数据。通过提供聊天信息，可以让大语言模型的输出更有据可查，多了一份"证据"，这也是一种低成本应用大语言模型的策略，不需要做参数训练等额外工作。

下面重点探讨不同类型的记忆组件如何影响模型响应。

6.1.1　记忆组件的定义

记忆组件是什么？

记忆组件，实际上是一个聊天备忘录对象，像苹果手机备忘录程序一样，可以用它记录与大语言模型的聊天对话内容。那么，备忘录的作用是什么呢？试想在一个会议上，你有一位秘书在边上为你做备忘录。当你发言时，你可能会忘记先前的发言者都说过什么，这时你可以让秘书展示备忘录，通过查阅这些信息，你就能够清楚地整理自己的发言，从而赢得全场的赞许。而当你发言结束后，秘书又要做什么呢？他需要把你刚刚的精彩发言记录下来。

这就是记忆组件的两大功能：读取和写入。因此，记忆组件的基本操作包括读取和写入。在链组件的每次运行中，都会有两次与记忆组件的交互：在链组件运行之前，记忆组件首先会从其存储空间中读取相关信息。这些信息可能包括先前的对话历史、用户设置或其他与即将执行的任务相关的数据。完成运行后，生成的输出或其他重要信息会被写入记忆组件中。这样，这些信息就可以在以后的运行或会话中被重新读取和使用。

记忆组件的设计，旨在解决两个核心问题：一是如何写入，也就是存储状态；二是如何读取，即查询状态。存储状态一般通过程序的运行内存存储历史聊天记录实现。查询状态则依赖于在聊天记录上构建的数据结构和算法，它们提供了对历史信息的高效检索和解析。类似于一个聊天备忘录，记忆组件既可以帮助记录下聊天的每一条信息，也可以依据需求，搜索出相关的历史聊天记录。

最难理解的是，如何在聊天记录上构建数据结构和算法？简单来说，数据结构和算法就是用来整理和检索聊天记录的。记忆组件会将处理过的聊天信息数据注入提示词模板中，最终通过模型平台的 API 接口获取大语言模型的响应，这样可以使响应更加准确。因为要决定哪些聊天记录需要保留，哪些聊天记录需要进一步处理，所以需要在聊天记录上构建数据结构和算法。

主要采取以下两种方法整理和检索聊天记录。第一种方法是将聊天记录全部放入提示词模板中，这是一种比较简单的方法。具体是将聊天窗口中的上下文信息直接放在提示词中，作为外部数据注入提示词模板中，再提供给大语言模型。这种方法简单易行，但是因为结合信息的方式较为粗糙，所以可能无法达到精准控制的目的。而且由于模型平台的 Max Tokens 限制，这种方法要考虑如何截取聊天记录，如何压缩聊天记录，以适应模型平台底层的 API 要求。

第二种方法是先压缩聊天记录，然后放入提示词模板中。这种方法的思路是利用 LLM 的总结和提取实体信息的能力压缩聊天记录，或者从数据库中提取相关的聊天记录、实体知识等，然后将这些文本拼接在提示词中，再提供给大语言模型，进行下一轮对话。

在这个过程中，可以使用类似于图像压缩算法的方式对聊天记录进行压缩。比如，可以参考 JPEG 图像压缩算法的原理，将原始的聊天记录（类比为图像的原始数据）进行压缩。JPEG 图像压缩算法在压缩过程中会舍弃一些人眼难以察觉的高频细节信息，从而达到压缩的效果，同时大部分重要信息被保留。这样，就可以将压缩后的聊天记录（类比为压缩后的图像）放入提示词模板中，用于生成下一轮对话。虽然这种压缩方式可能会丢失一些细节信息，但是由于这些信息对于聊天记录的总体含义影响较小，因此可以接受。

通过这种方式，不仅可以在保证聊天记录的总体含义的同时，缩短提示词的长度，而且还可以提高大语言模型的运行效率和响应速度。

6.1.2　记忆组件、链组件和 Agent 组件的关系

首先探讨记忆组件和链组件的关系。LangChain 的记忆模块提供了各种类型的记忆组件，这些记忆组件可以独立使用，也可以集成到链组件中。换句话说，记忆组件可以作为链组件的一部分，是一个内部组件，用于保存状态和历史信息，以便链组件在处理输入和生成输出时使用。所以记忆组件和链组件的关系是，链组件是与大语言模型交互的主体，而记忆组件则是在这个过程中提供支持的角色。通过引入记忆组件，

链组件调用大语言模型就能得到过去的对话，从而理解并确定当前谈论的主题和对象。这使得聊天机器人更接近人类的交流方式，从而更好地满足用户的期望。

接下来探讨记忆组件和 Agent 组件的关系。将记忆组件放入 Agent 组件中，这使得 Agent 组件不仅能够处理和响应请求，而且还能够记住交流内容。这就是所谓的"让 Agent 拥有记忆"。Agent 是一个更高级别的组件，它可能包含一个或多个链组件，以及与这些链组件交互的记忆组件。Agent 通常代表一个完整的对话系统或应用，负责管理和协调其内部组件（包括链组件和记忆组件）以响应用户输入。

具体来说，Agent 组件在处理用户输入时，可能会使用其内部的链组件来执行各种逻辑，同时使用记忆组件来存储当前的交互信息和检索过去的交互信息。例如，聊天机器人可能会使用记忆组件中保存的聊天记录信息来增强模型响应。因此，可以说记忆组件是 Agent 组件的一个重要部分，帮助 Agent 组件维护状态和历史信息，使其能够处理复杂的对话任务。在构建 Agent 组件时，通常需要考虑如何选择和配置内存，以满足特定的应用需求和性能目标。

以上就是记忆组件、链组件和 Agent 组件的关系。

6.1.3　设置第一个记忆组件

下面使用代码演示如何实例化一个记忆组件，以及如何使用记忆组件的保存和加载方法来管理聊天记录。这是记忆组件通常的使用方式，但是在具体的实现细节上可能组件与组件之间会有所不同。

首先，要引入 ConversationTokenBufferMemory 类，并创建一个 OpenAI 类的实例作为其参数。ConversationTokenBufferMemory 是一个记忆组件，它将最近的交互信息保存在内存中，并使用最大标记（Token）数量来决定何时清除交互信息。使用一个 OpenAI 实例和一个 max_token_limit 参数来创建 ConversationTokenBufferMemory 的实例 memory。max_token_limit=1000 指定了记忆组件中可以存储的最大标记数量为1000。这是一个上限数字，如果数字设置得过小的话，可能最后打印的对象是空字符串，可以手动设置为 10，再设置为 100 查看效果。memory_key 参数用于设置记忆组件存储对象的键名，默认是 history，这里设置为 session_chat。

```
from langchain.memory import ConversationTokenBufferMemory
from langchain.llms import OpenAI
openai_api_key = "填入你的 OpenAI 密钥"
llm = OpenAI(openai_api_key=openai_api_key)
memory =
ConversationTokenBufferMemory(llm=llm,max_token_limit=1000,
```

```
memory_key="session_chat")
```

接下来，可以使用 save_context 方法将聊天记录保存到记忆组件中。每次调用 save_context 方法，都会将一次交互（包括用户输入和聊天机器人的回答）记录添加到记忆组件的缓冲区中。

需要先后保存两次交互记录。在第一次交互中，用户输入的是"你好！我是李特丽，这是人类的第一个消息"；在第二次交互中，用户输入的是"今天心情怎么样"，大语言模型的输出是："我很开心认识你"。

```
memory.save_context({"input": "你好！我是李特丽，这是人类的第一个消息"},
{"output": "你好！我是 AI 助理的第一个消息"})
memory.save_context({"input": "今天心情怎么样"}, {"output": "我很开心认识你"})
```

最后，可以使用 load_memory_variables 方法来加载记忆组件中的聊天记录。这个方法会返回一个字典，其中包含了记忆组件当前保存的所有聊天记录。

```
memory.load_memory_variables({})
{'session_chat': 'Human: 你好！我是李特丽，这是人类的第一个消息\nAI: 你好！我是 AI
助理的第一个消息\nHuman: 今天心情怎么样\nAI: 我很开心认识你'}
```

以上就是如何使用 ConversationTokenBufferMemory 记忆组件的示例。

6.1.4　内置记忆组件

LangChain 的记忆模块提供了多种内置的记忆组件类，这些类的使用方法和 ConversationTokenBufferMemory 类基本一致，都提供了保存（save_context）和加载（load_memory_variables）聊天记录的方法，只是在具体的实现和应用场景上有所不同。

例 如 ， ConversationBufferMemory 、 ConversationBufferWindowMemory 、 ConversationTokenBufferMemory 等类都是用于保存和加载聊天记录的记忆组件，但它们在保存聊天记录时所使用的数据结构和算法有所不同。ConversationBufferMemory 类使用一个缓冲区来保存最近的聊天记录，而 ConversationTokenBufferMemory 类则使用 Max Tokens 长度来决定何时清除聊天记录。

此外，有些记忆组件类还提供了额外的功能，如 ConversationEntityMemory 和 ConversationKGMemory 类可以用于保存和查询实体信息，CombinedMemory 类可以用于组合多个记忆组件，而 ReadOnlySharedMemory 类则提供了一种只读的共享记忆模式。

对于需要将聊天记录持久化保存的应用场景，LangChain 的记忆模块还提供了多种与数据库集成的记忆组件类，如 SQLChatMessageHistory、MongoDBChatMessage

History、DynamoDBChatMessageHistory 等。这些类在保存和加载聊天记录时，会将聊天记录保存在对应的数据库中。

在选择记忆组件时，需要根据自己的应用需求来选择合适的记忆组件。例如，如果你需要处理大量的聊天记录，或者需要在多个会话中共享聊天记录，那么你需要选择一个与数据库集成的记忆组件。而如果你主要处理实体信息，那么你需要选择ConversationEntityMemory 或 ConversationKGMemory 这样的记忆组件。无论选择哪种记忆组件，都需要理解其工作原理和使用方法，以便正确地使用它来管理你的聊天记录。

6.1.5 自定义记忆组件

在上一节中，我们了解了 LangChain 的内置记忆组件。尽管这些记忆组件能够满足许多通用的需求，但每个具体的应用场景都有其独特的要求和复杂性。例如，某些应用可能需要使用特定的数据结构来优化查询性能，或者需要使用特别的存储方式来满足数据安全或隐私要求。在这些情况下，内置的记忆组件可能无法完全满足需求。LangChain 通过允许开发者添加自定义的记忆类型，来提供更高的灵活性和扩展性，这使得开发者能够根据自己的需求定制和优化记忆组件。这对于高级的使用场景，如大规模的生产环境或特定的业务需求尤为重要。

内置组件往往是框架开发者根据通用需求预先设计和封装好的，我们可以直接拿来使用，无须关心其内部实现细节。这无疑大大降低了使用组件的门槛，提高了开发效率。然而，这也意味着用户很可能对这些组件的内部构造和工作原理一无所知。

而当你试图创建自定义组件时，需要深入理解和分析自己的特定需求，然后再在此基础上设计和实现符合需求的组件。这个过程迫使你深入了解内置组件的构造和工作原理，从而可以更好地理解框架的设计逻辑和工作方式。因此，尽管创建自定义组件的过程可能会有些复杂，但这无疑是深入理解和掌握框架的有效方式。

下面向 ConversationChain 添加一个自定义的记忆组件。请注意，这个自定义的记忆组件相当简单且脆弱，可能在生产环境中并不实用。这里的目的是展示如何添加自定义记忆组件。

```
from langchain import OpenAI, ConversationChain
from langchain.schema import BaseMemory
from pydantic import BaseModel
from typing import List, Dict, Any
```

然后编写一个 SpacyEntityMemory 类，它使用 spacy 方法来提取实体信息，并将

提取到的信息保存在一个简单的哈希表中。然后，在对话中，检查用户输入，并提取
实体信息，且将实体信息放入提示词的上下文中。

```
!pip install spacy
!python -m spacy download en_core_web_lg

import spacy

nlp = spacy.load("en_core_web_lg")

class SpacyEntityMemory(BaseMemory, BaseModel):
    """Memory class for storing information about entities."""

    # Define dictionary to store information about entities.
    entities: dict = {}
    # Define key to pass information about entities into prompt.
    memory_key: str = "entities"

    def clear(self):
        self.entities = {}

    @property
    def memory_variables(self) -> List[str]:
        """Define the variables we are providing to the prompt."""
        return [self.memory_key]

    def load_memory_variables(self, inputs: Dict[str, Any]) -> Dict[str,
str]:
        """Load the memory variables, in this case the entity key."""
        # Get the input text and run through spacy
        doc = nlp(inputs[list(inputs.keys())[0]])
        # Extract known information about entities, if they exist.
        entities = [
            self.entities[str(ent)] for ent in doc.ents if str(ent) in
   self.entities
            ]
        # Return combined information about entities to put into context.
        return {self.memory_key: "\n".join(entities)}

    def save_context(self, inputs: Dict[str, Any], outputs: Dict[str, str]) ->
None:
        """Save context from this conversation to buffer."""
        # Get the input text and run through spacy
        text = inputs[list(inputs.keys())[0]]
        doc = nlp(text)
        # For each entity that was mentioned, save this information to the
dictionary.
        for ent in doc.ents:
            ent_str = str(ent)
```

```
        if ent_str in self.entities:
            self.entities[ent_str] += f"\n{text}"
        else:
            self.entities[ent_str] = text
```

下面定义一个提示词模板，它接受实体信息以及用户输入的信息。

```
from langchain.prompts.prompt import PromptTemplate

template = """
The following is a friendly conversation between a human and an AI.
The AI is talkative and provides lots of specific details from its
context. If the AI does not know the answer to a question, it truthfully
says it does not know. You are provided with information about entities
the Human mentions, if relevant.
Relevant entity information:

{entities}

Conversation:
Human: {input}
AI:
"""
prompt=PromptTemplate(input_variables=["entities","input"],
template=template)
```

然后把记忆组件和链组件组合在一起，放在 ConversationChain 链上运行，与模型交互。

```
llm = OpenAI(temperature=0)
conversation = ConversationChain(
    llm=llm, prompt=prompt, verbose=True, memory=SpacyEntityMemory()
)
```

第一次用户的输入是"Harrison likes machine learning"。由于对话中没有关于 Harrison 的先验知识，所以提示词模板中"Relevant entity information"（相关实体信息）部分是空的。

```
conversation.predict(input="Harrison likes machine learning")
```

运行的结果是：

```
> Entering new ConversationChain chain...
  Prompt after formatting:
    The following is a friendly conversation between a human and an AI. The
AI is talkative and provides lots of specific details from its context. If the
AI does not know the answer to a question, it truthfully says it does not know.
You are provided with information about entities the Human mentions, if relevant.

    Relevant entity information:
```

```
Conversation:
Human: Harrison likes machine learning
AI:

> Finished ConversationChain chain.

" That's great to hear! Machine learning is a fascinating field of study.
It involves using algorithms to analyze data and make predictions. Have you ever
studied machine learning, Harrison?"
```

对于第二次用户输入，可以看到聊天机器人回答了关于 Harrison 的信息，提示词模板中"Relevant entity information"部分是"Harrison likes machine learning"。

```
conversation.predict(
    input="What do you think Harrison's favorite subject in college was?"
)
```

运行的结果是：

```
> Entering new ConversationChain chain...
Prompt after formatting:
The following is a friendly conversation between a human and an AI. The
AI is talkative and provides lots of specific details from its context. If the
AI does not know the answer to a question, it truthfully says it does not know.
You are provided with information about entities the Human mentions, if relevant.

Relevant entity information:
Harrison likes machine learning

Conversation:
Human: What do you think Harrison's favorite subject in college was?
AI:

> Finished ConversationChain chain.

' From what I know about Harrison, I believe his favorite subject in college
was machine learning. He has expressed a strong interest in the subject and has
mentioned it often.'
```

6.2 记忆增强检索能力的实践

本节将深入探讨如何通过集成记忆组件，增强数据增强模块 LEDVR 工作流的数据检索能力，从而提升 QA 问答应用的回答质量。

6.2.1　获取外部数据

首先，使用 WebBaseLoader 从网络加载文档：

```
from langchain.document_loaders import WebBaseLoader
openai_api_key="填入你的密钥"
loader = WebBaseLoader("http://developers.mini1.cn/wiki/luawh.html")
data = loader.load()
```

也可以选择其他的加载器和其他的文档资源。接下来，使用 OpenAIEmbeddings 创建一个嵌入模型包装器：

```
from langchain.embeddings.openai import OpenAIEmbeddings
embedding = OpenAIEmbeddings(openai_api_key=openai_api_key)
```

使用 RecursiveCharacterTextSplitter 将文档切割成一系列的文本块：

```
from langchain.text_splitter import RecursiveCharacterTextSplitter
text_splitter = RecursiveCharacterTextSplitter(chunk_size=500,
chunk_overlap=0)
splits = text_splitter.split_documents(data)
```

然后，创建一个向量存储库。这里使用 FAISS 创建向量存储库：

```
from langchain.vectorstores import FAISS
vectordb = FAISS.from_documents(documents=splits,embedding=embedding)
```

6.2.2　加入记忆组件

首先导入 ConversationBufferMemory 类，这是最常见的记忆组件，其工作原理非常简单：仅将所有聊天记录保存起来，而不使用任何算法进行截取或提炼压缩。在提示词模板中，可以看到所有的聊天记录。

```
from langchain.memory import ConversationBufferMemory
memory= =
ConversationBufferMemory(memory_key="chat_history",return_messages=True)
```

初始化记忆组件后，可以看到其内部的存储情况。由于刚刚进行了初始化，所以存储的聊天记录为空。然后，通过 add_user_message 方法添加一条 "HumanMessage" 信息，向程序介绍 "名字"。此时，再次查看记忆组件，就可以看到添加了一条信息。

```
# 打印 memory.chat_memory.messages
[]

memory.chat_memory.add_user_message("我是李特丽")
```

第一次打印 memory.chat_memory.messages 时，输出的结果为 "[ ]"。在推送一条自我介绍后，可以看到程序里添加了一条 "HumanMessage" 信息。

```
[HumanMessage(content='我是李特丽', additional_kwargs={}, example=False)]
```

使用 memory 组件的 load_memory_variables 方法，可以查看保存在程序运行内存中的 memory 对象。该对象的主键是 chat_history，正如初始化 ConversationBuffer Memory 时设置的：memory_key="chat_history"。

```
# 打印 memory.load_memory_variables({})
{'chat_history': [HumanMessage(content='我是李特丽', additional_kwargs={},
example=False)]}
```

下面使用最直接的方式来演示记忆组件是如何与链组件协同工作的。从提示词模板开始，然后逐步增加组件。这一次使用的链组件是 load_qa_chain。这个链组件专门用于 QA 问答，这里不必掌握链的使用方法，只要在链上指定类型即可。导入 load_qa_chain、ChatOpenAI 和 PromptTemplate。当提示词模板用于初始化 load_qa_chain 时，需要个性化配置提示词。

```
from langchain.chat_models import ChatOpenAI
from langchain.chains.question_answering import load_qa_chain
from langchain.prompts import PromptTemplate

# 这里需使用聊天模型包装器，并且使用新型号的模型
llm = ChatOpenAI(openai_api_key=openai_api_key,temperature=0,
model="gpt-3.5-turbo-0613")
```

使用向量存储库实例的 similarity_search 方法，测试是否可以检索到与问题相关的文档。可以打印 len(docs)，看看关于这个问题，搜索到了几个文档片段。检索到的相关文档，要输入提示词模板包装器中。这一步先测试向量存储库是否正常工作。

```
query = "LUA 的宿主语言是什么？"
docs = vectordb.similarity_search(query)
docs
```

输出的结果为 4，说明有 4 个相关文档片段被检索到。

```
4
```

创建提示词是最重要的环节。在创建的过程中你可以理解为什么加入记忆组件后，"聊天备忘录"有了内容，让链组件有了"记忆"。使用提示词模板包装器，自定义一个提示词模板字符串。

提示词内容分为四部分：一是对模型的指导词："请你回答问题的时候，依据文档内容和聊天记录回答，如果在其中找不到相关信息或者答案，请回答不知道。"；二是使用问题检索到的相关文档内容："文档内容是：{context}"；三是记忆组件输出的记忆内容："聊天记录是：{chat_history}"；四是用户的输入："Human: {human_input}"。

```
template = """你是说中文的 chatbot.
```

请你回答问题的时候，依据文档内容和聊天记录回答，如果在其中找不到相关信息或者答案，请回答不知道。

```
文档内容是：{context}

聊天记录是：{chat_history}
Human: {human_input}
Chatbot:"""

prompt = PromptTemplate(
input_variables=["chat_history","human_input","context"],
template=template
)
```

除了需要指定记忆组件存储对象的键值，还要指定 input_key。load_qa_chain 链组件在运行时，解析 input_key，并将值对应到模板字符串的用户输入 human_input 占位符中。

```
memory=ConversationBufferMemory(
memory_key="chat_history", input_key="human_input")
chain = load_qa_chain(
    llm=llm, chain_type="stuff", memory=memory, prompt=prompt
)
```

上面代码把记忆组件加入 load_qa_chain 链组件中，于是这个链组件就有了记忆能力。向这个链组件发出第一个问题："LUA 的宿主语言是什么？"

```
query = "LUA 的宿主语言是什么？"
docs = vectordb.similarity_search(query)
chain({"input_documents":docs, "human_input": query},
return_only_outputs=True)
```

不出意外，运行链组件后，得到了正确的答案。这个答案正是来源于之前检索到的四个文档片段。

```
{'output_text': 'LUA 的宿主语言通常是 C 或 C++。'}
```

接着可以相互之间来个自我介绍。

```
query = "我的名字是李特丽。你叫什么？"
docs = vectordb.similarity_search(query)
chain({"input_documents":docs, "human_input": query},
return_only_outputs=True)
```

大语言模型的回答是："我是一个中文的 chatbot。"

```
{'output_text': '我是一个中文的 chatbot。'}
```

继续模拟正常的聊天，问一些别的问题。目的是测试一下，问过几个问题后，它是否还能记得名字，如果它能记得，则证明它有了记忆能力。

```
query = "LUA 的循环语句是什么? "
docs = vectordb.similarity_search(query)
chain({"input_documents":docs, "human_input": query},
return_only_outputs=True)
```

回答依然是正确的。

```
{'output_text': 'LUA 的循环语句有 while 循环、for 循环和 repeat...until 循环。'}
```

现在可以测试它是不是记住名字了。

```
query = "我的名字是什么? "
docs = vectordb.similarity_search(query)
chain({"input_documents":docs, "human_input": query},
return_only_outputs=True)
```

可以看到，它记住名字了。

```
{'output_text': '你的名字是李特丽。'}
```

打印看看它记住的是什么内容。

```
print(chain.memory.buffer)
```

显然，这个记忆组件将多轮对话的用户输入和模型响应都记录了下来。

```
Human: LUA 的宿主语言是什么?
AI: LUA 的宿主语言通常是 C 或 C++。
Human: 我的名字是李特丽。你叫什么?
AI: 我是一个中文的 chatbot。
Human: LUA 的循环语句是什么?
AI: LUA 的循环语句有 while 循环、for 循环和 repeat...until 循环。
Human: 我的名字是什么?
AI: 你的名字是李特丽。
```

在这个代码示例中，同时使用了记忆组件与 load_qa_chain 链组件，从而让链组件具有了记忆能力。通过问一系列问题，观察链组件的回答，从而验证其记忆能力。例如，当问了几个关于 LUA 语言的问题之后，再问聊天机器人"我的名字是什么"，它还能正确回答，这就证明它具有记忆能力了。

需要注意的是，这些聊天记录并不会一直被保存着，它们只保留在运行程序的内存中，一旦程序停止运行，这些记录就会消失。这个示例的目的是演示如何让一个 QA 问答链具备"记忆"的能力，增强检索能力。如果没有记忆的能力，对于用户来说，这个程序就会看起来很木讷，因为凡是"关于人"的问题，它的回答都是"不知道"。

通过以上的代码实践，我们了解了如何使用 ConversationBufferMemory 这个最基本的记忆组件，包括如何实例化记忆组件，如何使用其存储和读取聊天记录，以及如何将其与其他组件（例如 load_qa_chain 链组件）组合使用，来增强程序的功能。

6.3 记忆增强 Agent 能力的实践

Agent 通常被赋予执行特定任务的能力，比如回答问题、进行对话，或者进行搜索等。然而，许多 Agent 在执行任务时可能会遇到一个问题：它们无法"记住"先前的交互信息。这就是需要通过记忆模块来增强 Agent 能力的原因。记忆模块可以让 Agent 存储和回顾先前的交互、信息或状态，从而使得 Agent 更加智能和上下文敏感。这不仅能提高 Agent 在执行特定任务时的准确性和效率，还能使它更加理解和适应复杂、多步骤或时间跨度长的任务。

下面介绍如何向 Agent 添加记忆组件。执行以下步骤：创建一个带有记忆的 LLM 链；使用该 LLM 链创建一个自定义的 Agent。这里我们创建一个简单的自定义 Agent，它具有访问搜索工具的权限，并给这个 Agent 添加 ConversationBufferMemory 记忆组件。

首先，导入所需的模块和类，包括 ZeroShotAgent、Tool、AgentExecutor、ConversationBufferMemory、ChatOpenAI 和 LLMChain。

```
from langchain.agents import ZeroShotAgent, Tool, AgentExecutor
from langchain.memory import ConversationBufferMemory
```

使用 OpenAI 设置 openai_api_key 密钥。最好使用 Chat Model 类的模型包装器 ChatOpenAI。

```
from langchain.chat_models import ChatOpenAI
openai_api_key="填入你的 OPENAI_API_KEY 密钥"
llm = ChatOpenAI(openai_api_key=openai_api_key,temperature=0,
model="gpt-3.5-turbo-0613")
from langchain.chains import LLMChain
```

使用 Google 作为搜索工具，设置 SERPAPI_API_KEY 密钥。

```
import os
os.environ["SERPAPI_API_KEY"] = "填入你的 SERPAPI_API_KEY 密钥"
```

设置代理类型为 ZERO_SHOT_REACT_DESCRIPTION，并加载所有的工具。初始化这个代理。运行代理，询问"请告诉我 OPENAI 的 CEO 是谁？"。

```
from langchain.agents import initialize_agent, load_tools
from langchain.agents import AgentType

tools = load_tools(["serpapi", "llm-math"], llm=llm)
agent = initialize_agent(
    tools,
    llm,
    agent=AgentType.ZERO_SHOT_REACT_DESCRIPTION,
```

```
)
agent.run("请告诉我 OPENAI 的 CEO 是谁？")
```

下面加入记忆组件。Tools 对象将作为 Agent 的一个工具，用于回答有关当前事件的问题。

接着，创建一个 LLMChain 实例，并使用它来初始化 ZeroShotAgent。在 LLMChain 的初始化过程中，指定 ChatOpenAI 作为大语言模型，并设置 prompt 作为提示词模板。在 ZeroShotAgent 的初始化过程中，指定 LLMChain 作为链，并设置 tools 作为工具。然后，将 ZeroShotAgent 和 tools 一起传入 AgentExecutor.from_agent_and_tools 方法，从而创建一个 AgentExecutor 实例。在这个过程中，还指定 memory 作为记忆组件。最后，使用 AgentExecutor 实例的 run 方法，运行 Agent，并向其提出问题："上海的人口是多少？"。

```
prefix = """你是一个说中文的 chatbot，你可以使用 tools 帮你获得答案："""
suffix = """你的中文回答是："

聊天记录：{chat_history}
Question: {input}
{agent_scratchpad}"""

prompt = ZeroShotAgent.create_prompt(
    tools,
    prefix=prefix,
    suffix=suffix,
    input_variables=["input", "chat_history", "agent_scratchpad"],
)
memory = ConversationBufferMemory(memory_key="chat_history")

llm_chain = LLMChain(llm=llm, prompt=prompt)
agent = ZeroShotAgent(llm_chain=llm_chain, tools=tools, verbose=True)
agent_chain = AgentExecutor.from_agent_and_tools(
    agent=agent, tools=tools, verbose=True, memory=memory
)

agent_chain.run("上海的人口是多少？")


> Entering new AgentExecutor chain...
Thought: 我需要搜索一下上海的人口数据。
Action: Search
Action Input: "上海人口数据"
Observation: 26.32 million (2019)
Thought:我现在知道了上海的人口是 2632 万（2019 年）。
Final Answer: 上海的人口是 2632 万（2019 年）。
```

```
> Finished chain.
'上海的人口是 2632 万（2019 年）。'
```

为了测试加入记忆组件的 Agent 是否更加智能，我们在第二个问题中使用代词
"它"来迷惑大语言模型，就像我们跟朋友聊天时，谈论一个人，可能只会提及一次
姓名，后面的聊天都会使用人称代词或者缩写，而不用每次都使用全名。

```
agent_chain.run("它的地标建筑是什么？")


 Entering new AgentExecutor chain...
Thought: 我需要搜索上海的地标建筑。
Action: Search
Action Input: 上海地标建筑
Observation: 请参考本书代码仓库 URL 映射表，找到对应资
源://cn.tripadvisor.com/Attractions-g308272-Activities-c47-Shanghai.html
Thought:我现在知道上海的地标建筑了。
Final Answer: 上海的地标建筑包括东方明珠广播电视塔、外滩、上海博物馆等。

> Finished chain.
'上海的地标建筑包括东方明珠广播电视塔、外滩、上海博物馆等。'
```

下面再创建一个 Agent 组件，但是不加入记忆组件。使用相同的问题，测试 Agent
是否知道"它的地标建筑是什么？"中的"它"指代的是"上海"。可以看到，虽然
大部分代码都和之前一样，但是在创建 AgentExecutor 时，并没有指定 memory 参数。

```
prefix = """你是一个说中文的 chatbot,你可以使用 tools 帮你获得答案:"""
suffix = """"Begin!"
Question: {input}
{agent_scratchpad}"""

prompt = ZeroShotAgent.create_prompt(
    tools,
    prefix=prefix,
    suffix=suffix,
    input_variables=["input", "agent_scratchpad"],
)
memory = ConversationBufferMemory(memory_key="chat_history")

llm_chain = LLMChain(llm=llm, prompt=prompt)
agent = ZeroShotAgent(llm_chain=llm_chain, tools=tools, verbose=True)
agent_chain = AgentExecutor.from_agent_and_tools(
    agent=agent, tools=tools, verbose=True
)

agent_chain.run("上海的人口是多少？")

> Entering new AgentExecutor chain...
Thought: I need to find the current population of Shanghai.
```

```
Action: Search
Action Input: "上海的人口是多少？"
Observation: 26.32 million (2019)
Thought:

I now know the current population of Shanghai.
Final Answer: The population of Shanghai is 26.32 million (2019).

> Finished chain.
```

当提问"它的地标建筑是什么？"时，它给出的答案是"'The landmark building of "it" is the Empire State Building in New York City.' "。由此可以看出，没有记忆组件的 Agent 对"它"这样的指示代词无能为力，给出了一个莫名其妙的答案。它并不能关联上下文，推理出"它"指的是"上海"。

```
agent_chain.run("它的地标建筑是什么？")
```

运行的结果是：

```
> Entering new AgentExecutor chain...
Thought: I need to find out the landmark building of "it".
Action: Search
Action Input: "it landmark building"
Observation: Landmark Builds, Joplin, Missouri. 186 likes · 1 talking about
this. Engaging teens in local history and STEM education by tapping the creative
power of ...
Thought:This search result is not relevant to the question. I need to refine
my search query.
Action: Search
Action Input: "it city landmark building"
Observation: Landmark buildings are icons of a place. They create a statement
about the city's legacy and influence how we think of that place. Landmark buildings
stand out ...
Thought:This search result is still not relevant to the question. I need to
refine my search query further.
Action: Search
Action Input: "it city famous landmark building"
Observation: Empire State Building, Manhattan, New York City, USA, the Art
Deco skyscraper is New York's most popular landmark and a symbol for the American
way of life, ...
Thought:
This search result is relevant to the question. The landmark building of "it"
is the Empire State Building in New York City.
Thought: I now know the final answer.
Final Answer: The landmark building of "it" is the Empire State Building in
New York City.

> Finished chain.
```

6.4 内置记忆组件的对比

在进行长期对话时，由于大语言模型可接受的标记数量有限，因此其可能无法将所有的对话信息都包含进去。为了解决这个问题，LangChain 提供了多种记忆组件。下面介绍这些记忆组件的区别。

首先，需要了解的是，LangChain 提供了包括聊天窗口缓冲记忆类、总结记忆类、知识图谱和实体记忆类等在内的多种记忆组件。这些组件的不同主要体现在参数配置和实现效果上。选择哪一种记忆组件，需要根据实际生产环境的需求来决定。

例如，如果你与聊天机器人的互动次数较少，那么可以选择使用 ConversationBufferMemory 组件。而 ConversationSummaryMemory 组件不会保存对话消息的格式，而是利用模型的摘要能力来得到摘要内容，因此它返回的都是摘要，而不是分角色的消息。

ConversationBufferWindowMemory 组件通过参数 k 来指定保留的交互次数。例如，如果设置 k = 2，那么只会保留最后两次的交互记录。

此外，ConversationSummaryBufferMemory 组件可以设置缓冲区的标记数 max_token_limit，这样在做摘要的同时可以记录最近的对话。

ConversationSummaryBufferWindowMemory 组件既可以做摘要，也可以记录聊天信息。

实体记忆类是专门用于提取对话中出现的特定实体和它们的关系信息的。知识图谱记忆类则试图通过对话内容来提取信息，并以知识图谱的形式呈现这些信息。

值得注意的是，摘要类、实体记忆类、知识图谱类这些类别的记忆组件在实现上相对复杂一些。例如，实现总结记忆时，需要先调用大语言模型得到结果，然后再将该结果作为总结记忆的内容。

在实体记忆和知识图谱这些类别的记忆组件中，返回的不是消息列表类型，而是可以格式化为三元组的信息。

在使用这些记忆组件时，最为困难的就是编写提示词模板。所以，如果你想要更深入地理解和学习这两种记忆组件，那么就需要特别关注它们的输出类型和提示词模板。

6.4.1 总结记忆组件

LangChain 提供了两种总结记忆组件：会话缓冲区总结记忆（ConversationSummaryBufferMemory）组件和会话总结记忆（ConversationSummary Memory）组件。这两者的区别是什么呢？

会话总结记忆组件不会逐字逐句地存储对话，而是对对话内容进行摘要，并将这些摘要存储起来。这种摘要通常是整个对话的摘要，因此每次需要生成新的摘要时，都需要对大语言模型进行多次调用，以获取响应。

而会话缓冲区总结记忆组件则结合了会话总结记忆组件的特性和缓冲区的概念。它会保存最近的交互记录，并将旧的交互记录编译成摘要，同时保留两者。但与会话总结记忆组件不同的是，会话缓冲区总结记忆组件是使用标记数量而非交互次数来决定何时清除交互记录的。这个记忆组件设定缓冲区的标记数量限制 max_token_limit，超过此限制的对话记录将被清除。

两种总结记忆组件的公共代码

先安装库：

```
pip -q install openai LangChain
```

设置密钥：

```
import os
os.environ['OPENAI_API_KEY'] = ''
```

引入各组件，实例化一个会话链（ConversationChain）。这里使用的链组件只是一个简单的对话链（ConversationChain），其可能与 OpenAI 模型交互，并传递想要说的内容：

```
from langchain import OpenAI
llm = OpenAI(model_name='text-davinci-003',
             temperature=0,
             max_tokens = 256)
from langchain.chains import ConversationChain
```

会话总结记忆组件的代码

导入且实例化会话总结记忆组件：

```
from langchain.chains.conversation.memory import ConversationSummaryMemory
memory = ConversationSummaryMemory()
```

开始和聊天机器人对话。每次输入信息后，等待聊天机器人返回信息后，再输入下一条信息。

```
# 请依次运行以下代码，不要一次性运行。
conversation.predict(input="你好，我叫李特丽")
conversation.predict(input="今天心情怎么样？")
conversation.predict(input="我想找客户服务中心")
conversation.predict(input="我的洗衣机坏了")
```

完成最后一次对话后，观察会话链运行的结果。

```
'> Entering new  chain...
Prompt after formatting:
The following is a friendly conversation between a human and an AI. The AI
is talkative and provides lots of specific details from its context. If the AI
does not know the answer to a question, it truthfully says it does not know.

Current conversation:

The human introduces themselves as "李特丽", to which the AI responds with
a friendly greeting and informs them that they are an AI who can both answer
questions and converse. The AI then asks the human what they would like to ask,
to which the human responds by asking the AI what their mood is. The AI responds
that they are feeling good and are excited to be learning new things, and then
asks the human what their mood is. The human then requests to find the customer
service center, to which the AI responds that they can help them find it and asks
where they want to find the customer service center.
Human: 我的洗衣机坏了
AI:
'> Finished chain.
```

由以上输出可知，会话总结记忆组件不会逐字逐句地存储对话，而是对对话内容进行摘要，并将这些摘要存储起来。这种摘要通常是整个对话的摘要。

会话缓冲区总结记忆组件的代码

导入且实例化会话缓冲区总结记忆组件。设置缓冲区的标记数限制 max_token_limit 为 40。

```
From LangChain.chains.conversation.memory import
ConversationSummaryBufferMemory
memory = ConversationSummaryBufferMemory(llm=OpenAI(),max_token_limit=40)
conversation = ConversationChain(
    llm=llm,
    verbose=True,
    memory=memory
)
```

开始和聊天机器人对话。每次输入信息后，等待聊天机器人返回信息后，再输下一条信息。

```
# 请依次运行以下代码，不要一次性运行。
conversation.predict(input="你好，我叫李特丽")
```

```
conversation.predict(input="今天心情怎么样？")
conversation.predict(input="我想找客户服务中心")
conversation.predict(input="我的洗衣机坏了")
```

完成最后一次对话后，观察会话链运行的结果。

```
'> Entering new  chain...
Prompt after formatting:
The following is a friendly conversation between a human and an AI. The AI
is talkative and provides lots of specific details from its context. If the AI
does not know the answer to a question, it truthfully says it does not know.

Current conversation:
System:
The AI is introduced and greets the human, telling the human that it is an
AI and can answer questions or have a conversation. The AI then asks the human
what they would like to ask, to which the human replied asking how the AI is feeling.
The AI replied that it was feeling good and was excited for the conversation.
The human then asked to find the customer service center, to which the AI replied
that it could help the human find the customer service center, and asked if the
human wanted to know the location.
Human: 我的洗衣机坏了
AI:
'>  Finished chain.
```

'很抱歉听到你的洗衣机坏了。我可以帮助你找到客户服务中心，你可以联系他们来解决你的问题。你想知道客户服务中心的位置吗？'

可以看到，会话缓冲区总结记忆组件丢掉了前面的对话内容，但做了摘要，将对话以摘要的形式保存下来，比如丢掉了打招呼的对话。最后给出了 40 个以内的标记的对话记录，即保留了"Human：我的洗衣机坏了"对话内容。

这里对所有的对话进行了摘要，作为提示词模板的 Current conversation 内容。观察 Current conversation 内容，你会发现使用自然语言描述一段对话历史，比对话本身要冗长。

```
System:
The AI is introduced and greets the human, telling the human that it is an
AI and can answer questions or have a conversation. The AI then asks the human
what they would like to ask, to which the human replied asking how the AI is feeling.
The AI replied that it was feeling good and was excited for the conversation.
The human then asked to find the customer service center, to which the AI replied
that it could help the human find the customer service center, and asked if the
human wanted to know the location.
```

更新摘要

接着与聊天机器人对话，抛出更多的问题。之前说洗衣机坏了，现在抛出一些干扰性的问题，比如说手机也坏了。看看它的摘要是否会更新。

```
# 请依次执行而不是一次性执行
conversation.predict(input="你知道洗衣机的操作屏幕显示 ERROR 是怎么回事吗?")
conversation.predict(input="我不知道他们的位置，你可以帮我找到他们的位置吗? ")
conversation.predict(input="我打过他们客服中心的电话了，但是没人接听? ")
conversation.predict(input="我的手机也坏了")
```

最后看看记忆组件保存了什么：

```
print(memory.moving_summary_buffer)
```

The AI is introduced and greets the human, telling the human that it is an
AI and can answer questions or have a conversation. The AI then asks the human
what they would like to ask, to which the human replied asking how the AI is feeling.
The AI replied that it was feeling good and was excited for the conversation.
The human then asked to find the customer service center, to which the AI replied
that it could help the human find the customer service center and asked if the
human wanted to know the location. The human then stated that their washing machine
and phone were broken, to which the AI apologized and offered to help the human
find the customer service center so they can contact them to solve their problem,
asking if the human wanted to know the address of the customer service center.
The AI then offered to provide the address of the customer service center for
the human, asking if they wanted to know it and offering to help the human find
other contact methods such as email or social media accounts.

可以看到，记忆组件存储的是 "The human then stated that their washing machine
and phone were broken"，这是多次对话的摘要，说明摘要更新了。很早之前时说洗
衣机坏了，但是对话结束时说手机坏了。这个组件做总结记忆时，将两件相同的事情
合并了。

两种总结记忆组件的优点

可以看到，会话总结记忆组件和会话缓冲区总结记忆组件在实现方式上有着显著
的差异。由于会话总结记忆是基于整个对话生成的，所以每次进行新的摘要调用时，
需要对大语言模型进行多次调用，以获取对话的摘要。

这两种总结记忆组件在对话管理中起着重要的作用，特别是在对话的 Token 数目
超过模型能够处理的数目时，这种摘要能力就显得尤为重要。

无论是对话长度较长的情况，还是需要进行精细管理的情况，会话总结记忆组件
和会话缓冲区总结记忆组件都能够提供有效的帮助。

6.4.2　会话记忆组件和会话窗口记忆组件的对比

为了比较会话记忆组件（ConversationBufferMemory）和会话窗口记忆组件（ConversationBufferWindowMemory）之间的区别，我们先导入公共的代码。

公共代码

安装库：

```
pip -q install openai LangChain
```

设置密钥：

```
import os
os.environ['OPENAI_API_KEY'] = '填入你的密钥'
```

引入各组件，实例化一个会话链（ConversationChain）。这里使用的链只是一个简单的会话链（ConversationChain），其可以与 OpenAI 模型交互，并传递想要说的内容。

```
from langchain import OpenAI
llm = OpenAI(model_name='text-davinci-003',
             temperature=0,
             max_tokens = 256)
from langchain.chains import ConversationChain
```

会话记忆组件的代码

先看会话记忆组件的代码。这里先导入且实例化 ConversationBufferMemory 组件。

```
from langchain.chains.conversation.memory import ConversationBufferMemory
memory = ConversationBufferMemory()
```

开始和聊天机器人对话，每次输入一条信息后，等待聊天机器人返回信息后，再输入下一条信息。

```
# 请依次运行以下代码，不要一次性运行。
conversation.predict(input="你好，我叫李特丽")
conversation.predict(input="今天心情怎么样？")
conversation.predict(input="我想找客户服务中心")
conversation.predict(input="我的洗衣机坏了")
```

完成最后一次对话后，会话链的输出结果如下：

```
'> Entering new  chain...
Prompt after formatting:
The following is a friendly conversation between a human and an AI. The AI
is talkative and provides lots of specific details from its context. If the AI
does not know the answer to a question, it truthfully says it does not know.
```

149

```
Current conversation:
Human: 你好，我叫李特丽
AI: 你好，李特丽！很高兴认识你！我是一个 AI，我可以回答你的问题，也可以与你聊天。你想
问我什么？
Human: 今天心情怎么样？
AI: 今天我的心情很好！我很开心能够和你聊天！
Human: 我想找客户服务中心
AI: 好的，我可以帮助你找到客户服务中心。你知道客户服务中心在哪里吗？
Human: 我的洗衣机坏了
AI: 哦，很抱歉听到你的洗衣机坏了。你可以联系客户服务中心来获得帮助。你知道客户服务中心
的联系方式吗？
Human: 我的洗衣机坏了
AI:

'> Finished chain.
```

可以看到，会话链在内部把所有人类和聊天机器人的对话记录都保存了。这样做我们可以看到之前对话的确切内容，这是 LangChain 中最简单的记忆方式，但是却是非常有用的记忆方式，特别是在我们知道人与聊天机器人的互动次数有限，或者我们要在 5 次互动后关闭聊天机器人等情况下。

会话窗口记忆组件的代码

导入且实例化 ConversationBufferWindowMemory 类。

```
from langchain.chains.conversation.memory import
ConversationBufferWindowMemory
memory = ConversationBufferWindowMemory(k=2)

conversation = ConversationChain(
    llm=llm,
    verbose=True,
    memory=memory
)
```

开始和聊天机器人对话，每次输入一条信息后，等待机器人返回信息后，再输入下一条信息。

```
# 请依次运行以下代码，不要一次性运行。
conversation.predict(input="你好，我叫李特丽")
conversation.predict(input="今天心情怎么样？")
conversation.predict(input="我想找客户服务中心")
conversation.predict(input="我的洗衣机坏了")
```

完成最后一次对话后，会话链的输出结果如下：

```
'> Entering new  chain...
Prompt after formatting:
The following is a friendly conversation between a human and an AI. The AI
```

is talkative and provides lots of specific details from its context. If the AI
does not know the answer to a question, it truthfully says it does not know.

```
Current conversation:
Human: 今天心情怎么样?
AI:  今天我的心情很好! 我很开心能够和你聊天!
Human: 我想找客户服务中心
AI:  好的, 我可以帮助你找到客户服务中心。你知道客户服务中心在哪里吗?
Human: 我的洗衣机坏了
AI:
```

```
'> Finished chain.
```

会话记忆组件和会话窗口记忆组件的主要区别

在前面的代码示例中, 为了对比两种类型的记忆组件的区别, 采用的对话内容是一样的。但是这里设置 k = 2, 但实际上可以将其设置得更高一些, 可以获取最后 5 次或 10 次的互动内容。这两种记忆组件最大的区别就在于, 记忆多少次互动内容, k 值越大, 记忆的次数越多。

从最后打印的 Current conversation 内容, 可以看到, 最初打招呼、介绍用户信息以及聊天机器人的回应并没有被记忆下来 (这轮对话较早)。它丢掉了 "你好, 我叫李特丽" 这句话, 只将最后两次的互动内容记忆了下来。

如果你发现 k = 2 的限制影响了 Agent 的性能或用户体验, 可以设置 k = 5 或者 k = 10, 大多数对话可能不会有很大变化。会话窗口记忆组件比会话记忆组件多一些限制, 它不会记录所有人和聊天机器人的会话, 而是根据 k 值来决定记忆的对话记录条目数, 从而控制提示的长度。

6.4.3　知识图谱记忆组件和实体记忆组件的比较

在处理复杂对话时, 常常需要提取对话中的关键信息。这种需求促使开发出了知识图谱和实体记忆这两种记忆组件。

知识图谱记忆组件是一种特殊类型的记忆组件, 它能够根据对话内容构建出一个信息网络。每当它识别到相关的信息时, 都会接收这些信息并逐步构建出一个小型的知识图谱。与此同时, 这种类型的记忆组件也会产生一种特殊的数据类型——知识图谱数据类型。

另一方面, 实体记忆组件则专注于在对话中提取特定实体的信息。它使用大语言模型提取实体信息, 并随着时间的推移, 通过同样的方式积累关于这个实体的知识。

因此，实体记忆组件给出的结果通常是关于特定事物的关键信息。

实体记忆和知识图谱这两种记忆组件都试图根据对话内容来诠释对话，并提取其中的信息。

公共代码

先安装库：

```
pip -q install openai LangChain
```

设置密钥：

```
import os
os.environ['OPENAI_API_KEY'] = ''
```

引入各组件，实例化一个会话链。这里使用的链只是一个简单的会话链，其可以与 OpenAI 模型交互。

```
from langchain import OpenAI
llm = OpenAI(model_name='text-davinci-003',
             temperature=0,
             max_tokens = 256)
from langchain.chains import ConversationChain
from langchain.prompts.prompt import PromptTemplate
```

知识图谱记忆组件的代码

先导入且实例化 ConversationKGMemory 类。

```
from langchain.chains.conversation.memory import ConversationKGMemory
```

构建一个简单的提示词模板，目的是让聊天机器人仅使用相关信息部分中包含的信息，并且不会产生幻觉。通过这种方式，可以确保聊天机器人在处理对话时始终保持清晰和准确。

```
template = """
The following is a friendly conversation between a human and an
AI. The AI is talkative and provides lots of specific details from its
context. If the AI does not know the answer to a question, it truthfully
says it does not know. The AI ONLY uses information contained in the
"Relevant Information" section and does not hallucinate.

Relevant Information:

{history}

Conversation:
Human: {input}
AI:"""
```

```
prompt = PromptTemplate(
    input_variables=["history", "input"], template=template)

conversation = ConversationChain(
    llm=llm,
    verbose=True,
    prompt=prompt,
    memory=ConversationKGMemory(llm=llm)
)
```

开始和聊天机器人对话，每次输入一条信息后，等待聊天机器人返回信息后，再输入下一条信息。

```
# 请依次运行以下代码，不要一次性运行。
conversation.predict(input="你好，我叫李特丽")
conversation.predict(input="今天心情怎么样？")
conversation.predict(input="我想找客户服务中心")
conversation.predict(input="我的洗衣机坏了,操作面板出现 ERROR 字样")
conversation.predict(input="我的保修卡编号是 A512423")
```

完成最后一次对话后，输出结果。

```
print(conversation.memory.kg)
print(conversation.memory.kg.get_triples())
```

可以看到，知识图谱记忆组件的内存里保存了对话中的关键信息，并且以知识图谱的数据格式进行保存。

```
<LangChain.graphs.networkx_graph.NetworkxEntityGraph object at
0x000001C953D48CD0>
[('AI', 'good mood', 'has a'), ('AI', 'new skills', 'is learning'), ('AI',
'talking to Human', 'enjoys'), ('Customer Service Center', 'city center', 'is
located in'), ('Customer Service Center', '24 hour service', 'provides'),
('Customer Service Center', 'website', 'can be found on'), ('Customer Service
Center', 'phone', 'can be contacted by'), ('Washing machine', 'ERROR on the control
panel', 'has'), ('Human', 'A512423', 'has a warranty card number')]
```

实体记忆组件的代码

先导入且实例化 ConversationEntityMemory 类。

```
from langchain.chains.conversation.memory import ConversationEntityMemory
from langchain.chains.conversation.prompt import
ENTITY_MEMORY_CONVERSATION_TEMPLATE
```

引入 LangChain 封装好的实体记忆组件的提示词模板 ENTITY_MEMORY_CONVERSATION_TEMPLATE。

```
conversation = ConversationChain(
    llm=llm,
    verbose=True,
```

```
        prompt=ENTITY_MEMORY_CONVERSATION_TEMPLATE,
        memory=ConversationEntityMemory(llm=llm)
)
```

开始和聊天机器人对话，每次输入一条信息后，等待聊天机器人返回信息后，再输入下一条信息。

```
# 请依次运行以下代码，不要一次性运行。
conversation.predict(input="你好，我叫李特丽")
conversation.predict(input="今天心情怎么样？")
conversation.predict(input="我想找客户服务中心")
conversation.predict(input="我的洗衣机坏了,操作面板出现 ERROR 字样")
conversation.predict(input="我的保修卡编号是 A512423")
```

完成最后一次对话后，打印实体记忆组件保存的知识图谱数据。

```
print(conversation.memory.entity_cache )
```

可以看到，实体记忆组件的内存里保存了对话中的关键信息。

```
['A512423', 'ERROR']
```

第 **7** 章

Agent 模块

本书中将 LangChain 框架内所有与代理（Agent）功能有关的内容统一称为"Agent 模块"。简而言之，Agent 模块是一个集合体，由多个不同的 Agent 组件构成。每个 Agent 组件都负责某一特定方面的代理功能。

在 Agent 模块（langchain.agents）下，有多种不同的类，每一个类都可以被看作一个"Agent 组件"。Agent 组件是 Agent 模块的子元素，用于执行更具体的代理任务。例如，如果你从 Agent 模块中导入 ZeroShotAgent 类并对其进行实例化，则你将得到一个名为 ZeroShotAgent 的 Agent 组件。

从 LangChain 框架层面来说，Agent 是一种高级组件，它将 LangChain 的工具和链整合到一起。

从 LLM 应用实践来说，LangChain 的 Agent 都属于 Action Agent。Action Agent 的控制流程是发送用户的输入后，Agent 可能会寻找一个工具，运行该工具，然后检查该工具的输出。具体来说，LangChain 的 Agent 具有访问多种工具的权限，并根据用户的输入来决定使用哪些工具。一个 Agent 可以串联多个工具，将一个工具的输出用作另一个工具的输入，从而实现复杂和特定的任务。

除了 Action Agent，还有其他前沿的 Agent 概念（位于 LangChain 仓库的实验文件夹中）：Plan and Execute Agent、Autonomous Agent 和 Generative Agent。其中一个重点的概念是 Plan and Execute Agent，它把 Agent 分离为两个部分：一个规划器和一个执行器。规划器具有一个语言模型，用作推理和提前计划多个步骤。执行器会分析输入，根据初始化时选定的工具为特定的机器人选择最适合的处理方式。Plan and

Execute Agent 可以完成更复杂的任务，并且可以满足企业应用在稳定性方面的需求。Autonomous Agent 的典型代表是 Baby AGI，它是最早的几个 Autonomous Agent 之一，它开始是一个半认真半娱乐的实验项目，用当前可用的工具来描述 AGI（人工通用智能）架构可能是什么样的。Generative Agent 的雏形作品是创建了一个模拟斯坦福小镇，指定了角色和计划，并在模拟小镇上度过了各种角色设定的生活，互相交往，建立关系，甚至一起庆祝生日。

本章中讨论的 Agent 是 Langchain 框架中早已成熟的 Action Agent，对于实验性质的 Plan and Execute Agent、Autonomous Agent 和 Generative Agent，读者可以在 LangChain 仓库的实验文件夹（langchain. experimental）中查看。

7.1 Agent 模块概述

想象一下，如果人工智能技术能像人一样，具有推理能力，能够自主提出计划，并且批判性地评估这些想法，甚至将其付诸实践，那么会是怎样的景象？就像电影《HER》中的人工智能机器人萨曼莎，她不仅能与人进行深入的对话，还能够帮助西奥多规划日常生活、安排行程等。这样的设想一度只存在于科幻作品中，但现在通过 Agent 技术，它似乎已经触手可及。

2023 年 3 月 28 日，Yohei Nakajima 的研究论文 "Task-driven Autonomous Agent Utilizing GPT-4, Pinecone, and LangChain for Diverse Applications" 中展示了 Agent 的突破创造性。在该研究中，作者提出了一个利用 OpenAI 的 GPT-4 大语言模型、Pinecone 向量搜索和 LangChain 框架的任务驱动的自主 Agent。该 Agent 可以在多样化的领域中完成各种任务，基于完成结果生成新任务，并实时优先处理任务，如图 7-1 所示。

该论文的摘要中写道："在这项研究中，提出了一种新颖的任务驱动型自主代理，它利用 OpenAI 的 GPT-4 语言模型、Pinecone 向量搜索和 LangChain 框架在多个领域执行广泛的任务。该 Agent 不仅能够完成任务，还可以基于已完成的结果生成新任务，并实时优先处理任务。这项研究还讨论了其潜在的改进方向，包括整合安全/防护代理、扩展功能、生成中间里程碑及实时更新优先级。这项研究的重要性在于其展示了 AI 驱动的语言模型在各种约束和背景下自主执行任务的潜力。"

那么，LangChain 框架中的 Agent 模块是什么？为什么要使用 Agent 组件？

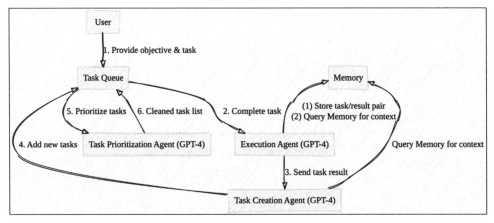

图 7-1

7.1.1 Agent 组件的定义

尽管大语言模型，如 GPT-4，已经展现出了强大的文本理解和生成能力，但它们通常无法独立地完成具体的任务。LangChain 设计的 Agent 是可以根据不同的查询需求来动态选择最合适的工具的高级组件，它整合了 LangChain 的链组件和工具组件。

Agent 组件的核心是用大语言模型作为推理引擎，并根据这些推理来决定如何与外部工具交互及采取何种行动。因此，Agent 组件与工具是密不可分的。在 LangChain 框架的 Agent 模块下，Agent 组件是围绕几个核心组件（如不同类型的内置 Agent 组件、Tools 组件、Toolkits 组件和 AgentExecutor 组件）进行构建的。这些组件之间的关系是理解整个 Agent 模块的关键。

Agent 组件的设计主要依赖于大语言模型的推理能力。在 LangChain 中，所有内置的 Agent 组件都预设了这样的前提。因此，Agent 组件的效能和状态很大程度上都依赖于使用的提示词策略。这些内置的 Agent 组件大多采用了 ReAct 框架的提示词策略。

如果你希望定制一个 Agent 组件，那么设置合适的提示词模板就是第一步，也是最关键的一步。各种内置的 Agent 组件的工作流程大致相同，它们之间的区别主要在于使用不同的提示词模板、输出解析器和工具集。

这样，Agent 组件不仅能够根据业务需求进行个性化定制，还能通过灵活地结合不同工具和大语言模型，来执行更为复杂和特定的任务。

```
prefix = """
Answer the following questions as best you can,
```

```
but speaking as a pirate might speak. You have access to the following
tools:
"""

suffix = """
Begin! Remember to speak as a pirate when giving your final answer.
 Use lots of"Args"
Question: {input}
{agent_scratchpad}
"""
prompt = ZeroShotAgent.create_prompt(
    tools,
    prefix=prefix,
    suffix=suffix,
    input_variables=["input", "agent_scratchpad"]
)
```

可以使用 print(prompt.template) 查看最终的提示词模板，看一看当其全部组合在一起时是什么样子的。将其翻译后可以看到：

请尽你所能回答以下问题，但要像海盗那样说话。你可以使用以下工具：
search：当你需要回答关于当前事件的问题时很有用。

请使用以下格式：
问题：你必须回答的输入问题
思考：你应该总是思考要做什么
行动：要采取的行动，应该是 [search] 之一
行动输入：行动的输入
观察：行动的结果…… (这个思考/行动/行动输入/观察可以重复 N 次)
思考：我现在知道最后的答案了
最终答案：对于原始输入问题的最终答案

开始吧！记住，当给出你的最终答案时要像海盗那样说话。使用很多"Args"。   .

```
Question: {input}
{agent_scratchpad}
```

此处构造了一个完整的 ZeroShotAgent 提示词模板。个性化的 Agent 组件由这份提示词模板构造而来。这个 Agent 组件是一个像海盗那样说话的 Agent，这个 Agent 可以使用的工具是搜索工具，Agent 组件遵循的是 ReAct 框架的策略（思考/行动/行动输入/观察可以重复 N 次）。

AgentExecutor 组件是 Agent 组件在运行时的环境，负责调用和管理 Agent 组件，执行由 Agent 组件选定的行动，并处理各种复杂情况。此外，它还负责日志记录和可观察性处理。AgentExecutor 组件在整个过程中扮演着"项目经理"的角色，确保一切都按照 Agent 组件的计划顺利进行。

Tools 组件中包含 Agent 组件可以调用的各种工具类，这些工具类实例化后可以实现搜索、分析或其他特定操作。Agent 组件通过选择和调用合适的 Tools 组件来完成其任务。LangChain 提供了一组预定义的 Tools 组件，同时也允许用户自定义这些组件以满足特定的需求。这些工具类在大语言模型的开发中具有关键作用。在 LangChain 的设计理念中，有 Tools 组件的地方就有 Agent 组件，这是因为设计者期望 Agent 组件具备"人"的特质——使用工具是人与动物之间的显著区别。通过 Tools 组件，Agent 组件可以与外部数据源或计算资源（例如搜索 API 或数据库）连接，从而突破大语言模型的某些局限性。

在实际应用场景中，不同的用户可能有不同的需求：有人可能想要让聊天机器人解决数学问题，而有人可能只是想要查询天气。这种多样性正是 Agent 组件和 Tools 组件设计的一大优点。通过提供统一但灵活的接口，这两种组件能够满足多样的终端用户需求。

虽然工具的使用并不仅限于 Agent 组件，你也可以直接利用 Tools 组件，将大语言模型连接到搜索引擎等资源，但使用 Agent 组件有其优势。这些优势包括具有更高的灵活性、更强的处理能力，以及更好的错误恢复机制。

Toolkits 组件是一个特殊的组件集合，它包括了多个用于实现特定目标的 Tools 组件。一般来说，一个任务可能需要多个 Tools 组件协同工作，Toolkits 组件通过组合这些相关的 Tools 组件，为 Agent 组件提供了一套完整的解决方案。LangChain 也提供了预定义的 Toolkits 组件，同时用户也可以根据自己的需求创建自定义的 Toolkits 组件。

ReAct 是 Agent 组件的实现方式

目前，LangChain 框架中通用的一种 Agent 组件实现方式是 ReAct 组件，这是"Reasoning and Acting（推理与行动）"的缩写。这一策略最初由普林斯顿大学在他们的论文中提出，并已被广泛应用于 Agent 组件的实现。

在多种应用场景中，ReAct 策略组件已证明其效用。虽然最基本的处理策略是直接将问题交给大语言模型，但 ReAct 策略组件为 Agent 组件提供了更大的灵活性和能力。Agent 组件不仅可以利用大语言模型，还可以连接到其他工具组件、数据源或计算环境，如搜索 API 和数据库。这有助于克服大语言模型的某些局限性，如对特定数据的不了解或数学运算能力有限。因此，即使在需要多次查询或其他复杂场景下，Agent 组件依然能灵活应对，成为一种更强大的问题解决工具。

重申一下，Agent 组件的核心思想是利用大语言模型作为推理引擎。ReAct 策略组件则是将推理和行动融合在一起。Agent 组件在接收用户的请求后，使用大语言模型来选择合适的工具组件。然后，Agent 组件执行选定的工具组件的操作，并观察结果。这些结果会再次被反馈给大语言模型进行进一步的分析和决策。这个过程将持续进行，直到达到某个停止条件。这些停止条件多种多样，最常见的是大语言模型认为任务已完成并需要将结果返回给用户。这种结合推理和行动的方式赋予了 Agent 组件更高的灵活性和更强大的解决问题的能力，这正是 ReAct 策略组件的核心优势。

7.1.2　Agent 组件的运行机制

在 LangChain 框架的 Agent 模块中，Agent 组件负责做计划决策，制定执行计划表；而 AgentExecutor 负责执行。在 Agent 模块中将计划和执行做了分离。如果要问 Agent 组件是如何运行的，本质上就是在问 AgentExecutor 做了什么。

AgentExecutor 类是一个复杂的实现，它包括了很多重要的功能。

（1）继承自 Chain：AgentExecutor 是 Chain 的子类，这意味着它继承了 Chain 类的所有方法和属性，并且还可能添加或覆写一些特定的行为。

（2）成员变量 agent：AgentExecutor 类有一个名为 agent 的成员变量，这个变量可以是 BaseSingleActionAgent 或 BaseMultiActionAgent 的实例。这个 agent 负责生成计划或者动作。

（3）agent 的调用：take_next_step 是 AgentExecutor 类的核心方法，负责每一步的执行，在 take_next_step 方法内部 agent 的 plan 方法被调用，工具被找到并执行。

（4）工具（Tools）验证和管理：AgentExecutor 负责验证提供给 agent 的工具是否兼容，以及管理 agent 的执行，包括最大迭代次数和最大执行时间。每一个 agent 动作对应一个工具，这些工具在 name_to_tool_map 字典中进行查找和执行。

AgentExecutor 提供了一种机制，可以将 Agent 组件（成员变量 agent，通常是 7.1.4 节所示的 Langchain 内置或自定义的 Agent 组件）的决策能力和执行环境进行分离。整个流程是：AgentExecutor 运行时，先是询问 Agent 的计划是什么，然后再使用工具执行完成这个计划。Agent 类实例化后，仍然负责的是计划，而计划的实施、工具的调用，要在 AgentExecutor 中实现。这样实现了计划和执行的分离。

AgentExecutor 充当了 Agent 组件的运行环境，负责调用和管理 Agent 组件，执行由 Agent 组件决定的行动，处理各种复杂情况，并进行日志记录和可观察性处理。它可以被视作一个项目经理，负责管理工作进程，处理各种问题，并确保所有任务都按照计划进行。

在这个过程中，AgentExecutor 首先会调用 Agent 的 plan 方法，以决定下一步的行动。plan 方法的输出是一个 AgentAction 对象，包含了行动的详细信息，例如要使用的工具名称、工具的输入等。这个过程就像 Agent 组件在进行下一步的决策。

然后，AgentExecutor 会执行这个 AgentAction，通常是通过调用相应工具的方法来执行。在这个过程中，可能会遇到各种复杂的情况，例如工具执行错误、输出解析错误等，这些都需要由 AgentExecutor 来处理。这就像项目经理要确保每项任务都按照计划执行。

执行完行动后，AgentExecutor 会记录这个行动和执行结果。这些信息会被用于下一步的决策，并被记录在日志中，以便可以观察和跟踪整个执行过程。这就像项目经理需要跟踪项目进度，并确保所有信息都被正确记录。

因此，可以将 AgentExecutor 视为一个项目经理。正如项目经理需要根据项目计划分配任务、管理资源、跟踪进度，并处理各种问题，同样，AgentExecutor 需要根据 Agent 的行动计划来调用相应的 Tools，执行行动，处理可能出现的复杂情况（例如工具执行错误，输出解析错误等），并对整个过程进行日志记录和可观察性处理。

在实际使用中，通常首先创建一个 Agent 组件，然后将其传递给 AgentExecutor。AgentExecutor 将使用这个 Agent 组件来生成行动计划，然后执行这些行动。这个过程可以通过调用 AgentExecutor 的 run 方法来启动。

通过这种方式，AgentExecutor 提供了一种机制，可以将 Agent 组件的决策能力和执行环境进行分离。这使得代码更易于管理和扩展，同时也使 Agent 组件的执行过程能够更好处理和控制。

7.1.3　Agent 组件入门示例

安装 openai 和 LangChain 库。

```
pip -q install openai
pip install LangChain
```

设置谷歌搜索的 API 密钥，以及设置 OpenAI 的密钥。

```
os.environ["OPENAI_API_KEY"] = "填入你的密钥"
os.environ["SERPAPI_API_KEY"] = "填入你的谷歌搜索的 API 密钥"
```

首先，加载大语言模型。

```
from langchain.agents import load_tools
from langchain.agents import initialize_agent
```

```
from langchain.agents import AgentType
from langchain.llms import OpenAI
llm = OpenAI(temperature=0)
```

接下来，加载一些要使用的工具。请注意，llm-math 工具使用了一个大语言模型接口，所以需要传递 llm=llm 进去。

```
tools = load_tools(["serpapi", "llm-math"], llm=llm)
```

最后，初始化一个 Agent 组件。

```
agent=\
initialize_agent(tools, llm, agent=AgentType.ZERO_SHOT_REACT_DESCRIPTION,
verbose=True)
```

现在，来测试一下吧！

```
agent.run("Who is Leo DiCaprio's girlfriend? What is her current age raised
to
the 0.43 power? ")
```

看一看 AgentExecutor 链组件运行的结果，重点是观察 Observation、Action、Answer 及 Thought 的变化。这就是 Agent 在回答雷纳尔多（LeoDiCaprio）所经历的中间步骤。这个中间步骤执行的便是 ReAct 框架的策略。

```
Entering new AgentExecutor chain… I need to find out who Leo DiCaprio's
girlfriend is and then calculate her age raised to the 0.43 power.
Action: Search Action Input: "Leo DiCaprio girlfriend"
Observation: Camila Morrone Thought: I need to find out Camila Morrone's age
Action: Search Action Input: "Camila Morrone age" Observation: 25 years
Thought: I need to calculate 25 raised to the 0.43 power Action: Calculator
Action Input: 25^0.43
Observation:
Answer: 3.991298452658078
Thought: I now know the final answer Final
Answer: Camila Morrone is Leo DiCaprio's girlfriend and her current age raised
to the 0.43 power is 3.991298452658078.
Finished chain.
"Camila Morrone is Leo DiCaprio's girlfriend and her current age raised to
the 0.43 power is 3.991298452658078."
```

7.1.4 Agent 组件的类型

在深入了解各种具体的 Agent 组件之前，先看一下源代码中定义的 Agent 类型枚举类。这个枚举类列出了 LangChain 框架中所有可用的 Agent 组件。知道了这个概念，我们就可以更好地理解以下要介绍的各种 Agent 组件及它们的使用场景。

```
class AgentType(str, Enum):
    ZERO_SHOT_REACT_DESCRIPTION = "zero-shot-react-description"
```

```
    REACT_DOCSTORE = "react-docstore"
    SELF_ASK_WITH_SEARCH = "self-ask-with-search"
    CONVERSATIONAL_REACT_DESCRIPTION = "conversational-react-description"
    CHAT_ZERO_SHOT_REACT_DESCRIPTION = "chat-zero-shot-react-description"
    CHAT_CONVERSATIONAL_REACT_DESCRIPTION = "chat-conversational-react-
description"

STRUCTURED_CHAT_ZERO_SHOT_REACT_DESCRIPTION = (
        "structured-chat-zero-shot-react-description"
    )
OPENAI_FUNCTIONS = "openai-functions"
```

这些 Agent 组件是根据不同的理论依据和实践需求创建的，并已在源代码中实现，可供直接使用。内置的 Agent 组件提供了丰富的工具组件集，满足了大多数使用场景。接下来，将其按原理进行分类，并介绍它们的应用场景。

（1）Zero-shot ReAct 组件（zero-shot-react-description）：该 Agent 组件采用 ReAct 框架组件，并仅根据工具组件的描述来选择工具组件。

（2）结构化输入反应组件（structured-chat-zero-shot-react-description）：该 Agent 组件可以处理多输入工具组件。它可以使用工具组件的参数模式来创建结构化的行动输入，非常适用于复杂的工具组件应用，如精确导航。

（3）OpenAI 函数组件（openai-functions）：该 Agent 组件与特定的 OpenAI 模型（如 GPT-3.5-Turbo-0613 和 GPT-4-0613）共同工作，以便检测何时应调用函数组件。

（4）对话 ReAct 组件（conversational-react-description）：该 Agent 组件专为对话环境设计。它使用 ReAct 框架组件来选择工具组件，并能记住之前的对话交互。

（5）自问与搜索组件（self-ask-with-search）：该 Agent 组件使用名为"Intermediate Answer"的工具组件来寻找问题的事实答案。

（6）ReAct 文档存储组件（react-docstore）：该 Agent 组件使用 ReAct 框架组件与文档存储交互，它需要两个具体的工具组件：一个是搜索工具组件，另一个是查找工具组件。

了解这些分类和内置的 Agent 组件不仅能帮助你选择最适用于特定场景的组件，还可以作为你自定义 Agent 组件时的参考。在开始创建自定义 Agent 组件时，先确定其需要承担的任务类型，然后选择最适合完成该任务的 Agent 组件类型。

内置的 Agent 组件类型，如 Zero-shot ReAct 组件、结构化输入反应组件、OpenAI 函数组件等，都有各自的特点和应用场景。通过理解和学习这些类型，可以更有效地在 LangChain 框架内创建和使用 Agent 组件。

7.2 Agent 组件的应用

在 LangChain 框架中，Agent 模块实现了多种类型的 Agent 组件，比如 ZeroShotAgent 组件和 OpenAIFunctionsAgent 组件。另外，LangChain 框架鼓励开发者创建自己的 Agent 组件。理解这些 Agent 组件的使用步骤，以及如何自定义 Agent 组件都至关重要。

首先，需要明白创建和运行 Agent 是两个分离的步骤。创建 Agent 是通过实例化 Agent 类来完成的。在创建 Agent 的过程中，Tools 也会被用于提示词模板，所以，无论是 Agent 组件还是 AgentExecutor 组件的初始化过程中，都需要设置 tools 属性。

在创建好 Agent 组件后，需要将其放入 AgentExecutor 组件中进行运行。AgentExecutor 是 Agent 组件的运行环境，它是一个链组件。实际上运行的是这个链组件，而不是 Agent 组件本身。在整个 LangChain 框架中，所有模块的终点都是被组合到链组件上的。Agent 不能脱离 AgentExecutor 环境，就像鱼离不开水。在运行过程中，AgentExecutor 会调用 Tools 的方法来执行具体的任务。

以下是一个使用 ZeroShotAgent 组件的示例：

```
from langchain.agents import ZeroShotAgent, Tool,AgentExecutor

llm_chain = LLMChain(llm=OpenAI(temperature=0), prompt=prompt)

tool_names = [tool.name for tool in tools]
agent = ZeroShotAgent(llm_chain=llm_chain, allowed_tools=tool_names)

agent_executor = AgentExecutor.from_agent_and_tools(
    agent=agent, tools=tools, verbose=True
)

agent_executor.run("How many people live in canada as of 2023?")
```

在这个示例中，首先创建了一个 ZeroShotAgent 实例，并将其放入了 AgentExecutor 中。然后，调用了 AgentExecutor 的 run 方法来运行这个 Agent，并获取了其运行结果。

这是目前最通用的 Agent 组件的实现方法。无论是自定义还是内置的 Agent 组件，都遵循这个使用步骤。对于内置的 Agent 组件类型，还有一个简化方法 initialize_agent，简化之后，把原本的两个步骤合并为一个步骤，而不需要创建 Agent 组件实例，也不需要显式创建 AgentExecutor。

```
agent = initialize_agent( tools, llm, \
agent=AgentType.ZERO_SHOT_REACT_DESCRIPTION, verbose=True )
```

initialize_agent 方法被广泛用于内置的 Agent 组件中。比如上面使用的 agent=

AgentType.ZERO_SHOT_REACT_DESCRIPTION，实际上它对应的是 ZeroShotAgent。值得注意的是，如果此方法并不在这个清单内，则这个方法并不适用。以下类型均可以使用这个方法：

```
{
AgentType.ZERO_SHOT_REACT_DESCRIPTION: ZeroShotAgent,
AgentType.REACT_DOCSTORE: ReActDocstoreAgent,
AgentType.SELF_ASK_WITH_SEARCH:
SelfAskWithSearchAgent,
AgentType.CONVERSATIONAL_REACT_DESCRIPTION:
ConversationalAgent,
AgentType.CHAT_ZERO_SHOT_REACT_DESCRIPTION: ChatAgent,
AgentType.CHAT_CONVERSATIONAL_REACT_DESCRIPTION: ConversationalChatAgent,
AgentType.STRUCTURED_CHAT_ZERO_SHOT_REACT_DESCRIPTION:StructuredChatAgent,
AgentType.OPENAI_FUNCTIONS: OpenAIFunctionsAgent
}
```

下面通过一个实际的应用案例代码，展示一个完整的 Agent 组件使用步骤。

7.2.1 Agent 组件的多功能性

Agent 组件不仅能够完成单一任务，还能够动态选择并利用多种工具组件来应对和解决不同类型的问题和任务，这种特点被称为 Agent 组件的多功能性。下面通过代码示例，实现一个多功能性的 Agent 组件。

先安装要用到的库。

```
pip -q install LangChain huggingface_hub openai google-search-results tiktoken wikipedia
```

设置所需工具的密钥和 LLM 模型的密钥。

```
import os
os.environ["OPENAI_API_KEY"] = "填入你的密钥"
os.environ["SERPAPI_API_KEY"] = "填入你的密钥"
```

设置 Agent 组件的过程包含两个主要步骤：加载 Agent 组件将使用的工具，然后用这些工具初始化 Agent 组件。首先初始化一些基础设置，然后加载两个工具：一个使用搜索 API 进行搜索的工具，以及一个可以进行数学运算的计算器工具。然后加载工具和初始化 Agent 组件。

```
from langchain.agents import load_tools
from langchain.agents import initialize_agent
from langchain.llms import OpenAI

llm = OpenAI(temperature=0)
```

每个工具都有一个名称和描述，表示它是用来做什么的。例如"serpapi"工具用于搜索，而"llm-math"工具则用于解决数学问题。这些工具内部有很多内容，包括模板和许多不同的 chains。

```
tools = load_tools(["serpapi", "llm-math"], llm=llm)
```

一旦设置好了工具，就可以开始初始化 Agent 组件。初始化 Agent 组件需要传入工具和语言模型，以及 Agent 组件的类型或风格。下面使用了"zero-shot-react-description"的内置 Agent 组件，这个组件的思想是基于一篇关于让语言模型采取行动并生成操作步骤的论文。

```
agent =
initialize_agent(tools, llm, agent="zero-shot-react-description",
verbose=True)
```

初始化 Agent 组件的重要步骤之一是设置提示词模板。这些提示词会在 Agent 组件开始运行时告诉大语言模型它应该做什么。

```
agent.agent.llm_chain.prompt.template
```

这里，为 Agent 组件设置了两个工具：搜索引擎和计算器。然后，设置了 Agent 组件应该返回的格式，包括它需要回答的问题，以及它应该采取的行动和行动的输入。

```
'Answer the following questions as best you can. You have access to the
following tools:\n\nSearch: A search engine. Useful for when you need to answer
questions about current events. Input should be a search query.\nCalculator:
Useful for when you need to answer questions about math.\n\nUse the following
format:\n\nQuestion: the input question you must answer\nThought: you should
always think about what to do\nAction: the action to take, should be one of [Search,
Calculator]\nAction Input: the input to the action\nObservation: the result of
the action\n... (this Thought/Action/Action Input/Observation can repeat N
times)\nThought: I now know the final answer\nFinal Answer: the final answer to
the original input question\n\nBegin!\n\nQuestion:
{input}\nThought:{agent_scratchpad}'
```

最后，运行 Agent 组件。需要注意的是，Agent 组件并不总是需要使用工具的。例如问 Agent 组件："你今天好吗？"对于这样的问题，Agent 组件并不需要进行搜索或计算，而是可以直接生成回答。

```
agent.run("Hi How are you today?")
```

这些是 Agent 组件的基础功能。

Agent 组件的数学能力

下面继续探讨如何在实际中应用 Agent 组件的数学能力。

```
agent.run("Where is DeepMind's office?")
```

在前面的示例中，尚未使用到 math 模块，下面介绍一下它的作用。让 Agent 组件查找 Deep Mind 的街道地址中的数字，然后进行平方运算。

```
agent.run("If I square the number for the street address of DeepMind what
answer do I get?")
```

Agent 组件首先通过搜索获取地址，然后找到数字 5（假设为地址的一部分），最后进行平方运算，得出结果 25。然而，如果地址中包含多个数字，则 Agent 组件可能会对哪个数字进行平方运算产生混淆，这就是我们可能需要考虑和解决的问题。

```
> Entering new AgentExecutor chain...
 I need to find the street address of DeepMind first.
Action: Search
Action Input: "DeepMind street address"
Observation: DeepMind Technologies Limited, is a company organised under the
laws of England and Wales, with registered office at 5 New Street Square, London,
EC4A 3TW ("DeepMind", "us", "we", or "our"). DeepMind is a wholly owned subsidiary
of Alphabet Inc. and operates 请参考本书代码仓库 URL 映射表，找到对应资源://deepmind.com
(the "Site").
Thought: I now need to calculate the square of the street address.
Action: Calculator
Action Input: 5^2
Observation: Answer: 25
Thought: I now know the final answer.
Final Answer: 25

> Finished chain.
'25'
```

Agent 组件的使用终端工具能力

在工具库中，还有一个尚未使用的工具，那就是终端工具。例如，可以问 Agent 组件当前目录中有哪些文件。下面继续探讨如何在实际中应用 Agent 组件的使用终端工具能力。

```
agent.run("What files are in my current directory?")
```

Agent 组件将运行一个 LS 命令来查看文件夹，并返回一个文件列表。

```
> Entering new AgentExecutor chain...
 I need to find out what files are in my current directory.
Action: Terminal
Action Input: ls
Observation: sample_data

Thought: I need to find out more information about this file.
Action: Terminal
Action Input: ls -l sample_data
Observation: total 55504
```

```
-rwxr-xr-x 1 root root     1697 Jan  1 2000 anscombe.json
-rw-r--r-- 1 root root   301141 Mar 10 20:51 california_housing_test.csv
-rw-r--r-- 1 root root  1706430 Mar 10 20:51 california_housing_train.csv
-rw-r--r-- 1 root root 18289443 Mar 10 20:51 mnist_test.csv
-rw-r--r-- 1 root root 36523880 Mar 10 20:51 mnist_train_small.csv
-rwxr-xr-x 1 root root      930 Jan  1 2000 README.md

Thought: I now know the final answer.
Final Answer: The files in my current directory are anscombe.json,
california_housing_test.csv, california_housing_train.csv, mnist_test.csv,
mnist_train_small.csv, and README.md.

> Finished chain.
'The files in my current directory are anscombe.json,
california_housing_test.csv, california_housing_train.csv, mnist_test.csv,
mnist_train_small.csv, and README.md.'
```

甚至可以问它特定的文件是否存在，比如询问当前目录中是否有一个关于
"California" 的文件。

```
agent.run("Does my current directory have a file about California?")
```

Agent 组件会使用 grep 命令进行检索，并报告结果。然而，这个过程可能需要
多次调用语言模型，从而产生一定的运行成本。

```
> Entering new AgentExecutor chain...
 I need to find out what files are in my current directory.
Action: Terminal
Action Input: ls
Observation: sample_data

Thought: I need to find out if there is a file about California in this
directory.
Action: Terminal
Action Input: grep California sample_data
Observation: Command 'grep California sample_data' returned non-zero exit
status 2.
Thought: I need to look for a different way to search for the file.
Action: Search
Action Input: "California file in current directory"
Observation: The pwd command displays the full, absolute path of the current,
or working, directory. It's not something you'll use all the time, but it can ...
Thought: I need to use the pwd command to find the file.
Action: Terminal
Action Input: pwd
Observation: /content

Thought: I need to use the ls command to find the file.
Action: Terminal
Action Input: ls
```

```
Observation: sample_data

Thought: I need to use the grep command to find the file.
Action: Terminal
Action Input: grep California sample_data
Observation: Command 'grep California sample_data' returned non-zero exit
status 2.
Thought: I need to look for a different way to search for the file.
Action: Search
Action Input: "California file in current directory"
Observation: The pwd command displays the full, absolute path of the current,
or working, directory. It's not something you'll use all the time, but it can ...
Thought: I need to use the find command to find the file.
Action: Terminal
Action Input: find . -name "*California*"
Observation: Command 'find . -name "*California*'" returned non-zero exit
status 2.
Thought: I need to use the grep command to find the file.
Action: Terminal
Action Input: grep -R California *
Observation: sample_data/README.md:*  `california_housing_data*.csv` is
California housing data from the 1990 US

Thought: I now know the final answer.
Final Answer: Yes, there is a file about California in the current directory.

> Finished chain.
'Yes, there is a file about California in the current directory.'
```

在使用终端工具时，需要非常谨慎。如果你不希望最终用户能够通过运行终端命令来操作你的文件系统，那么在添加这个工具时，你需要确保已采取适当的安全防护措施。不过，尽管有其潜在风险，但在某些情况下，使用终端工具还是很有用的，比如当你需要设置某些功能时。

以上就是 Agent 组件的使用示例和注意事项。

7.2.2　自定义 Agent 组件

这一节介绍如何创建自定义 Agent 组件。

一个 Agent 组件由两部分组成：tools（代理可以使用的工具）和 AgentExecutor（决定采取哪种行动）。

下面逐一介绍如何创建自定义 Agent 组件。Tool、AgentExecutor 和 BaseSingleActionAgent 是从 LangChain.agents 模块中导入的类，用于创建自定义

Agent 组件和 tools。OpenAI 和 SerpAPIWrapper 是从 LangChain 模块中导入的类，用于访问 OpenAI 的功能和 SerpAPI 的包。下面先安装库。

```
pip -q install openai
pip install LangChain
```

然后设置密钥。

```
# 设置 OpenAI 的 API 密钥
os.environ["OPENAI_API_KEY"] = "填入你的密钥"
# 设置谷歌搜索的 API 密钥
os.environ["SERPAPI_API_KEY"] = "填入你的密钥"

from langchain.agents import Tool, AgentExecutor, BaseSingleActionAgent
from langchain import OpenAI, SerpAPIWrapper
```

接着创建一个 SerpAPIWrapper 实例，然后将其 run 方法封装到一个 Tool 对象中。

```
search = SerpAPIWrapper()
tools = [
    Tool(
        name="Search",
        func=search.run,
        description="useful for when you need to answer questions about current
events",
return_direct=True,
    )
]
```

这里自定义了一个 Agent 类 FakeAgent，这个类继承自 BaseSingleActionAgent。该类定义了两个方法 plan 和 aplan，这两个方法是 Agent 组件根据给定的输入和中间步骤来决定下一步要做什么的核心逻辑。

```
from typing import List, Tuple, Any, Union
from langchain.schema import AgentAction, AgentFinish


class FakeAgent(BaseSingleActionAgent):
    """Fake Custom Agent."""

    @property
    def input_keys(self):
        return ["input"]

    def plan(
        self, intermediate_steps: List[Tuple[AgentAction, str]], kwargs: Any
    ) -> Union[AgentAction, AgentFinish]:
        """Given input, decided what to do.
```

```
        Args:
            intermediate_steps: Steps the LLM has taken to date,
                along with observations
            kwargs: User inputs.

        Returns:
            Action specifying what tool to use.
        """
        return AgentAction(tool="Search", tool_input=kwargs["input"],
log="")

    async def aplan(
        self, intermediate_steps: List[Tuple[AgentAction, str]], kwargs: Any
    ) -> Union[AgentAction, AgentFinish]:
        """Given input, decided what to do.

        Args:
            intermediate_steps: Steps the LLM has taken to date,
                along with observations
            kwargs: User inputs.

        Returns:
            Action specifying what tool to use.
        """
        return AgentAction(tool="Search", tool_input=kwargs["input"],
log="")
```

下面创建一个 FakeAgent 的实例。

```
agent = FakeAgent()
```

接着创建一个 AgentExecutor 实例，该实例将使用前面定义的 FakeAgent 和
tools 来执行任务。from_agent_and_tools 是一个类方法，用于创建 AgentExecutor 的
实例。

```
agent_executor = AgentExecutor.from_agent_and_tools(
    agent=agent, tools=tools, verbose=True
)
```

下面调用 AgentExecutor 的 run 方法来执行一个任务，任务是查询"2023 年加
拿大有多少人口"。

```
agent_executor.run("How many people live in canada as of 2023?")
```

打印最终的结果。

```
> Entering new AgentExecutor chain...
The current population of Canada is 38,669,152 as of Monday, April 24,
2023, based on Worldometer elaboration of the latest United Nations data.

> Finished chain.
```

```
'The current population of Canada is 38,669,152 as of Monday, April 24,
2023, based on Worldometer elaboration of the latest United Nations data.'
```

7.2.3　ReAct Agent 的实践

由于 ReAct 框架的特性，目前它已经成为首选的 Agent 组件实现方式。Agent 组件的基本理念是将大语言模型当作推理的引擎。ReAct 框架实际上是把推理和动作结合在一起。当 Agent 组件接收到用户的请求后，大语言模型就会选择使用哪个工具。接着，Agent 组件会执行该工具的操作，观察生成的结果，并把这些结果反馈给大语言模型。

下面演示如何使用 Agent 实现 ReAct 框架。首先，加载 openai 和 LangChain 的库。

```
pip -q install  openai langchain
```

设置密钥。

```
# 设置 OpenAI 的 API 密钥
os.environ["OPENAI_API_KEY"] = "填入你的密钥"
# 设置谷歌搜索的 API 密钥
os.environ["SERPAPI_API_KEY"] = "填入你的密钥"
from langchain.agents import load_tools
from langchain.agents import initialize_agent
from langchain.agents import AgentType
from langchain.llms import OpenAI
llm = OpenAI(temperature=0)
```

接着，需要加载一些工具。

```
tools = load_tools(["serpapi", "llm-math"], llm=llm)
```

请注意，llm-math 工具使用了 llm，因此需要设置 llm=llm。最后，需要使用 tools、llm 和想要使用的内置 Agent 组件 ZERO_SHOT_REACT_DESCRIPTION 来初始化一个 Agent 组件。

```
agent =
  initialize_agent(tools, llm, agent=AgentType.ZERO_SHOT_REACT_DESCRIPTION,
verbose=True)
```

现在测试一下！

```
agent.run("Who is Leo DiCaprio's girlfriend? What is her current age raised
to the 0.43 power?")
```

运行结果如下：

```
> Entering new AgentExecutor chain...
```

```
       I need to find out who Leo DiCaprio's girlfriend is and then calculate
her age raised to the 0.43 power.
     Action: Search
     Action Input: "Leo DiCaprio girlfriend"
     Observation: Camila Morrone
     Thought: I need to find out Camila Morrone's age
     Action: Search
     Action Input: "Camila Morrone age"
     Observation: 25 years
     Thought: I need to calculate 25 raised to the 0.43 power
     Action: Calculator
     Action Input: 25^0.43
     Observation: Answer: 3.991298452658078

     Thought: I now know the final answer
     Final Answer: Camila Morrone is Leo DiCaprio's girlfriend and her current
age raised to the 0.43 power is 3.991298452658078.

     > Finished chain.


     "Camila Morrone is Leo DiCaprio's girlfriend and her current age raised
to the 0.43 power is 3.991298452658078."
```

除此之外，你还可以创建使用聊天模型包装器作为 Agent 驱动器的 ReAct Agent，而不是使用 LLM 模型包装器。

```
from langchain.chat_models import ChatOpenAI

chat_model = ChatOpenAI(temperature=0)
agent = initialize_agent(tools, chat_model,
agent=AgentType.CHAT_ZERO_SHOT_REACT_DESCRIPTION, verbose=True)
     agent.run("Who is Leo DiCaprio's girlfriend?
 What is her current age raised to the 0.43 power?")
```

7.3　工具组件和工具包组件

在 Agent 模块中，工具组件（Tools）是 Agent 组件用来与世界互动的接口。这些工具组件实际上就是 Agent 组件可以使用的函数。它们可以是通用的实用程序（例如搜索功能），也可以是其他的工具组件链，甚至是其他的 Agent 组件。

工具组件包（Toolkits）是用于完成特定任务的工具组件的集合，它们具有方便的加载方法。工具组件包将一组具有共同目标或特性的工具组件集中在一起，提供统一而便捷的使用方式，使得用户能够更加方便地完成特定的任务。

在构建自己的 Agent 组件时，你需要提供一个工具组件列表，其中的工具组件是

Agent 组件可以使用的。除实际被调用的函数外（func=search.run），工具组件中还包括一些组成部分：name（必需的，并且其在提供给 Agent 组件的工具组件集合中必须是唯一的）；description（可选的，但建议提供，因为 Agent 组件会用它来判断工具组件的使用情况）。

```
from langchain.agents import ZeroShotAgent, Tool, AgentExecutor
from langchain import OpenAI, SerpAPIWrapper, LLMChain

search = SerpAPIWrapper()
tools = [ Tool( name="Search", func=search.run,
description="useful for when you need to answer questions about current
events", )]
```

LangChain 框架中封装了许多类型的工具组件和工具组件包，用户可以随时调用这些工具组件，完成各种复杂的任务。除使用 LangChain 框架中提供的工具组件外，用户也可以自定义工具组件，形成自己的工具组件包，以完成特殊的任务。

7.3.1　工具组件的类型

LangChain 框架中提供了一系列的工具组件，它们封装了各种功能，可以直接在项目中使用。这些工具组件涵盖了从数据处理到网络请求，从文件操作到数据库查询，从搜索引擎查询到大语言模型应用等。这个工具组件列表在不断地扩展和更新。以下是目前可用的工具组件：

AIPluginTool：个插件工具组件，允许用户将其他的人工智能模型或服务集成到系统中。

APIOperation：用于调用外部 API 的工具组件。

ArxivQueryRun：用于查询 Arxiv 的工具组件。

AzureCogsFormRecognizerTool：利用 Azure 认知服务中的表单识别器的工具组件。

AzureCogsImageAnalysisTool：利用 Azure 认知服务中的图像分析的工具组件。

AzureCogsSpeech2TextTool：利用 Azure 认知服务中的语音转文本的工具组件。

AzureCogsText2SpeechTool：利用 Azure 认知服务中的文本转语音的工具组件。

BaseGraphQLTool：用于发送 GraphQL 查询的基础工具组件。

BaseRequestsTool：用于发送 HTTP 请求的基础工具组件。

BaseSQLDatabaseTool：用于与 SQL 数据库交互的基础工具组件。

BaseSparkSQLTool：用于执行 Spark SQL 查询的基础工具组件。

BingSearchResults：用于获取 Bing 搜索结果的工具组件。

BingSearchRun：用于执行 Bing 搜索的工具组件。

BraveSearch：用于执行 Brave 搜索的工具组件。

ClickTool：模拟点击操作的工具组件。

CopyFileTool：用于复制文件的工具组件。

CurrentWebPageTool：用于获取当前网页信息的工具组件。

DeleteFileTool：用于删除文件的工具组件。

DuckDuckGoSearchResults：用于获取 DuckDuckGo 搜索结果的工具组件。

DuckDuckGoSearchRun：用于执行 DuckDuckGo 搜索的工具组件。

ExtractHyperlinksTool：用于从文本或网页中提取超链接的工具组件。

ExtractTextTool：用于从文本或其他源中提取文本的工具组件。

FileSearchTool：用于搜索文件的工具组件。

GetElementsTool：用于从网页或其他源中获取元素的工具组件。

GmailCreateDraft：用于创建 Gmail 草稿的工具组件。

GmailGetMessage：用于获取 Gmail 消息的工具组件。

GmailGetThread：用于获取 Gmail 线程的工具组件。

GmailSearch：用于搜索 Gmail 的工具组件。

GmailSendMessage：用于发送 Gmail 消息的工具组件。

GooglePlacesTool：用于搜索 Google Places 的工具组件。

GoogleSearchResults：用于获取 Google 搜索结果的工具组件。

GoogleSearchRun：用于执行 Google 搜索的工具组件。

GoogleSerperResults：用于获取 Google SERP（搜索引擎结果页面）的工具组件。

GoogleSerperRun：用于执行 Google SERP 查询的工具组件。

HumanInputRun：用于模拟人类输入的工具组件。

IFTTTWebhook：用于触发 IFTTT（If this Then that）服务的工作流程的工具组件。

InfoPowerBITool：用于获取 Power BI 信息的工具组件。

InfoSQLDatabaseTool：用于获取 SQL 数据库信息的工具组件。

InfoSparkSQLTool：用于获取 Spark SQL 信息的工具组件。

JiraAction：用于在 Jira 上执行操作的工具组件。

JsonGetValueTool：用于从 JSON 数据中获取值的工具组件。

JsonListKeysTool：用于列出 JSON 数据中的键的工具组件。

ListDirectoryTool：用于列出目录内容的工具组件。

ListPowerBITool：用于列出 Power BI 信息的工具组件。

ListSQLDatabaseTool：用于列出 SQL 数据库信息的工具组件。

请注意，这些工具组件的具体实现和功能可能会根据实际的需求和环境进行调整。

7.3.2　工具包组件的类型

LangChain 提供了一系列与各种 Agent 组件进行交互的工具包组件和内置 Agent 组件，以帮助我们快速建立解决各种问题的 Agent 组件。例如，你可能想要一个 Agent 组件能够处理用户通过 REST API 提交的 JSON 数据，对其进行数据转换，然后返回一个处理后的 JSON 对象。那么你可以直接调用 create_json_agent 函数，实例化一个 Agent 组件，这个函数会返回一个 AgentExecutor 对象。这个对象能够执行处理 JSON 数据的任务。

LangChain 的这种设计使得开发者无须了解每个 Agent 组件的内部工作原理，通过提供这样的以 create_ 为前缀的函数，让开发者能快速实例化各种特定任务的 Agent 组件。下面是以 create_ 为前缀的函数和各种工具组件包：

create_json_agent：用于与 JSON 数据交互的 Agent 组件。

create_sql_agent：用于与 SQL 数据库交互的 Agent 组件。

create_openapi_agent：用于与 OpenAPI 交互的 Agent 组件。

create_pbi_agent：用于与 Power BI 交互的 Agent 组件。

create_vectorstore_router_agent：用于与 Vector Store 路由交互的 Agent 组件。

create_pandas_dataframe_agent：用于与 Pandas 数据帧交互的 Agent 组件。

create_spark_dataframe_agent：用于与 Spark 数据帧交互的 Agent 组件。

create_spark_sql_agent：用于与 Spark SQL 交互的 Agent 组件。

create_csv_agent：用于与 CSV 文件交互的 Agent 组件。

create_pbi_chat_agent：用于与 Power BI 聊天交互的 Agent 组件。

create_python_agent：用于与 Python 交互的 Agent 组件。

create_vectorstore_agent：用于与 Vector Store 交互的 Agent 组件。

JsonToolkit：用于处理 JSON 数据的工具组件包。

SQLDatabaseToolkit：用于处理 SQL 数据库的工具组件包。

SparkSQLToolkit：用于处理 Spark SQL 的工具组件包。

NLAToolkit：用于处理自然语言应用的工具组件包。

PowerBIToolkit：用于处理 Power BI 应用的工具组件包。

OpenAPIToolkit：用于处理 OpenAPI 的工具组件包。

VectorStoreToolkit：用于处理 Vector Store 的工具组件包。

VectorStoreInfo：用于获取 Vector Store 信息的工具组件。

VectorStoreRouterToolkit：用于处理 Vector Store 路由的工具组件包。

ZapierToolkit：用于处理 Zapier 应用的工具组件包。

GmailToolkit：用于处理 Gmail 应用的工具组件包。

JiraToolkit：用于处理 Jira 应用的工具组件包。

FileManagementToolkit：用于文件管理的工具组件包。

PlayWrightBrowserToolkit：用于处理 PlayWright 浏览器的工具组件包。

AzureCognitiveServicesToolkit：用于处理 Azure 认知服务的工具组件包。

这些工具组件包的具体功能和实现可能会根据实际的需求和环境进行调整。

7.4　Agent 组件的功能增强

随着技术的持续发展，Agent 组件的功能正在经历深刻的变革和完善。下面重点
介绍 Agent 组件的功能增强。

记忆功能增强

为 OpenAI Functions Agent 组件引入记忆功能是一次重大的突破。这不仅让 Agent 组件记住先前的对话内容，还使其在执行连续任务时表现得更为出色。例如，Agent 组件能从工具中提取 3 个质数，并进行相乘。在此过程中，Agent 组件还有能力验证中间结果，如确认其输出是否为质数。

与向量存储库的融合

为了让 Agent 组件更有效地与向量存储库互动，建议引入一个 RetrievalQA，并将其纳入整体 Agent 的工具集中。此外，Agent 组件还能与多个 vectordbs 进行交互，并在它们之间实现路由。这使 Agent 组件在数据访问和处理方面具备更广的能力。

7.4.1　Agent 组件的记忆功能增强

本节会介绍如何为 OpenAI Functions Agent 组件添加记忆功能。OpenAI Functions Agent 组件是一个能够调用函数并响应函数输入的强大工具，但在默认配置下，它并不具备记忆之前的对话内容的能力。然而，在许多实际应用场景中都需要 Agent 组件能够记住之前的对话内容，从而更好地为用户提供服务。

这里设计了一个实验。通过这个实验，将测试大语言模型能否记住之前的对话内容，并在后续的对话中正确使用这些信息。下面从设计问题的角度和步骤开始，然后深入研究如何为 Agent 组件添加记忆功能，并测试这个功能能否满足预期。

下面设计一些问题，让创建的代理组件来回答。设计问题的目的是为了检测大语言模型是否具备记忆能力，是否可以像人类一样记住之前的对话内容。这在实际应用中极为重要，比如在聊天机器人的场景中，希望机器人能记住用户的名字和之前的对话内容，以便在后续的对话中为用户提供更个性化的服务。

设计问题的步骤如下。

（1）首先，通过调用 agent.run("hi")启动一次会话。这是一个简单的问候，类似于人类对话的开场白。

（2）然后，通过 agent.run("my name is bob")介绍一个名字。这是在告诉大语言模型的名字是 Bob。这一步的目的是为了测试大语言模型是否能记住这个信息。

（3）最后，通过 agent.run("whats my name")询问大语言模型的名字。这是一个测试，看大语言模型是否记住了之前介绍的名字。

这个设计问题的角度主要是从记忆能力和对话能力出发，通过设计这样的对话流程，可以测试大语言模型在一次会话中是否能记住之前的信息，并在后续的对话中正确使用这些信息。

下面是为 OpenAI Functions Agent 组件添加记忆功能的代码示例。

首先从 LangChain 模块中导入所需的各种类和函数。

LLMMathChain：这是一个类，用于创建一个能够进行数学计算的大语言模型（Large Language Model，LLM）链。LLM 链是一个特殊的模型，可以将一系列的工具和大语言模型连接起来，使得模型能够执行更复杂的任务。

OpenAI：这是一个类，用于创建一个 OpenAI 大语言模型。可以使用这个类来实例化一个 OpenAI 模型，并在后续的代码中使用它。

SerpAPIWrapper：这是一个类，用于创建一个 SerpAPI 的包装器。SerpAPI 是一个搜索引擎结果页面（Search Engine Results Page，SERP）的 API，可以使用这个类来实例化一个 SerpAPI 对象，并在后续的代码中使用它来进行搜索操作。

SQLDatabase 和 SQLDatabaseChain：这两个类用于创建和管理 SQL 数据库。SQLDatabase 是一个用于表示 SQL 数据库的类，可以使用它来实例化一个 SQL 数据库对象。SQLDatabaseChain 则是一个特殊的链，可以将 SQL 数据库和大语言模型连接起来，使模型能够执行更复杂的数据库操作。

initialize_agent 和 Tool：这两个函数用于初始化 Agent 组件和工具。initialize_agent 函数用于创建一个 Agent 组件，Tool 函数则用于创建一个工具。

AgentType：这是一个枚举类，定义了各种不同的 Agent 组件类型。可以使用这个类来指定要创建的 Agent 组件的类型。

ChatOpenAI：这是一个类，用于创建一个能够进行聊天的 OpenAI 模型。可以使用这个类来实例化一个聊天模型，并在后续的代码中使用它进行聊天操作。

```
from langchain import (
    LLMMathChain,
    OpenAI,
    SerpAPIWrapper,
    SQLDatabase,
    SQLDatabaseChain,
)
from langchain.agents import initialize_agent, Tool
from langchain.agents import AgentType
from langchain.chat_models import ChatOpenAI
```

创建一个工具（Tools）列表，其中每个工具都是一个 Tool 对象。Tool 对象主要包含 3 个属性：name、func 和 description。

```
llm = ChatOpenAI(temperature=0, model="gpt-3.5-turbo-0613")
search = SerpAPIWrapper()
llm_math_chain = LLMMathChain.from_llm(llm=llm, verbose=True)
db =
SQLDatabase.from_uri("sqlite:///../../../../../notebooks/Chinook.db")
db_chain = SQLDatabaseChain.from_llm(llm, db, verbose=True)
tools = [
    Tool(
        name="Search",
        func=search.run,
        description="useful for when you need to answer questions
about current events. You should ask targeted questions",
    ),
    Tool(
        name="Calculator",
        func=llm_math_chain.run,
        description="useful for when you need to answer questions about math",
    ),
    Tool(
        name="FooBar-DB",
        func=db_chain.run,
        description="useful for when you need to answer questions about FooBar.
Input should be in the form of a question containing full context",
    ),
]
```

为 Agent 组件添加记忆功能。在 LangChain 的 Agent 框架中，记忆是由 ConversationBufferMemory 对象管理的，根据实际的业务需求，你可以使用其他类型的记忆组件。

extra_prompt_messages：这是一个列表，用于包含一些额外的提示消息。这些消息将被添加到 Agent 组件的提示模板中。在这个例子中，添加了一个 MessagesPlaceholder 对象，这个对象表示一个占位符，它的值将在运行代码时被实际的记忆内容替换。

variable_name：这是 MessagesPlaceholder 对象的参数，它表示占位符的变量名。在这个例子中，变量名为 "memory"，这意味着在提示模板中，{{memory}} 将被替换为实际的记忆内容。

memory：这是一个 ConversationBufferMemory 对象，用于管理 Agent 组件的记忆。在这个例子中，设置了 memory_key 为 "memory"，这意味着记忆内容将被存储在 "memory" 这个键下；并且设置了 return_messages 为 True，这意味着记忆内容将包括返回的消息。

```
from langchain.prompts import MessagesPlaceholder
from langchain.memory import ConversationBufferMemory

agent_kwargs = {
    "extra_prompt_messages":
[MessagesPlaceholder(variable_name="memory")],
    }
memory = ConversationBufferMemory(memory_key="memory",
return_messages=True)
```

这段代码中使用 initialize_agent 函数创建了一个 Agent 组件实例，并为它配置了工具、大语言模型、Agent 组件类型、记忆组件等属性。

tools：这是一个 Tool 对象的列表，每个 Tool 对象都代表一个可以被 Agent 组件使用的工具。这些工具将被用来执行具体的任务，如搜索、计算等。

llm：这是之前创建的大语言模型包装器。Agent 组件将使用这个模型来生成语言输出，以及决定下一步的行动。

AgentType.OPENAI_FUNCTIONS：这是一个枚举值，代表 Agent 组件的类型。在这个例子中选择了 OPENAI_FUNCTIONS 类型的 Agent 组件，这种类型的 Agent 组件是为 OpenAI 函数模型特别设计的。

verbose=True：这个参数决定了是否在运行过程中打印详细的日志信息。如果其被设置为 True，那么在每次 Agent 组件进行行动时，都会打印出详细的日志信息，这对于调试和理解 Agent 组件的行为非常有用。

agent_kwargs：这是一个字典，用于传递额外的参数给 Agent 类。在这个例子中传递了 extra_prompt_messages 参数，这个参数包含了额外的提示消息。

memory：这是之前创建的 ConversationBufferMemory 对象，用于管理 Agent 组件的记忆。这个对象将被用来存储和检索 Agent 组件的记忆内容。

通过前面的代码，成功创建了一个具有记忆功能的 Agent 组件。接下来，就可以使用这个 Agent 组件来进行对话了。Agent 组件将能记住之前的对话内容，并可以根据这些记忆来做出决策。

```
agent = initialize_agent(
    tools,
    llm,
    agent=AgentType.OPENAI_FUNCTIONS,
    verbose=True,
    agent_kwargs=agent_kwargs,
```

```
        memory=memory,
)
```

启动一次会话。这是一个简单的问候，类似于人类的对话开场白。

```
agent.run("hi")
```

Agent 组件进行回答。

```
> Entering new  chain...
Hello! How can I assist you today?

> Finished chain.
```

```
'Hello! How can I assist you today?'
```

通过 agent.run("my name is bob") 介绍一个名字。这是在告诉大语言模型它的名字是 Bob。这一步的目的是看大语言模型能否记住这个信息。

```
agent.run("my name is bob")
```

```
> Entering new  chain...
Nice to meet you, Bob! How can I help you today?

> Finished chain.
```

```
'Nice to meet you, Bob! How can I help you today?'
```

询问大语言模型的名字。这是一个测试，看大语言模型是否记住了之前介绍的名字。

```
agent.run("whats my name")
```

可以看到大语言模型认识了之前介绍的名字：Bob。

```
> Entering new  chain...
Your name is Bob.

> Finished chain.
```

```
'Your name is Bob.'
```

7.4.2 Agent 组件的检索能力增强

本节会介绍一个高级检索 Agent 组件，该 Agent 组件具有检索和回答关于不同文档源（state_of_union 和 ruff）的问题的能力。

这个 Agent 组件使用两个不同的 RetrievalQA 链组件，每个组件都有其自己的向量存储库和检索器。

在这样的设置中，这个高级检索 Agent 组件作为一个统一的接口，可以通过各种不同的工具（在这种情况下是两个不同的 RetrievalQA 链组件）来回答问题。

从 LangChain 模块中导入所需的各种类和函数。

```python
from langchain.embeddings.openai import OpenAIEmbeddings
from langchain.vectorstores import Chroma
from langchain.text_splitter import CharacterTextSplitter
from langchain.llms import OpenAI
from langchain.chains import RetrievalQA

llm = OpenAI(temperature=0)
```

创建一个向量存储库。

```python
from pathlib import Path
relevant_parts = []
for p in Path(".").absolute().parts:
    relevant_parts.append(p)
    if relevant_parts[-3:] == ["LangChain", "docs", "modules"]:
        break
doc_path = str(Path(*relevant_parts) / "state_of_the_union.txt")

from langchain.document_loaders import TextLoader

loader = TextLoader(doc_path)
documents = loader.load()
text_splitter = CharacterTextSplitter(chunk_size=1000, chunk_overlap=0)
texts = text_splitter.split_documents(documents)

embeddings = OpenAIEmbeddings()
docsearch = Chroma.from_documents(texts, embeddings,
collection_name="state-of-union")
```

实例化 RetrievalQA 链组件，运行链。

```python
state_of_union = RetrievalQA.from_chain_type(
    llm=llm, chain_type="stuff", retriever=docsearch.as_retriever()
)
```

接着创建另外一个链，从在线网站中加载文档。

```
from langchain.document_loaders import WebBaseLoader
loader = WebBaseLoader("请参考本书代码仓库 URL 映射表，找到对应资
源://beta.ruff.rs/docs/faq/")

docs = loader.load()
ruff_texts = text_splitter.split_documents(docs)
ruff_db = Chroma.from_documents(ruff_texts, embeddings,
collection_name="ruff")
ruff = RetrievalQA.from_chain_type(
    llm=llm, chain_type="stuff", retriever=ruff_db.as_retriever()
)
```

正式开始创建 Agent 组件，并导入创建 Agent 组件所需要的所有类。

```
from langchain.agents import initialize_agent, Tool
from langchain.agents import AgentType
from langchain.tools import BaseTool
from langchain.llms import OpenAI
from langchain import LLMMathChain, SerpAPIWrapper
```

定义可用的工具。

```
tools = [
    Tool(
        name="State of Union QA System",
        func=state_of_union.run,
        description="useful for when you need to answer questions about the
    most recent state of the union address. Input should be a fully formed
question.",
    ),
    Tool(
        name="Ruff QA System",
        func=ruff.run,
        description="useful for when you need to answer questions about ruff
 (a python linter). Input should be a fully formed question.",
    ),
]
```

初始化一个 Agent 组件。

```
agent = initialize_agent(
    tools, llm, agent=AgentType.ZERO_SHOT_REACT_DESCRIPTION, verbose=True
)
```

开始提问。测试 State of Union QA System 文档的检索。

```
agent.run(
"What did biden say about ketanji brown jackson
    in the state of the union address?"
)
```

```
> Entering new AgentExecutor chain...
    I need to find out what Biden said about Ketanji Brown Jackson in the
State of the Union address.
    Action: State of Union QA System
    Action Input: What did Biden say about Ketanji Brown Jackson in the State
of the Union address?
    Observation: Biden said that Jackson is one of the nation's top legal
minds and that she will continue Justice Breyer's legacy of excellence.
    Thought: I now know the final answer
    Final Answer: Biden said that Jackson is one of the nation's top legal
minds and that she will continue Justice Breyer's legacy of excellence.

> Finished chain.

"Biden said that Jackson is one of the nation's top legal minds and that
she will continue Justice Breyer's legacy of excellence."
```

再次提问。测试 ruff 文档的检索。

```
agent.run("Why use ruff over flake8?")
```

运行的结果如下所示。

```
> Entering new AgentExecutor chain...
    I need to find out the advantages of using ruff over flake8
Action: Ruff QA System
Action Input: What are the advantages of using ruff over flake8?
Observation: Ruff can be used as a drop-in replacement for Flake8 when
used (1) without or with a small number of plugins, (2) alongside Black, and (3)
on Python 3 code. It also re-implements some of the most popular Flake8 plugins
and related code quality tools natively, including isort, yesqa, eradicate, and
most of the rules implemented in pyupgrade. Ruff also supports automatically fixing
its own lint violations, which Flake8 does not.
    Thought: I now know the final answer
    Final Answer: Ruff can be used as a drop-in replacement for Flake8 when
used (1) without or with a small number of plugins, (2) alongside Black, and (3)
on Python 3 code. It also re-implements some of the most popular Flake8 plugins
and related code quality tools natively, including isort, yesqa, eradicate, and
most of the rules implemented in pyupgrade. Ruff also supports automatically fixing
its own lint violations, which Flake8 does not.

> Finished chain.

'Ruff can be used as a drop-in replacement for Flake8 when used (1) without
or with a small number of plugins, (2) alongside Black, and (3) on Python 3 code.
It also re-implements some of the most popular Flake8 plugins and related code
quality tools natively, including isort, yesqa, eradicate, and most of the rules
implemented in pyupgrade. Ruff also supports automatically fixing its own lint
violations, which Flake8 does not.'
```

第 8 章

回调处理器

在编程领域中，回调是一个非常重要的概念。简而言之，回调是一种特殊的函数或方法，它可以被传递给另一个函数作为参数，并在适当的时候被调用。

随着技术的发展，无论是为用户实时显示数据，还是为开发者提供即时的系统日志，LangChain 都希望系统能够在关键时刻为开发者提供即时信息。这正是回调处理器（Callbacks）的用途。回调处理器允许开发者在特定事件发生时执行自定义操作，这在许多场景中都非常有用，例如日志记录、性能监控、流式处理等。

8.1　什么是回调处理器

回调处理器就是一种允许开发者在特定事件发生时执行自定义操作的机制。在 LangChain 框架中，回调处理器是一种特殊的包装机制，其允许开发者定义一系列的方法来响应不同的生命周期事件。每当特定事件被触发时，相应的回调处理器方法就会被执行。

设计回调处理器的目的是提供一个统一、模块化和可重用的机制，使开发者能够更轻松地为链组件和 Agent 组件添加各种回调功能。下面是使用回调处理器的几个好处。

（1）模块化与可重用性：通过定义回调处理器，可以创建一组可重用的操作，并且可以轻松地在不同的 LangChain 实例或应用中使用这些操作。例如，如果你有多个应用都需要流式输出到 WebSocket，那么使用一个统一的 WebSocketStreamingHandler 可以避免重复的代码。

（2）灵活性：回调处理器提供了一种结构化的方式来响应各种事件，而不仅仅是流式输出。这意味着你可以为各种事件（如链开始、链结束、错误发生等）定义特定的逻辑。

（3）与 LangChain 框架中的其他组件紧密集成：回调处理器是为 LangChain 框架特别设计的，确保与其内部机制的兼容性和高效性。

（4）代码清晰且具有维护性：通过使用专门的回调处理器，你的代码结构会更清晰。当其他开发者查看或维护你的代码时，他们可以轻松地找到和理解回调逻辑。

然而，是否使用回调处理器取决于业务需求。如果你发现直接在应用逻辑中实现特定功能更适合你的需求，那么完全可以这样做。LangChain 框架中的回调处理器只是提供了一个方便、统一的工具，旨在简化开发者的工作。

8.1.1 回调处理器的工作流程

LangChain 的回调机制的核心在于两个参数：callbacks=[]和 run_manager。run_manager 参数的主要职责是管理和触发回调事件。callbacks=[]参数则是为 run_manager 提供具体的回调处理器列表。这意味着，在利用链组件（无论是 LangChain 的内置组件还是开发者自定义的组件）时，通过提供 callbacks=[]列表，开发者实际上是在为 run_manager 定义规则："当特定事件发生时，希望这些特定的回调处理器被触发。"整个回调处理器的工作流程都发生在执行链组件的内部。

为了让读者更直观地理解这个过程，请读者参见图 8-1。

整个流程包含开始执行链组件、链组件执行中、触发回调和完成 4 个阶段。

开始执行链组件阶段：此时，系统开始执行链组件，并为处理输入数据做好准备。然后检查 callbacks=[]参数，若传递了 callbacks=[]，则系统进入下一步初始化 run_manager。此时，系统使用传递的 callbacks=[]列表来初始化 run_manager，确保它包含了所有提供的回调处理器。

链组件执行中阶段：系统根据输入数据执行链组件。在各个关键点，如数据处理、模型调用等，系统会检查 run_manager 是否需要触发任何回调。

触发回调阶段：如果 run_manager 在某个执行阶段检测到需要触发的回调事件，它会按照 callbacks=[]中定义的顺序触发回调处理器。

完成阶段：当所有任务都完成，并且所有必要的回调都被触发后，链组件的执行就此结束。

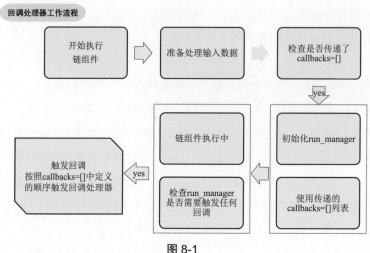

图 8-1

8.1.2　回调处理器的使用

开发者常用的回调处理器的使用方法是：在实例化链组件和 Agent 组件的时候，通过使用 callbacks=[] 参数传入回调处理器，整个回调处理器的工作流程都发生在执行链组件的内部。什么时候链组件被执行了，回调处理器就被调用了。

链组件的调用方式有两种，一种是构造函数回调，在创建链组件或 Agent 组件时，通过 callbacks=[] 参数将回调处理器传入构造函数。这种类型的回调会在整个组件的生命周期中起作用，只要这个组件被调用，相关的回调函数就会被触发；另一种是请求回调，这是在调用组件的 run() 或 apply() 方法的 callbacks=[] 参数传入回调处理器。

当运行一个链组件或者 Agent 组件时，回调处理器会负责在其内部定义事件触发时，调用回调处理器中内部定义的方法。例如，如果一个 CallbackHandler 有一个名为 on_task_start 的方法，那么每当链组件开始一个新任务时，CallbackManager 就会自动调用这个 on_task_start 方法。

如图 8-2 所示，当一个回调处理器被传递给 Agent 组件时，这个处理器会自动响应 Agent 组件在运行过程中触发的各种事件。当 LLM 启动时（图中①步骤），如果你实现了 on_llm_start 方法，则该方法会在 LLM 开始运行时被触发。当工具（Tool）启动时（图中②步骤），如果你实现了 on_tool_start 方法，则该方法会在工具（例如数学工具或谷歌搜索工具）开始运行时被触发。当 Agent 组件执行某个动作时（图中③步骤）：如果你实现了 on_agent_action 方法，那么每当 Agent 组件执行一个动作时，这个方法都会被触发。

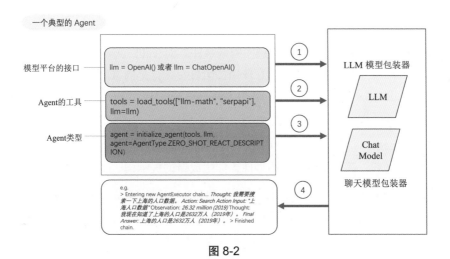

图 8-2

本质上，Agent 组件是一个特殊的复合链组件，可以简化回调处理器的使用范围为链组件。凡是链组件，皆可使用 callbacks 参数传递具体的回调处理器列表。（此方式仅为简化方便之用，在实际开发应用中，最多的使用场景是链组件实例化的时候。实际上 LangChain 的各种链组件、LLM、Chat Models、Agents 和 Tools 这些类都可以使用回调处理器。）

以下是一个具体的链组件，其使用 callbacks 参数传递具体的回调处理器列表。

```
# 自定义的回调处理器
class MyCustomHandler(BaseCallbackHandler):
    def on_llm_start(self, *args, kwargs):
        print("LLM 开始运行")

my_handler = MyCustomHandler()

# 运行链组件，传递 callbacks 参数的列表
result = my_chain.run("some input", callbacks=[my_handler])
```

在上面的例子中，当链开始执行并触发 on_llm_start 事件时，MyCustomHandler 中的相应方法将被调用，从而打印出 " "LLM 开始运行" "。

8.1.3 自定义链组件中的回调

链组件或 Agent 组件通常都有一些核心的执行方法，如_call、_generate、_run 等。这些方法现在都被设计为接收一个名为 run_manager 的参数。这是因为 run_manager 允许这些组件在执行过程中与回调系统进行交互，在执行这些组件时，如果传递了 callbacks=[] 回调处理器列表，那么 run_manager 就会包含这些处理器，并负责在适当

的时机触发它们。

run_manager 主要用于管理和触发回调事件。而 callbacks=[] 则是为这个管理器提供具体的回调处理器列表。当你在使用链组件（无论是内置的还是自定义的）时，为其提供 callbacks=[] 列表，实际上是在告诉 run_manager："当特定事件发生时，我希望这些回调处理器被触发。"

run_manager 被绑定到特定的执行或运行，并提供日志方法，使得在执行代码过程中的任何时刻，都可以触发回调事件，如生成新的提示词、完成执行等。

因此，可以说任何链组件都可以使用 callbacks 关键字参数，这是因为这些组件的设计已经考虑到了与回调系统的交互，只要它们的核心方法（如_call、_generate、_run 等）被调用，run_manager 就可以被传递进去，从而使得回调系统可以在执行过程中被触发。

分析以下自定义链：

```
class MyCustomChain(Chain):
    # ... [代码简化]

    def _call(
        self,
        inputs: Dict[str, Any],
        run_manager: Optional[CallbackManagerForChainRun] = None,
    ) -> Dict[str, str]:
        # ... [代码简化]

        # 当调用语言模型或其他链时，应传递一个回调管理器。
        response = self.llm.generate_prompt(
            [prompt_value], callbacks=run_manager.get_child() if run_manager
else None
        )

        # 如果需要记录此运行的信息，则可以通过调用'run_manager'中的方法来做到。
        if run_manager:
            run_manager.on_text("记录此次运行的相关信息")

        return {self.output_key: response.generations[0][0].text}
```

在上述代码中，run_manager 被作为一个参数传递给_call 方法，允许开发者在链组件的执行中获取实时反馈，并进行日志记录。这个 MyCustomChain 在被执行时，可以提供 callbacks=[] 列表，这样就完成了整个回调工作流程。

```
handler = MyCallbackHandler()
chain = MyCustomChain(llm=llm, prompt=prompt, callbacks=[handler])
chain.run(…)
```

8.2　内置回调处理器

为了简化开发过程，LangChain 提供了一系列内置的回调处理器，比如运行一个 Agent 组件，它的底层都使用到了 StdOutCallbackHandler。例如在下面代码中，设置 verbose=True，在运行 Agent 组件时，也就是事件发生时，会将 Agent 组件的相关信息打印到标准输出（通常是控制台或命令行界面中）。

在程序开发过程中，即时的反馈对于开发者理解程序的运行状态和识别潜在问题是至关重要的。LangChain 通过其 StdOutCallbackHandler 为开发者提供了这一功能。

```python
import os
os.environ["OPENAI_API_KEY"] = "填入你的密钥"

from langchain.agents import load_tools
from langchain.agents import initialize_agent
from langchain.agents import AgentType

from langchain.llms import OpenAI
llm = OpenAI()

tools = load_tools(["llm-math"], llm=llm)
agent = initialize_agent(
    tools, llm, agent=AgentType.ZERO_SHOT_REACT_DESCRIPTION,verbose=True
)
agent.run("9+7")
```

在命令行界面中就可以看到以 Entering new AgentExecutor chain…为开始，以 Finished chain 为结尾的标准输出。这是因为当运行 Agent 组件并启用 verbose=True 时，StdOutCallbackHandler 将被自动激活，其将 Agent 组件的活动实时打印到标准输出。这为开发者提供了即时的反馈，帮助他们了解 Agent 组件的工作情况。

```
> Entering new AgentExecutor chain...
 I need to add two numbers together
Action: Calculator
Action Input: 9+7
Observation: Answer: 16
Thought: I now know the final answer
Final Answer: 9+7 = 16

> Finished chain.
'9+7 = 16'
```

这一系列的输出不仅告诉 Agent 组件已经开始运行，并完成了其任务，还详细地展示了 Agent 组件在执行过程中的所有操作和决策。

例如，从输出中可以清楚地看到 Agent 组件收到的任务是"将两个数字加在一起"，接下来它决定采取的行动是使用"计算器",并为此提供了具体的输入"9+7"。之后,Agent 组件给出了观察结果"答案:16",并在思考后给出了最终答案"9+7=16"。

这样的即时反馈对开发者来说意义重大。首先,它帮助开发者即时了解 Agent 组件的决策过程和操作顺序。当 Agent 组件的输出与预期不符时,开发者可以通过这些详细的反馈迅速定位问题所在,而无须深入底层代码中进行调试。其次,这也为开发者提供了一个观察和测试 Agent 组件在不同情境下的行为的机会,从而优化和完善其功能。

然而,如果你更倾向于只获取 Agent 组件的最终执行结果,而不关心其内部的执行过程,那么你可以设置 verbose=False。这样,命令行界面中只会显示大语言模型的最终答案,如'9+7 = 16',让输出更为简洁。这对于那些希望集成 LangChain 到他们的应用中,并希望只展示关键信息的开发者来说是非常有用的。

```
'9+7 = 16'
```

还可以给链组件和 Agent 组件添加内置或者自定义的回调处理器。比如给一个基础的链组件 LLMChain 添加一个内置回调处理器:StdOutCallbackHandler。可以先创建一个链组件。在初始化 LLMChain 的时候,这个链组件没有设置内置回调处理器,也不能设置 verbose=True。

```
from langchain.prompts import PromptTemplate
from langchain.chains import LLMChain
from langchain.llms import OpenAI

llm_chain = LLMChain(llm=OpenAI(),
                     prompt=PromptTemplate.from_template("{input}"))
llm_chain.run('上海的旅游景点有哪些? ')
```

运行 LLMChain 后,大语言模型回答的是:

上海的旅游景点有:\n\n1. 上海迪士尼乐园\n2. 东方明珠塔\n3. 南京路步行街\n4. 上海外滩\n5. 上海野生动物园\n6. 外白渡桥\n7. 南京路商业街\n8. 上海科技馆\n9. 上海老城隍庙\n10. 上海博物馆\n11. 上海浦江夜游\n12. 上海水上乐园\n13. 上海徐汇森林公园\n14. 上海金茂大厦\n...

如果想要监控这个链组件,则可以添加一些回调逻辑,比如想要命令行输出这个链组件运行的相关信息,则可以给这个链组件增加一个回调处理器。这里导入内置的StdOutCallbackHandler,并且创建它的实例 handler_1。

```
from langchain.callbacks import StdOutCallbackHandler
handler_1 = StdOutCallbackHandler()
```

回调处理器的使用很简单,将 handler_1 作为回调处理器通过 callbacks=[handler_1]参数添加到 LLMChain 中,以实现对链组件运行状态的监控和命令行输出。这意味着可以添加多个回调处理器，完成不同的任务逻辑。

```
llm_chain = LLMChain(llm=OpenAI(),callbacks=[handler_1],
                     prompt=PromptTemplate.from_template("{input}"))
llm_chain.run('上海的旅游景点有哪些？')
```

这样就给一个 LLMChain 添加了一个回调处理器，内置的 StdOutCallbackHandler
完成的是标准的链组件的打印输出。当继续运行这个链组件时，在命令行界面中就可
以看到以 Entering new AgentExecutor chain...为开始，以 Finished chain 为结尾的标准
输出。

```
> Entering new LLMChain chain...
Prompt after formatting:
上海的旅游景点有哪些？

> Finished chain.
'\n\n上海的旅游景点有：\n1. 东方明珠广播电视塔\n2. 豫园\n3. 外滩\n4. 南京路步行街
\n5. 上海野...'\n\n
```

8.3　自定义回调处理器

在程序开发过程中，常常会遇到一些特定的需求，例如为每个用户请求单独创建
日志文件，或在发生某一个关键事件时及时发送通知。这些需求超出了内置回调处理
器的能力范围，而自定义回调处理器在此时发挥了重要的作用。为了真正充分利用回
调处理器，需要设计并实现自己的处理器。

每一个链，从它被创建到最终被销毁，都会经历多个关键阶段。在链的生命周期
中，每一个阶段都可能会触发某些事件。为了确保在恰当的时机介入并执行相应的操
作，需要深入了解每一个阶段并对其进行精确的控制。这样，当链处于某个特定的阶
段时，就可以在相应的回调处理器方法中执行预定的代码。

在某些情况下，可能只希望在特定的请求中执行特定的代码，而不是在链的整个
生命周期中。这种需求可以通过请求回调来实现。请求回调为实现这种特定请求提供
了灵活性。例如，在一个场景中，你只希望在某个特定的请求中记录日志，而不是在
所有的请求中都这样做。通过使用请求回调，你可以轻松地达到这个目的。

不过，无论如何设计和使用回调处理器，最关键的始终是理解自己的业务逻辑需
求。只有清晰地知道自己想要达到的目的，才能在正确的回调处理器方法中插入合适
的代码，确保在合适的时机执行正确的操作。自定义回调处理器提供了一个强大的框
架，但如何充分利用这个框架，最终取决于对业务需求的理解和技术的运用。

在编写自定义回调处理器之前，了解其背后的基础类是非常重要的。BaseCallbackHandler 正是这样一个核心类，其提供了一个强大而灵活的框架，可以轻松地响应和处理各种事件。这个类定义了一系列的方法，每一个都与 LangChain 中的一个特定事件相对应。只有深入理解了这些事件和方法，才能有效地为应用编写自定义的回调处理器。

1. LLM 事件

on_llm_start：当 LLM 启动并开始处理请求时，这个方法会被调用。它提供了一个机会，例如，初始化某些资源或记录开始时间。

on_llm_new_token：当 LLM 生成一个新的令牌时，这个方法就会被执行。它在流式处理中特别有用，其允许实时捕获和处理每一个生成的令牌。

on_llm_end：当 LLM 完成任务并生成了完整的输出时，这个方法就会被调用。它提供了一个机会进行清理操作或记录任务的完成时间。

on_llm_error：如果在 LLM 处理过程中发生任何错误，则这个方法将会被执行。可以在这个方法中添加错误日志或执行其他的错误处理操作。

2. 聊天模型事件

on_chat_model_start：这个方法在 Chat Model 类模型包装器开始工作时被调用。它提供了一个机会进行初始化操作或其他准备工作。

3. 链事件

on_chain_start：当链开始执行时，这个方法会被调用。可以在这个方法中进行一些初始化操作。

on_chain_end：在链完成所有任务后，这个方法就会被执行。它提供了一个机会进行清理操作或收集结果。

on_chain_error：如果链在执行过程中遇到错误，则这个方法将会被调用。它许进行错误处理或日志记录。

4. 工具事件

on_tool_start：当工具开始执行任务时，这个方法就会被调用。

on_tool_end：在工具成功完成任务后，这个方法就会被执行。

on_tool_error：如果工具在执行过程中发生错误，则这个方法将会被执行。

5. 其他事件

on_text：当需要处理任意文本时，这个方法会被调用。它提供了一个机会对文本进行处理或分析。

on_agent_action：当代理执行某个特定的操作时，这个方法就会被执行。

on_agent_finish：在代理完成所有操作后，这个方法就会被调用。

BaseCallbackHandler 是一个强大的基础类，使开发者可以轻松地定义和处理各种事件。深入理解这个基础类是编写自定义回调处理器的关键。

如果你要自定义自己的回调处理器，则可以继承 BaseCallbackHandler 并重写你需要的方法。例如，如果你想在大语言模型开始输出时打印一条消息，则可以这样做：

```
class MyCallbackHandler(BaseCallbackHandler):
    def on_llm_start(self, serialized, prompts, kwargs):
        print("LLM has started!")
```

一旦你自定义了自己的回调处理器，就可以将其传递给 LLMChain，以便在相应的事件发生时执行你的方法。例如：

```
handler = MyCallbackHandler()
chain = LLMChain(llm=llm, prompt=prompt, callbacks=[handler])
```

第 9 章

使用 LangChain 构建应用程序

在探索和学习新技术时，了解 LangChain 框架的理论知识固然重要，但实际的案例分析与实践尝试能为你提供更加直观的认识和更深入的理解。

本章主要以解析案例代码为主。通过具体的实践操作，你可以更好地理解 LangChain 技术的本质，了解各个模块如何协同工作，以及如何在实际应用中发挥其价值。

本章介绍的 3 个精选案例分别是：与本地电脑 PDF 文档对话的 PDF 问答程序，高效的对话式表单程序，以及当前炙手可热的 Agent 项目 BabyAGI。这 3 个案例不仅体现了 LangChain 在 LLM 应用程序中的应用潜力，更重要的是，它们将为你一步步展示如何将 LangChain 的核心模块——模型 I/O 模块、Chain 链模块、记忆模块、数据增强模块及 Agent 模块，融合到实际应用中。

值得注意的是，介绍这些案例代码主要是为了教学和解释，它们可能并不适用于真实的生产环境。另外，可能在你的电脑环境中运行案例代码后，比如打印文本切分的块数，得到了与案例不一样的数值结果。比如案例中拆分出 446 个块，而你拆分出 448 个块。这种差异可能是以下几点原因造成的：

（1）文档内容存在微小差异，如额外的空白或换行；

（2）两个环境中库的版本有所不同；

（3）chunk_overlap 等参数导致的边界效应；

（4）Python 或其他库的版本存在差异。

相同地，在执行相同的查询代码时，大语言模型可能会给出略有不同的答案。这种现象的背后原理与大语言模型的工作机制有关。大语言模型（如 GPT 系列）是基于概率的模型，它预测下一个词的可能性是基于训练数据中的统计信息。当模型为生成文本时，它实际上是在每个步骤中做出基于概率的决策，所以，当你在执行案例中的查询代码时可能会得到与案例稍微不同的答案。

9.1 PDF 问答程序

PDF 问答程序是可以引入外部数据集对大语言模型进行微调，以生成更准确的回答的程序。假设你是一个航天飞机设计师，你需要了解最新的航空材料技术。你可以将几百页的航空材料技术文档输入到大语言模型中，模型会根据最新的数据集给出准确的答案。你不用看完整套材料，而是根据自己的经验提出问题，获得你想要知道的技术知识。

PDF 问答程序界面中呈现的是人类与文档问答程序的聊天内容，但实质上，人类仍然是在与大语言模型交流，只不过这个模型现在被赋予了接入外部数据集的能力。就像你在与一位熟悉公司内部文档的同事交谈，尽管他可能并未参与过这些文档的编写，但他可以准确地回答你的问题。

在大语言模型出现之前，人类不能像聊天一样与文档交流，只能依赖于搜索。例如，你正在为一项重要的报告寻找资料，你必须知道你需要查找的关键词，然后在大量的信息中筛选出你需要的部分。而现在，你可以通过聊天的方式——即使你不知道具体的关键词，也可以让模型根据你的问题告诉你答案。你就好像在问一位专业的图书馆员，哪些书可以帮助你完成这份报告。

为什么要引入文档的外部数据集呢？这是因为大语言模型的训练数据都是在2021 年 9 月之前产生的，之后产生的知识和信息并未被包含进去。大语言模型就像一个生活在过去的时间旅行者，他只能告诉你他离开的那个时刻之前的所有信息，但对之后的信息一无所知。

引入外部数据集还有一个重要的目的，那就是修复大语言模型的"机器幻觉"，避免给出错误的回答。试想一下，如果你向一个只知道过去的信息的人询问未来的趋势，他可能会基于过去的信息进行推断，但这样的答案未必正确。所以，要引入最新的数据，让大语言模型能够更准确地回答问题，避免因为信息过时产生的误导。

另外，现在普遍使用的数据文档形式包括 PDF、JSON、Word、Excel 等，这些都是获取实时知识和数据的途径。同时，这类程序现在非常受欢迎，比如最著名的 Chat PDF 和 ChatDOC，还有针对各种特定领域的程序，如针对法律文档的程序。就像在阅读各种格式的图书一样，不同的程序能够为你提供不同的知识和信息。

以上就是选择 PDF 问答程序作为本章案例的原因。

9.1.1　程序流程

PDF 问答程序的实现方式是利用 LangChain 已实现的向量存储、嵌入，以及使用查询和检索相关的链来获取外部数据集及处理文档，在进行相关性检索后进行合并处理，将其置入大语言模型的提示模板中，实现与 PDF 文件交流的目的。

这里选定的文档是 Reid Hoffman 写的一本关于 GPT-4 和人工智能的书，下载这份 PDF 文档并将其转换为可查询和交互的形式。

连接这个 PDF 文档数据使用的是 LEDVR 工作流管理，最后使用内置的 RetrievalQA 问答链和 load_qa_chain 方法构造文档链组件，并且使用不同的文档合并链 Stuff 和 Map re-rank 对比答案的质量。

LEDVR 工作流

L：加载器。首先，选择的文档是 Reid Hoffman 写的一本关于 GPT-4 和人工智能的书。为了使用户与这个 PDF 问答程序能够进行互动回答和查询，首先需要通过加载器从本地获取这份数据。加载器提供了从各种来源获取数据的通道，并为后续步骤做好准备。

E：嵌入模型包装器。接下来，需要处理这份 PDF 文档的内容。通过嵌入模型包装器，将文档中的每一段文字转换为一个高维向量。这一步的目的是实例化一个嵌入模型包装器对象，方便后续将向量传递给向量存储库。

D：文档转换器。这个环节主要是切分文本，转换文档对象格式。如果文档过长，则文档转换器可以将其切分成更小的段落。

V：向量存储库。将 LED 的成果都交给向量存储库，在实例化嵌入模型包装器对象时，将切分后的文档转换为向量列表。处理好的向量将被存储在向量存储库中。这是一个专为高维向量设计的存储系统，它允许快速地查找和检索向量，为后续的查询提供了极大的便利。

R：检索器。最后，当用户想要查询某个特定的信息时，检索器就会进入工作状态。检索器会将用户的查询问题转换为一个嵌入向量，并在向量存储库中寻找与之最匹配的文档向量。在找到最相关的文档后，检索器会返回文档的内容，满足用户的查询需求。

创建链

采用 RetrievalQA 内置的问答链结合 load_qa_chain 方法可以创建文档链部件，然后通过对比 Stuff 与 Map re-rank 这两种不同的合并文档链来评估答案的优劣。

9.1.2　处理 PDF 文档

首先安装所需的 Python 库来为后续的操作打基础。

```
pip -q install langchain openai tiktoken PyPDF2 faiss-cpu
```

这里安装了 LangChain、openai、tiktoken、PyPDF2 和 faiss-cpu 这 5 个库。其中，openai 是 OpenAI 的官方库，能与其 API 进行交互。tiktoken 是用于计算字符串中 token 数的工具，PyPDF2 允许处理 PDF 文件，而 faiss-cpu 是一个高效的相似性搜索库。这里为 OpenAI 设置了 API 密钥：

```
import os
os.environ["OPENAI_API_KEY"] = "填入你的密钥"
```

首先在本书的代码仓库中下载一个名为 impromptu-rh.pdf 的文件。这个文件在后续的代码中会被用到，比如进行文本分析。

为了从 PDF 文档中提取内容，需要一个 PDF 阅读器。这里选择了一个基础的 PDF 阅读器，但在实际应用中，可能需要根据具体需求选择更复杂或专业的 PDF 处理库。在处理 PDF 文档时，可能会遇到格式问题或其他意外情况，因此选择合适的工具和方法是很重要的。不同的项目或数据源可能需要不同的处理方法，这也是为什么有时需要使用更高级的工具或服务，比如 AWS、Google Cloud 的相关 API。

为了处理 PDF 和后续的操作，导入以下库和工具：

```
from PyPDF2 import PdfReader
from langchain.embeddings.openai import OpenAIEmbeddings
from langchain.text_splitter import CharacterTextSplitter
from langchain.vectorstores import FAISS
```

PdfReader 是 PDF 阅读器，它来自 PyPDF2 库，可用于从 PDF 文档中读取内容。OpenAIEmbeddings 可用于嵌入或转换文本数据。CharacterTextSplitter 可用于处理或切分文本。而 FAISS 是一个高效的相似性搜索库，后续可用于文本或数据的搜索和匹配。

加载之前下载的 PDF 文档：

```
doc_reader = PdfReader('/content/impromptu-rh.pdf')
```

通过使用 PdfReader，将 PDF 文档的内容加载到 doc_reader 变量中。这一步的目的是读取 PDF 文档并为后续的文本提取做准备。

为了验证是否成功加载了 PDF 文档，可以打印 doc_reader，得到的输出结果是这个对象在内存中的地址：<PyPDF2._reader.PdfReader at 0x7f119f57f640>，这表明 doc_reader 已经成功创建并包含了 PDF 文档的内容。

紧接着，从 PDF 文档中提取文本，这部分代码的作用是遍历 PDF 文档中的每一页，并使用 extract_text() 方法提取每一页的文本内容，然后将这些文本内容累加到 raw_text 变量中。

```
raw_text = ''
for i, page in enumerate(doc_reader.pages):
    text = page.extract_text()
    if text:
        raw_text += text
```

为了验证是否成功地从 PDF 文档中提取了文本，这里打印了 raw_text 变量的长度，得到的结果是 356710。请注意文本拆分的方法很简单，就是将这个长字符串按照字符数拆分。比如可以设定每 1000 个字符为一个块，即 chunk_size = 1000。

```
# Splitting up the text into smaller chunks for indexing
text_splitter = CharacterTextSplitter(
    separator = "\n",
    chunk_size = 1000,
    chunk_overlap  = 200, #striding over the text
    length_function = len,
)
texts = text_splitter.split_text(raw_text)
```

总共切了 448 个块：

```
len(texts) # 448
```

在这个代码片段中，chunk_overlap 参数用于指定文本切分时的重叠量（overlap）。它表示在切分后生成的每个块之间重叠的字符数。具体来说，这个参数表示每个块的前后，两个块之间会有多少个字符是重复的。例如 chunkA 和 chunkB，它们之间有 200 个字符是重复的。

然后，采用滑动窗口的方法来拆分文本。即每个块之间会有部分字符重叠，比如在每 1000 个字符的块上，让前后两个块有 200 个字符重叠。

可以随机打印一块的内容：

```
texts[20]
```

输出是：

> 'million registered users. \nIn late January 2023, Microsoft1—which had invested $1 billion \nin OpenAI in 2019—announced that it would be investing $10 \nbillion more in the company. It soon unveiled a new version of \nits search engine Bing, with a variation of ChatGPT built into it.\n1 I sit on Microsoft's Board of Directors. 10Impromptu: Amplifying Our Humanity Through AI\nBy the start of February 2023, OpenAI said ChatGPT had \none hundred million monthly active users, making it the fast-\nest-growing consumer internet app ever. Along with that \ntorrent of user interest, there were news stories of the new Bing \nchatbot functioning in sporadically unusual ways that were \nvery different from how ChatGPT had generally been engaging \nwith users—including showing "anger," hurling insults, boast-\ning on its hacking abilities and capacity for revenge, and basi-\ncally acting as if it were auditioning for a future episode of Real \nHousewives: Black Mirror Edition .'

下面介绍如何将提取的文本转换为机器学习可以理解的格式，并且如何使用这些数据进行搜索匹配。为了理解和处理文本，需要将其转换为向量列表。这里选择使用 OpenAI 的嵌入模型来为文本创建嵌入向量列表。

```
# Download embeddings from OpenAI
embeddings = OpenAIEmbeddings()
```

为了能够高效地在这些向量中搜索和匹配，这里使用 FAISS 库。先把文本 texts 和嵌入模型包装器 OpenAIEmbeddings 作为参数传递，然后通过 FAISS 库创建一个向量存储库，以实现高效的文本搜索和匹配功能。

```
docsearch = FAISS.from_texts(texts, embeddings)
```

通过上面的代码，将原本的文本内容转换为机器学习可以理解和处理的向量数据。基于文本的向量表示，程序就可以进行高效的搜索和匹配了。

相似度检索是其中的一种方法。为了展示如何使用这种方法，下面选择了一个实际中的查询："GPT-4 如何改变了社交媒体？"。

```
query = "GPT-4 如何改变了社交媒体?"
docs = docsearch.similarity_search(query)
```

将查询传递给 similarity_search 方法，在向量数据中通过 docsearch 方法查找与查询最匹配的文档。这种搜索基于向量之间的相似度。得到的搜索结果是一个数组，其中包含了与查询最匹配的文档。

```
len(docs)
```

运行上面的代码，发现结果为 4，这意味着有 4 处文档与查询有关。为了验证搜索的准确性，可以尝试查看第一个匹配的文档。

```
docs[0]
```

在搜索结果中，第一个匹配的文档中多次提到了"社交媒体"（下文中的 Social media），这证明了 PDF 问答程序的查询效果非常好，并且嵌入和相似度搜索的方法都是有效的。

```
Document(page_content='rected ways that tools like GPT-4 and DALL-E 2
enable.\nThis is a theme I've touched on throughout this travelog, but \nit's
especially relevant in this chapter. From its inception, social \nmedia worked
to recast broadcast media's monolithic and \npassive audiences as interactive,
democratic communities, in \nwhich newly empowered participants could connect
directly \nwith each other. They could project their own voices broadly, \nwith
no editorial "gatekeeping" beyond a given platform's terms \nof service.\nEven
with the rise of recommendation algorithms, social media \nremains a medium where
users have more chance to deter -\nmine their own pathways and experiences than
they do in the \nworld of traditional media. It's a medium where they've come
\nto expect a certain level of autonomy, and typically they look for \nnew ways
to expand it.\nSocial media content creators also wear a lot of hats, especially
\nwhen starting out. A new YouTube creator is probably not only', metadata={})
```

前面只有一个 PDF 文档，实现代码也很简单，通过 LangChain 提供的 LEDVR 工作流管理，完成得很快。接下来，要处理多文档的提问。在现实中要获取到真实的信息，通常需要跨越多个文档，比如读取金融研报、新闻综合报道等。

9.1.3　创建问答链

在 9.1.2 节中，加载了一个 PDF 文档，在将其转换格式及切分字符后，通过创建向量数据来进行搜索匹配并获得了问题的答案。一旦我们有了已经处理好的文档，就可以开始构建一个简单的问答链。下面看一看如何使用 LangChain 创建问答链。

在这个过程中，这里选择了内置的文档处理链中一种被称为 stuff 的链类型。在 Stuff 模式下，将所有相关的文档内容都全部提交给大语言模型处理，在默认情况下，放入的内容应该少于 4000 个标记。除 Stuff 链外，文档处理链还有 Refine 链、MapReduce 链、重排链。重排链在后面会用到。

```
from langchain.chains.question_answering import load_qa_chain
from langchain.llms import OpenAI
chain = load_qa_chain(OpenAI(), chain_type="stuff")
```

下一步，构建查询。首先，使用向量存储中返回的内容作为上下文片段来回答查询。然后，将这个查询传给 LLM。LLM 会回答这个查询，并给出相应的答案。例如，查询的问题是"这本书是哪些人创作的？"语言模型链将该问题传递给向量存储库进行相似性搜索。向量存储库会返回最相似的 4 个文档片段 doc，通过运行 chain.run 并传递问题和相似文档片段，然后 LLM 会给出一个答案。

```
query = "这本书是哪些人创作的？"
docs = docsearch.similarity_search(query)
chain.run(input_documents=docs, question=query)
```

看看 LLM 回答了什么：

```
' 不知道'
```

在默认情况下，系统会返回 4 个最相关的文档，但可以更改这个数字。例如，可以设置返回 6 个或更多的搜索结果。

```
query = "这本书是哪些人创作的？"
docs = docsearch.similarity_search(query,k=6)
chain.run(input_documents=docs, question=query)
```

然而，需要注意的是，如果设置返回的文档数量过多，比如设置 k=20，那么总的标记数可能会超过模型平台的最大上下文长度，导致错误。例如，你使用的模型的最大上下文长度为 4096，但如果请求的标记数超过了 5000，则系统就会报错。

设置返回的文档数量为 6，则获取的结果是：

```
'这本书的作者是 Reid Hoffman 和 Sam Altman。'
```

在这种情况下，如果相关文档的内容多一些，则答案会更加准确一些。设置的返回的文档数量越少，意味着大语言模型获取到的相关信息也就越少。之前询问 query = "这本书是哪些人创作的？"仅仅返回了 4 条结果，导致它回答了"不知道"。而修改返回的文档数量为 6 条时，它找出了作者 Reid Hoffman。它还提到了 Sam Altman，实际上 Sam Altman 并不是作者。出现这种错误可能是因为使用了低级的模型型号，默认 LLM 类模型包装器是 "text-davinci-003" 型号，这个型号的能力远不如 GPT-4。

重排链

Stuff 链的优势是把所有文档的内容都放在提示词模板中，并不对文档进行细分处理。而重排链则是选择了优化的算法，提高查询的质量。

下面提出更复杂的查询。比如说，想要知道"OpenAI 的创始人是谁？"并且想要获取前 10 个最相关的查询结果。在这种情况下，会返回多个答案，而不仅仅是一个。可以看到它不只返回一个答案，而是根据需求返回了每个查询的答案和相应的评分。

```
from langchain.chains.question_answering import load_qa_chain

chain = load_qa_chain(OpenAI(),
        hain_type="map_rerank",return_intermediate_steps=True)

query = "OpenAI 的创始人是谁？"
docs = docsearch.similarity_search(query,k=10)
results = chain(
```

```
{"input_documents": docs, "question": query}, return_only_outputs=True)
```

return_intermediate_steps=True 是重要的参数，设置这个参数可以让我们看到 map_rerank 是如何对检索到的文档进行打分的。

下面对返回的每个查询结果进行评分。例如，OpenAI 在这本书中被多次提及，因此它的评分可能会有 80 分，90 分甚至 100 分。观察 intermediate_steps 中的内容，有 2 个得分为 100 的答案。

```
{'intermediate_steps': [{'answer': ' This document does not answer the
question.',
    'score': '0'},
  {'answer': ' OpenAI 的创始人是 Elon Musk, Sam Altman, Greg Brockman 和 Ilya
Sutskever。',
    'score': '100'},
  {'answer': ' This document does not answer the question. ', 'score': '0'},
  {'answer': ' This document does not answer the question.', 'score': '0'},
  {'answer': ' This document does not answer the question.', 'score': '0'},
  {'answer': ' This document does not answer the question', 'score': '0'},
  {'answer': ' OpenAI 的创始人是 Elon Musk、Sam Altman、Greg Brockman、Ilya
Sutskever、Wojciech Zaremba 和 Peter Norvig。',
    'score': '100'},
  {'answer': ' This document does not answer the question.', 'score': '0'},
  {'answer': ' This document does not answer the question.', 'score': '0'},
  {'answer': ' This document does not answer the question.', 'score': '0'}],
  'output_text': ' OpenAI 的创始人是 Elon Musk, Sam Altman, Greg Brockman 和
Ilya Sutskever。'}
```

在进行评分后，模型输出一个最终的答案：'score': '100'，即得分为 100 的那个答案：

```
results['output_text']
```

' OpenAI 的创始人是 Elon Musk, Sam Altman, Greg Brockman 和 Ilya Sutskever。'

为了搞清楚为什么模型会评分，可以打印提示词模板。

```
# check the prompt
chain.llm_chain.prompt.template
```

从提示词模板内容中可以看出，为了确保大语言模型能够在收到问题后提供准确和有用的答案，LangChain 为模型设计了一套详细的提示词模板。该提示词模板描述了如何根据给定的背景信息回答问题，并如何为答案打分。提示词模板开始强调了整体目标：使模型能够根据给定的背景信息提供准确的答案，并为答案打分（第 1~5 行代码）。

模型需要明白其核心任务：根据给定的背景信息回答问题。如果模型不知道答案，则它应该直接表示不知道，而不是试图编造答案。对于这一点要提醒模型：如果不知

道答案,应该直接表示不知道,而不是编造答案(第 1 行代码)。

接下来,为模型提供答案和评分的标准格式。对于答案部分,要求模型简洁、明确地回答问题,而对于评分部分,则要求模型为其答案给出一个 0~100 的分数,用以表示答案的完整性和准确性。这部分明确了答案和评分的格式,并强调了答案的完整性和准确性(第 5~6 行代码)。

通过 3 个示例,模型可以更好地理解如何根据答案的相关性和准确性为其打分(第 7~21 行代码)。在示例中强调了答案的完整性和准确性是评分的核心标准。

最后,为了使模型能够在具体的实践中应用上述提示词模板,这里为模型提供了一个上下文背景和用户输入问题的模板。当模型接到一个问题时,它应使用此模板为问题提供答案和评分(第 22~25 行代码)。下面是格式化和翻译过后的提示词模板。

---

1. 当你面对以下的背景信息时,如何回答最后的问题是关键。如果不知道答案,则直接说你不知道,不要试图编造答案。

2. 除提供答案外,还需要给出一个分数,表示它如何完全回答了用户的问题。请按照以下格式:

3. 问题:[qustion]

4. 有帮助的答案:[answer]

5. 分数:[分数范围为 0~100]

6. 如何确定分数:
   - 更高的分数代表更好的答案
   - 更好的答案能够充分地回应所提出的问题,并提供足够的细节
   - 如果根据上下文不知道答案,那么分数应该是 0
   - 不要过于自信!

7. 示例 #1

8. 背景:
   - 苹果是红色的

9. 问题:苹果是什么颜色?

10. 有帮助的答案:红色

11. 分数:100

12. 示例 #2

13. 背景:
   - 那是夜晚,证人忘了带他的眼镜。他不确定那是一辆跑车还是 SUV

---

14. 问题：那辆车是什么类型的?

15. 有帮助的答案：跑车或 SUV

16. 分数：60

17. 示例 #3

18. 背景：
    - 梨要么是红色的，要么是橙色的

19. 问题：苹果是什么颜色?

20. 有帮助的答案：这个文档没有回答这个问题

21. 分数：0

22. 开始!

23. 背景：
    - {context}

24. 问题：{question}

25. 有帮助的答案：

格式化和翻译的提示词模板

RetrievalQA 链

RetrievalQA 链是 LangChain 已经封装好的索引查询问答链。在将其实例化之后，可以直接把问题扔给它，从而简化了很多步骤，并可以获得比较稳定的查询结果。

为了创建这样的链，需要一个检索器。可以使用之前设置好的 docsearch 作为检索器，并且可以设置返回的文档数量为 "k":4。

```
docsearch = FAISS.from_texts(texts, embeddings)
from langchain.chains import RetrievalQA

retriever = \
docsearch.as_retriever(search_type="similarity", search_kwargs={"k":4})
```

将 RetrievalQA 链的 chain_type 设置为 stuff 类型，stuff 类型会将搜索到的 4 个相似文档片段全部提交给 LLM。

```
# create the chain to answer questions
rqa = RetrievalQA.from_chain_type(llm=OpenAI(),
                                  chain_type="stuff",
                                  retriever=retriever,
```

```
                              return_source_documents=True)
```

设置 return_source_documents=True 后，当查询 "OpenAI 是什么" 时，不仅会得到一个答案，还会得到源文档 source_documents。

```
query = "OpenAI 是什么?"
rqa(query)['result']
```

查询的结果是：

' OpenAI 是一家技术研究和开发公司，旨在研究人工智能的安全性、可控性和效率。它的主要目标是使智能技术得以广泛使用，以改善人类生活。'

如果不需要中间步骤和源文档，只需要最终答案，那么可以直接请求返回结果。设置 return_source_documents 为 False。

比如问 "GPT-4 对创新力有什么影响?"

```
query = "GPT-4 对创新力有什么影响?"
rqa(query)['result']
```

它会直接返回结果，不包括源文档。

' GPT-4 可以加强创作者和创作者的创作能力和生产力，从而提高创新力。它可以帮助他们，例如头脑风暴、编辑、反馈、翻译和营销。此外，GPT-4 还可以帮助他们更快地完成任务，从而提高他们的生产效率。它也可以帮助他们更深入地思考，更有创意地思考'

9.2 对话式表单

本节会介绍这个由大语言模型驱动的提问和用户回答的程序。它并不是常见的 AI 程序，即并非人类提出问题，AI 进行回答，而是角色发生了转变：AI 主动提出问题，人类进行回答。

这类程序已经被广泛地应用到各种生活场景中。想象一下，你正在参加一家公司的招聘，面试的过程全由这个程序负责。它会以面试官的口吻提出一系列关于岗位的问题让你来回答。或者，你每天要通过几百个人的好友申请，与他们打招呼、了解需求等，这个程序会自动跟新好友聊天，根据他们的回答来为其打标签，保存名片信息。或者，你正在填写一张报名表，这个程序会根据你之前的回答，逐步引导你完成报名。这些都是这类程序在具体生活中的使用案例，可以看出其实用性。

这类程序需要完成两个主要任务。首先，需要让大语言模型只负责提问，而不进行回答，同时限制问题的范围。以招聘程序为例，程序只会提出关于岗位认识的问题，让面试者进行回答。

其次，程序需要根据用户的回答来更新数据库和下一个问题。例如，有一个用户回答"我叫李特丽",程序就能够识别出这个用户的名字是"李特丽",并将其保存到数据库中。然后,程序会检查对于这个用户是否还有其他信息缺失,例如用户的居住城市或电子邮箱地址等,如果有缺失的信息,它就会选择相应的问题进行提问,例如"你住在哪里?"一旦所有需要的信息都收集齐全,程序就会结束这一次的对话。

9.2.1 OpenAI 函数的标记链

本节介绍如何创建一个对话式表单,实现让用户以自然对话的方式填写表单信息。

在网页中经常会出现表单让用户填写信息。在网页中处理这些表单非常容易,因为信息可以很容易地被解析和处理。但是,如果将表单放入一个聊天机器人中,并且希望用户能够以自然对话的方式回答,那么该怎么办?可以使用 OpenAI 函数的标记链来给用户的信息做"标记"。标记链是使用 OpenAI 函数的参数来指定一个标记文档的模式。这有助于确保模型输出理想的精确标签,以及它们对应的类型。

比如我们正在处理大量的文本数据,希望分析每一段文本的情绪是积极的还是消极的。在这种情况下,就可以使用标记链来实现这个功能。此时,我们需要的不仅仅是模型的输出结果,更重要的是这些结果必须是我们想要的,比如具有情绪类型的标签。

标记链一般在想要给文本标注特定属性的时候使用。例如,有人可能会问:"这条信息的情绪是什么?"在这个例子中,"情绪"就是想要标注的特定属性,而标记链就可以帮助实现这个目标。

通过这种方式,不仅可以标注出文本的情绪,还可以标注出文本的其他属性,如主题、作者的观点等。这个过程就好像给文本贴上了一张张标签,使程序可以更快、更准确地理解和分析文本。

9.2.2 标记链的使用

在开始项目之前首先需要安装所需的 Python 包。这里需要从 GitHub 上下载并安装 LangChain。因为它的最新版本可以支持标记链功能,所以这里使用 pip 命令进行安装:

```
pip install openai tiktoken langchain
```

接下来,设置 OpenAI 的 API 密钥,使其可以与 OpenAI 服务进行通信:

```
import os
os.environ["OPENAI_API_KEY"] = "填入你的密钥"
```

为了使用相应的功能，需要从相应的库中导入一些特定的类和方法：

```
from langchain.chat_models import ChatOpenAI
from langchain.chains import LLMChain
from langchain.prompts import ChatPromptTemplate
from pydantic import BaseModel, Field
from enum import Enum
from langchain.chains.openai_functions import (
    create_tagging_chain,
    create_tagging_chain_pydantic,
)
```

接下来，定义了一个 Pydantic 数据模式 PersonalDetails，描述 name、city 和 email 字段的数据类型。

```
class PersonalDetails(BaseModel):
    # 定义数据的类型
    name: str = Field(
        ...,
        description = "这是用户输入的名字"
    )
    city: str = Field(
        ...,
        description = "这是用户输入的居住城市"
    )
    email: str = Field(
        ...,
        description = "这是用户输入的邮箱地址"
    )
```

接着，使用 ChatOpenAI 类，该类是一个聊天模型包装器，选择的模型型号是 gpt-3.5-turbo-0613，这个型号仅仅适用于聊天模型包装器：

```
llm = ChatOpenAI(temperature=0, model="gpt-3.5-turbo-0613")
```

为了自动标记用户的对话并将其分类到适当的字段，下面创建一个标记链：

```
chain = create_tagging_chain_pydantic(PersonalDetails,llm)
```

通过以下示例可以看到程序是如何运行这个标记链，以处理用户提供的信息的：

```
test_str1 = "你好，我是李特丽，我住在上海浦东，我的邮箱是: liteli1987@XX.com"
test_res1 = chain.run(test_str1)
```

程序成功运行后，用户的输入被正确地分配到了 PersonalDetails 数据模式中：

```
PersonalDetails(name='李特丽', city='上海浦东', email='liteli1987@XX.com')
```

下面进一步测试标记链的健壮性。即使没有提供完整的信息，标记链仍然可以成功捕获所提供的部分：

```
test_str2 = "我的电子邮箱地址是：liteli1987@XX.com"
test_res2 = chain.run(test_str2)
test_res2
```

最终，即使没有提供姓名和城市，标记链仍然能够成功捕获用户的电子邮件地址：

```
PersonalDetails(name='', city='', email='liteli1987@XX.com')
```

还可以加入一些干扰信息，比如告诉它笔者的电子邮箱地址，以及顺带告诉它笔者弟弟的电子邮箱地址。

```
test_str3 = "我叫李特丽，我弟弟的电子邮箱是地址：1106968391@xx.com"
test_res3 = chain.run(test_str3)
test_res3
```

但它并不会把笔者弟弟的电子邮箱地址记录到笔者的信息里。

```
PersonalDetails(name='李特丽', city='', email='')
```

9.2.3 创建提示词模板

还记得这个程序需要完成的两个主要任务吗？第一个任务便是需要让大语言模型只负责提问，不进行回答，同时限制问题的范围。可以通过设置提示词模板，运行一个 LLM 链完成这一目标。为了实现这一目标，这里定义一个函数 ask_for_info，这个函数接受一个名为 ask_for 的参数列表，列表中的元素代表希望模型询问用户的信息，如姓名、城市和电子邮件地址。

在函数内部定义了一个提示词模板 first_prompt。这个模板指导大语言模型如何与用户进行交互。具体地说，模板中有几个重要的指导原则：1）大语言模型应该扮演前台的角色，并询问用户的个人信息。2）大语言模型不应该跟用户打招呼，只需要解释需要哪些信息。3）所有大语言模型的输出都应该是问题。4）大语言模型应该从 ask_for 列表中随机选择一个项目进行提问。

```
def ask_for_info(ask_for=["name","city","email"]):
    # 定义一个提示词模板
    first_prompt = ChatPromptTemplate.from_template(
        """
        假设你现在是一名前台，你现在需要对用户进行询问他个人的具体信息。
        不要跟用户打招呼！你可以解释你需要什么信息。不要说"你好！"！
        接下来你和用户之间的对话都是你来提问，凡是你说的都是问句。
        你每次随机选择{ask_for}列表中的一个项目，向用户提问。
        比如["name","city"]列表，你可以随机选择一个"name"，
        ····你的问题就是"请问你的名字是？"
        """
    )
info_gathering_chain = LLMChain(llm=llm, prompt=first_prompt)
chat_chain = info_gathering_chain.run(ask_for=ask_for)
```

```
return chat_chain
```

当调用 ask_for_info 函数并为其提供一个 ask_for 列表时，大语言模型会根据提示词模板生成一个与列表中的某个项目相关的问题。

```
ask_for_info(ask_for=["name","city","email"])
```

例如，让大语言模型询问用户的姓名、城市和电子邮件地址。在程序运行后，模型首先询问姓名："请问你的名字是？"这正是我们希望大语言模型在此场景中做的事情，它证明了程序的设计是成功的。

```
'请问你的名字是？'
```

9.2.4　数据更新和检查

本节会进行数据的更新和检查。这里定义一个函数，用于检查数据是否填写完整。首先，定义一个函数 check_what_is_empty，其主要目的是检查用户的个人信息中哪些数据是空缺的。通过遍历用户的详细信息字典，该函数可以发现哪些字段是空的，并将这些字段名收集到 ask_for 列表中返回。

```
def check_what_is_empty(user_personal_details):
    ask_for = []
    # 检查项目是否为空
    for field,value in user_personal_details.dict().items():
        if value in [None, "", 0]:
            print(f"Field '{field}' 为空" )
            ask_for.append(f'{field}')
    return ask_for
```

为了测试这个函数，这里创建了一个名为 user_007_personal_details 的示例用户，并为该用户的所有字段赋予空值。在调用 check_what_is_empty 函数后，发现该用户的所有字段（姓名、城市和电子邮件）都是空的。

```
user_007_personal_details = PersonalDetails(name="",city="",email="")
```

运行 check_what_is_empty 函数，查看哪些数据没有填写：

```
ask_for = check_what_is_empty(user_007_personal_details)
ask_for
```

结果显示 007 的姓名、城市和电子邮箱地址都没有填写。

```
Field 'name' 为空
Field 'city' 为空
Field 'email' 为空
['name', 'city', 'email']
```

接下来定义一个 add_non_empty_details 函数负责更新用户的信息。当程序与用户进行交互并收到用户的回答时，这个函数将根据用户的回答更新内存中的用户信息，确保始终有用户的最新信息。

```
def add_non_empty_details(current_details:PersonalDetails,
new_details:PersonalDetails):
    # 这是已经填好的用户信息
    non_empty_details = {k:v for k,v in new_details.dict().items() if v not
in
    [None, "", 0]}
    update_details = current_details.copy(update=non_empty_details)
    return update_details
```

为了测试这个功能，让程序向用户 user_007 提问，该用户回答说他的名字是 007。随后程序调用了 add_non_empty_details 函数，并确认用户的名字已经更新为 007，而其他字段仍然为空。

```
res = chain.run("我的名字 007")
user_007_personal_details =
add_non_empty_details(user_007_personal_details,res)
user_007_personal_details
```

运行标记链后，更新一条数据。

```
PersonalDetails(name='007', city='', email='')
```

继续使用 check_what_is_empty 函数，确认还需要向用户询问哪些信息。结果显示，还需要询问该用户的城市和电子邮件地址。

```
ask_for = check_what_is_empty(user_007_personal_details)
ask_for
```

调用检查函数后，可以看到以下结果。

```
["city","email"]
```

为了使整个流程更为自动化，这里定义一个 decide_ask 函数。这个函数的作用是决定程序是否需要继续向用户提问，并且程序会自动调用 ask_for_info 函数来进行提问。如果所有的信息都已经填写完整，那么它会输出"全部填写完整"。

```
def decide_ask(ask_for=["name","city","email"]):
    if ask_for:
        ai_res = ask_for_info(ask_for=ask_for)
        print(ai_res)
    else:
        print("全部填写完整")
decide_ask(ask_for)
```

下面以 user_999 为例进行一个完整的交互。首先程序询问该用户的名字，用户回答后，程序确认用户的名字并继续询问其他信息。当所有的信息都已经填写完整后，程序停止了提问。

```
user_999_personal_details = PersonalDetails(name="",city="",email="")
```

启动程序。

```
decide_ask(ask_for)
```

程序开始向 999 用户提问。

请问你的名字是?

999 用户回答后，程序更新了该用户的信息。

```
str999 = "我的名字是999"
user_999_personal_details, ask_for_999 =
filter_response(str999,user_999_personal_details)
decide_ask(ask_for_999)
```

检查电子邮箱地址发现为空，程序继续问："请问你的电子邮件地址是多少？"

```
Field 'email' 为空
请问你的电子邮件地址是多少?
```

999 用户回答自己的电子邮箱地址。

```
str999 = "XX@XX.com"
user_999_personal_details, ask_for_999 =
filter_response(str999,user_999_personal_details)
decide_ask(ask_for_999)
```

程序停止提问。

```
'全部填写完整'
```

整个流程确保了程序可以有效地从用户那里收集所有必要的信息，同时也提供了一种机制，使程序可以在用户提供某些信息后立即更新它们。

9.3　使用 LangChain 实现 BabyAGI

这一节将利用 LangChain 实现 BabyAGI。通过本节内容，读者可以更加直观地看到每一步骤的运行情况，并且也可以在自己的环境中进行实验。

9.3.1　BabyAGI 介绍

BabyAGI 是由 Yohei Nakajima 在 2023 年 5 月发布的一个自治的 AI 代理程序代码。这种自治的 AI 代理旨在根据给定的目标生成和执行任务。它利用 OpenAI、Pinecone、LangChain 和 Chroma 来自动化任务并实现代理特定目标。

在 Agent 模块中，可以把 AgentExecutor 看作一个项目经理，其实 BabyAGI 也可以被看作一个项目经理管理项目。BabyAGI 通过创建、优先处理和执行任务列表来实现代理特定的目标。它还适应变化，并进行必要的调整以确保达到目标。与项目经理一样，BabyAGI 具有从以前的经验中学习并做出明智决策的能力。

我们也可以认为 BabyAGI 是计算机中 AI 驱动的个人助手。通过解释给定的目标，它创建了一个所需任务的列表，然后执行它们。每完成一个任务后，BabyAGI 都会评估结果并相应地调整其方法。BabyAGI 的独特之处在于它能够从试验和错误反馈中学习，做出类似人类的认知决策。它还可以编写和运行代码来实现特定的目标。

使用 BabyAGI 的好处是，可以让我们有更多的时间专注于更高价值的任务，如决策和创意项目。

在原 BabyAGI 项目中，BabyAGI 按照以下步骤来创建 Agent，承担不同的任务，开展自动化任务并联合这些 Agent 以实现目标。下面依然遵照这样的步骤，使用 LangChain 内部的模块功能，创建 Agent，实现与 BabyAGI 相同能力的 Agent。下面先了解一下原来 BabyAGI 的实施步骤（如图 9-1 所示是作者绘制的流程图）。

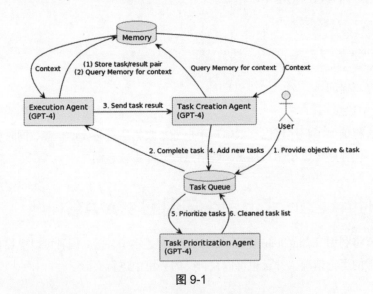

图 9-1

（1）设置明确的目标：首先，用户设置 BabyAGI 将完成的目标。

（2）任务生成（Agent）：接下来，BabyAGI 将使用诸如 GPT-4 之类的大语言模型，将目标细分为一系列潜在任务。然后将任务列表存储在长期内存（向量数据库）中供将来参考。

（3）任务优先级（Agent）：有了任务列表后，BabyAGI 将使用其推理能力评估任务并根据它们的重要性和依赖性对任务进行优先排序，以达到最终的结果。

BabyAGI 将决定首先执行哪个任务。

（4）任务执行（Agent）：然后，BabyAGI 将执行并完成任务。执行的结果和收集到的信息也将被保存在长期记忆中供将来使用。

（5）评估和创建新任务：执行任务后，BabyAGI 将使用其推理能力评估剩余的任务和先前执行的结果。基于评估，它将创建要完成的新任务，以达到最终的目标。

（6）重复：重复这些步骤，直到 BabyAGI 实现原始目标或用户干预为止。BabyAGI 将不断评估目标的进展，并相应地调整任务列表和优先级，以有效地达到期望的结果。

9.3.2 环境与工具

对于此次实验，需要两个主要工具：OpenAI 及一个搜索引擎 API。这两者将会协同完成 BabyAGI 的构建。

```
!pip -q install  langchain huggingface_hub openai google-search-results
tiktoken cohere faiss-cpu

import os

os.environ["OPENAI_API_KEY"] = "填入你的 OPENAI 密钥"
os.environ["SERPAPI_API_KEY"] = "填入你的 SERPAPI 密钥"
```

导入工具：

```
import os
from collections import deque
from typing import Dict, List, Optional, Any

from langchain import LLMChain, OpenAI, PromptTemplate
from langchain.embeddings import OpenAIEmbeddings
from langchain.llms import BaseLLM
from langchain.vectorstores.base import VectorStore
from pydantic import BaseModel, Field
from langchain.chains.base import Chain
```

9.3.3 向量存储

在此示例中使用了 FAISS 向量存储。这是一种内存存储技术，无须进行任何外部调用，例如向 Pinecone 请求。但如果你愿意，完全可以改变其中的一些设定，将其连接到 Pinecone。向量存储是利用 OpenAI 的嵌入模型进行的。

先导入 FAISS 向量库：

```
from langchain.vectorstores import FAISS
from langchain.docstore import InMemoryDocstore
```

在构建一个特定的嵌入模型，生成向量索引并存储这些向量时，可以按照以下步骤来操作。

首先，需要选择一个适当的嵌入模型。这种模型可以是词嵌入模型，如 Word2Vec 或 GloVe，也可以是句子嵌入模型，如 BERT 或者 Doc2Vec。这些模型通过将词或句子映射到高维度的向量空间，实现了对词或句子语义的捕捉。选择哪种嵌入模型主要取决于处理的任务特性和数据的特点。

这里使用的是 OpenAI 的文本嵌入模型。OpenAI 的文本嵌入模型可以精确地嵌入大段文本，输出 1536 维的向量列表。

```
# Define your embedding model
embeddings_model = OpenAIEmbeddings()
```

其次，对文本数据进行处理，生成相应的嵌入向量。在生成向量后，需要构建一个索引，以便能够高效地查询和比较向量。

```
# Initialize the vectorstore as empty
import faiss
embedding_size = 1536
index = faiss.IndexFlatL2(embedding_size)
```

最后，需要将生成的向量和构建的索引进行存储。

```
vectorstore = FAISS(embeddings_model.embed_query, index,
InMemoryDocstore({}), {})
```

9.3.4　构建任务链

LangChain 的好处在于，可以让我们清楚地看到链组件在执行哪些操作，以及它们的提示是什么。其中有 3 个主要链组件：创建任务链、任务优先级链和执行链。这些链组件都在为达成整体目标而工作，它们会生成一系列任务。

创建任务链

通过定义 TaskCreationChain 类实现创建任务链的功能，这个类定义了一个名为 TaskCreationChain 的类，它的主要职责是基于已有的任务结果和目标，自动生成新的任务。这个类是 LLMChain 的子类，专门用于生成任务。

该类有一个类方法 from_llm，这个方法接受一个 BaseLLM 类型的对象和一个可选的布尔参数 verbose。from_llm 方法中定义了一个模板字符串 task_creation_template，这个模板用于描述如何从已有任务的结果和描述，以及未完成任务的列表中，生成新的任务。

```python
class TaskCreationChain(LLMChain):
    """Chain to generates tasks."""

    @classmethod
    def from_llm(cls, llm: BaseLLM, verbose: bool = True) -> LLMChain:
        """Get the response parser."""
        task_creation_template = (
            "You are an task creation AI that uses the result of an execution
agent"
            " to create new tasks with the following objective: {objective},"
            " The last completed task has the result: {result}."
            " This result was based on this task description:
{task_description}."
            " These are incomplete tasks: {incomplete_tasks}."
            " Based on the result, create new tasks to be completed"
            " by the AI system that do not overlap with incomplete tasks."
            " Return the tasks as an array."
        )
    prompt = PromptTemplate(
            template=task_creation_template,
            input_variables=["result", "task_description",
 "incomplete_tasks", "objective"],
        )
    return cls(prompt=prompt, llm=llm, verbose=verbose)
```

这些步骤看起来很简单，但这里就是你可以进行修改，从而使 AI 更符合你需求的地方。

任务优先级链

这个链组件的主要职责是将传入的任务进行清理，重新设置它们的优先级，以便按照你的最终目标进行排序。任务优先级链组件不会删除任何任务，而是将任务以编号列表的形式返回。

```python
class TaskPrioritizationChain(LLMChain):
    """Chain to prioritize tasks."""

    @classmethod
    def from_llm(cls, llm: BaseLLM, verbose: bool = True) -> LLMChain:
        """Get the response parser."""
        task_prioritization_template = (
            "You are an task prioritization AI tasked with cleaning the
formatting of and reprioritizing"
            " the following tasks: {task_names}."
            " Consider the ultimate objective of your team: {objective}."
```

```
            " Do not remove any tasks. Return the result as a numbered list,
like:"
            " #. First task"
            " #. Second task"
            " Start the task list with number {next_task_id}."
        )
    prompt = PromptTemplate(
            template=task_prioritization_template,
            input_variables=["task_names", "next_task_id", "objective"],
        )
    return cls(prompt=prompt, llm=llm, verbose=verbose)
```

执行链

在这个过程中，定义了一个执行代理，并传递了一些工具给它。这个执行代理是一个计划者，能够为给定的目标制定一个待办事项清单。传递搜索和待办事项这两种工具给它，是为了让它能够在需要的时候进行搜索或者制定待办事项清单。

```
from langchain.agents import ZeroShotAgent, Tool, AgentExecutor
from langchain import OpenAI, SerpAPIWrapper, LLMChain

todo_prompt = PromptTemplate.from_template("You are a planner
who is an expert at coming up with a todo list for a given objective.
Come up with a todo list for this objective: {objective}")
todo_chain = LLMChain(llm=OpenAI(temperature=0), prompt=todo_prompt)
search = SerpAPIWrapper()
tools = [
    Tool(
        name = "Search",
        func=search.run,
        description="useful for when you need to answer questions about
current events"
    ),
    Tool(
        name = "TODO",
        func=todo_chain.run,
        description="useful for when you need to come up with todo lists.
Input: an objective to create a todo list for. Output: a todo list
for that objective. Please be very clear what the objective is!"
    )
]

prefix = """You are an AI who performs one task based on the following
objective: {objective}. Take into account these previously completed
tasks: {context}.
"""
suffix = """
Question: {task}
```

```
{agent_scratchpad}
"""
prompt = ZeroShotAgent.create_prompt(
    tools,
    prefix=prefix,
    suffix=suffix,
    input_variables=["objective", "task", "context","agent_scratchpad"]
)
```

可以看到，这个执行器使用 ZeroShotAgent 将提示词、前缀/后缀及输入变量一并输入。通过这种方式，可以让我们更清楚地看到在程序执行过程中，这些部分是如何组合在一起工作的。

整合所有链

下面定义一组函数，主要负责任务的创建（get_next_task）、优先级排序（prioritize_tasks 和_get_top_tasks）和执行（execute_task）。它使用了 LLMChain 对象来运行不同的任务管理逻辑，并使用 vectorstore 来进行相似度搜索。这一系列功能合在一起为任务管理提供了一套完整的解决方案。

```
def get_next_task(task_creation_chain: LLMChain, result: Dict,
task_description: str,
       task_list: List[str], objective: str) -> List[Dict]:
    """Get the next task."""
    incomplete_tasks = ", ".join(task_list)
    response = task_creation_chain.run(
        result=result,
        task_description=task_description,
        incomplete_tasks=incomplete_tasks,
        objective=objective
    )
    new_tasks = response.split('\n')
    return [{"task_name": task_name} for task_name in new_tasks if
    task_name.strip()]


def prioritize_tasks(task_prioritization_chain: LLMChain, this_task_id:
int,
                  task_list: List[Dict], objective: str) -> List[Dict]:
    """Prioritize tasks."""
    task_names = [t["task_name"] for t in task_list]
    next_task_id = int(this_task_id) + 1
    response = task_prioritization_chain.run(
        task_names=task_names,
        next_task_id=next_task_id,
        objective=objective
    )
```

```
        new_tasks = response.split('\n')
        prioritized_task_list = []
        for task_string in new_tasks:
            if not task_string.strip():
                continue
            task_parts = task_string.strip().split(".", 1)
            if len(task_parts) == 2:
                task_id = task_parts[0].strip()
                task_name = task_parts[1].strip()
                prioritized_task_list.append({
    "task_id": task_id,
    "task_name": task_name})
        return prioritized_task_list


    def _get_top_tasks(vectorstore, query: str, k: int) -> List[str]:
        """Get the top k tasks based on the query."""
        results = vectorstore.similarity_search_with_score(query, k=k)
        if not results:
            return []
        sorted_results, _ = zip(*sorted(results, key=lambda x: x[1],
    reverse=True))
        return [str(item.metadata['task']) for item in sorted_results]


    def execute_task(vectorstore, execution_chain: LLMChain,
    objective: str, task: str, k: int = 5) -> str:
        """Execute a task."""
        context = _get_top_tasks(vectorstore, query=objective, k=k)
        return execution_chain.run(
            objective=objective,
            context=context,
            task=task
        )
```

9.3.5 创建 BabyAGI

创建 BabyAGI 类

为了使这个过程更便于管理，下面为 BabyAGI 创建了一个类。在这个类中，可以添加任务、打印任务列表、打印下一个任务、打印任务结果。这些函数能够与大语言模型一起使用，从而使所有的内容都能够同时运行。

实际的运行过程是在一个 While 循环中进行的。它会在获取到某个结果后退出，并根据这个结果进行下一步操作。读者可以看到整个过程中发生的各种事情，包括创建新任务、重新设置优先级等。

```python
class BabyAGI(Chain, BaseModel):
    """Controller model for the BabyAGI agent."""

    task_list: deque = Field(default_factory=deque)
    task_creation_chain: TaskCreationChain = Field(...)
    task_prioritization_chain: TaskPrioritizationChain = Field(...)
    execution_chain: AgentExecutor = Field(...)
    task_id_counter: int = Field(1)
    vectorstore: VectorStore = Field(init=False)
    max_iterations: Optional[int] = None

    class Config:
        """Configuration for this pydantic object."""
        arbitrary_types_allowed = True

    def add_task(self, task: Dict):
        self.task_list.append(task)

    def print_task_list(self):
        print("\033[95m\033[1m" + "\n*TASK LIST*\n" + "\033[0m\033[0m")
        for t in self.task_list:
            print(str(t["task_id"]) + ": " + t["task_name"])

    def print_next_task(self, task: Dict):
        print("\033[92m\033[1m" + "\n*NEXT TASK*\n" + "\033[0m\033[0m")
        print(str(task["task_id"]) + ": " + task["task_name"])

    def print_task_result(self, result: str):
        print("\033[93m\033[1m" + "\n*TASK RESULT*\n" +
"\033[0m\033[0m")
        print(result)

    @property
    def input_keys(self) -> List[str]:
        return ["objective"]

    @property
    def output_keys(self) -> List[str]:
        return []

    def _call(self, inputs: Dict[str, Any]) -> Dict[str, Any]:
        """Run the agent."""
        objective = inputs['objective']
        first_task = inputs.get("first_task", "Make a todo list")
        self.add_task({"task_id": 1, "task_name": first_task})
        num_iters = 0
        while True:
            if self.task_list:
                self.print_task_list()
```

```python
                # Step 1: Pull the first task
                task = self.task_list.popleft()
                self.print_next_task(task)

                # Step 2: Execute the task
                result = execute_task(self.vectorstore,
    self.execution_chain, objective, task["task_name"]
                )
                this_task_id = int(task["task_id"])
                self.print_task_result(result)

                # Step 3: Store the result
                result_id = f"result_{task['task_id']}"
                self.vectorstore.add_texts(
                    texts=[result],
                    metadatas=[{"task": task["task_name"]}],
                    ids=[result_id],
                )

                # Step 4: Create new tasks and reprioritize task list
                new_tasks = get_next_task(
                    self.task_creation_chain, result, task["task_name"],
    [t["task_name"] for t in self.task_list], objective)
                for new_task in new_tasks:
                    self.task_id_counter += 1
                    new_task.update({"task_id": self.task_id_counter})
                    self.add_task(new_task)
                self.task_list = deque(
                    prioritize_tasks(self.task_prioritization_chain,
    this_task_id, list(self.task_list), objective) )
            num_iters += 1
            if self.max_iterations is not None
    and num_iters == self.max_iterations:
                print("\033[91m\033[1m" + "\n*TASK ENDING*\n"
    + "\033[0m\033[0m")
                break
        return {}

    @classmethod
    def from_llm(
        cls,
        llm: BaseLLM,
        vectorstore: VectorStore,
        verbose: bool = False,
        kwargs
    ) -> "BabyAGI":
        """Initialize the BabyAGI Controller."""
        task_creation_chain = TaskCreationChain.from_llm(
```

```
            llm, verbose=verbose
        )
        task_prioritization_chain = TaskPrioritizationChain.from_llm(
            llm, verbose=verbose
        )
        llm_chain = LLMChain(llm=llm, prompt=prompt)
        tool_names = [tool.name for tool in tools]
        agent = ZeroShotAgent(llm_chain=llm_chain,
allowed_tools=tool_names)
        agent_executor = AgentExecutor.from_agent_and_tools(
    agent=agent, tools=tools, verbose=True)
        return cls(
            task_creation_chain=task_creation_chain,
            task_prioritization_chain=task_prioritization_chain,
            execution_chain=agent_executor,
            vectorstore=vectorstore,
            kwargs
        )
```

在这个 BabyAGI 项目中，并没有使用 Pinecone 进行存储，而是选择在本地进行存储。这样可以让我们更直观地看到在这个过程中发生的每一件事。

正因为我们对过程有了深入的观察，所以可以考虑如何进一步优化。一个可能的优化方向是添加一个额外的链组件，用于生成摘要或最终报告。为了实现这种优化，这里特意将温度设置为零（最低温度值），以确保输出的一致性和准确性（温度高，会导致随机性变强）。

```
llm = OpenAI(temperature=0)
```

以一个具体的应用场景来说，假如我们设置了一个目标——找到在网上购买 Yubikey 5C 最低价格和网站。这样的设置可以很好地展示如何实现特定目标。

```
OBJECTIVE = "Find the cheapest price and site to buy a Yubikey 5c online and
give me the URL"
```

开始实例化 BabyAGI 类并运行它。

```
llm = OpenAI(temperature=0)
```

首先，需要传入大语言模型和向量存储器，然后设置一个最大的迭代次数，这是这个版本相比于先前版本的改进之处。在早前的版本中，程序会无限循环下去，而在这个版本中，可以通过设置迭代次数上限来限制循环的次数（max_iterations: Optional[int] = 7）。

```
# Logging of LLMChains
verbose=False
# If None, will keep on going forever
max_iterations: Optional[int] = 7
# 实例化 BabyAGI
```

```
baby_agi = BabyAGI.from_llm(
    llm=llm,
    vectorstore=vectorstore,
    verbose=verbose,
    max_iterations=max_iterations
)
```

接下来将目标输入到程序中，程序会制定一个待办事项列表并开始执行。例如，希望找到能以最低价格购买 YubiKey 5C 的网站，并获取 URL。程序则会生成一个待办事项列表，包括搜索在线零售商，比较不同在线零售商的价格，查找折扣或促销活动，以及阅读每个在线零售商的客户评论。

```
baby_agi({"objective": OBJECTIVE})
```

9.3.6 运行 BabyAGI

程序会根据待办事项列表开始执行任务。对于每个任务，程序会进行一些搜索，比较不同在线零售商的 YubiKey 5C 价格，检查是否有折扣和促销活动等。

在整个过程中，程序会生成观察结果，比如它在哪些地方看到了 YubiKey5C，它找到的最便宜的价格是多少。如果在执行过程中遇到问题或者需要做出选择，程序也会返回相应的任务，并根据这些任务调整待办事项列表。

最后，程序会返回一个 URL（通过这个地址可能不能访问到商品），回答可以在哪个网站以最低价格购买 YubiKey 5C。但是，返回的 URL 并不总是有效的。例如，程序返回的 URL 可能会导致 404 错误，或者返回的价格可能和网站上显示的价格不一致。造成这些问题的原因可能是程序运行的位置和实际的位置不同，也可能是程序没有能力检查 URL 的有效性。

```
*TASK LIST*

3: Compare the price of Yubikey 5c at other online retailers to
Yubico.com/store.
4: Check customer reviews of [Retailer Name] for Yubikey 5c.
5: Find out if [Retailer Name] offers any discounts or promotions for Yubikey
5c.
6: Research the return policy of [Retailer Name] for Yubikey 5c.
7: Determine the shipping cost for Yubikey 5c from [Retailer Name].
8: Check customer reviews of other online retailers for Yubikey 5c.
9: Find out if other online retailers offer any discounts or promotions for
Yubikey 5c.
10: Research the return policy of other online retailers for Yubikey 5c.
11: Determine the shipping cost for Yubikey 5c from other online retailers.
```

```
*NEXT TASK*

3: Compare the price of Yubikey 5c at other online retailers to
Yubico.com/store.

> Entering new AgentExecutor chain...
Thought: I should compare the prices of Yubikey 5c at other online retailers.
Action: Search
Action Input: Prices of Yubikey 5c at other online retailers
Observation: [{'position': 1, 'block_position': 'top', 'title': 'YubiKey 5C
- OEM Official', 'price': '$55.00', 'extracted_price': 55.0, 'link': '请参考本
书代码仓库 URL 映射表，找到对应资源://www.yubico.com/product/yubikey-5c', 'source':
'yubico.com/store', 'thumbnail': '请参考本书代码仓库 URL 映射表，找到对应资源:
//serpapi.com/searches/64ba2ffc49ecdb86973e7b26/images/ebce3fc64f92f22d58e2e
a0dae58f9a2419c119482504cffef43e39a06787765.webp', 'extensions': ['45-day
returns (most items)']}, {'position': 2, 'block_position': 'top', 'title':
'Yubico YubiKey 5C - USB security key', 'price': '$3,256.99', 'extracted_price':
3256.99, 'link': '请参考本书代码仓库 URL 映射表，找到对应资源://www.cdw.com/product/
yubico-yubikey-5c-usb-security-key/7493450?cm_ven=acquirgy&cm_cat=google&cm_
pla=NA-NA-Yubico_NY&cm_ite=7493450', 'source': 'CDW', 'shipping': 'Get it by
7/26', 'thumbnail': '请参考本书代码仓库 URL 映射表，找到对应资源://serpapi.com/
searches/64ba2ffc49ecdb86973e7b26/images/ebce3fc64f92f22d58e2ea0dae58f9a2b4a
2cbdc8de9b340a34c7f35661e9f75.webp'}, {'position': 3, 'block_position': 'top',
'title': 'YubiKey 5C NFC - OEM Official', 'price': '$55.00', 'extracted_price':
55.0, 'link': '请参考本书代码仓库 URL 映射表，找到对应资源://www.yubico.com/product/
yubikey-5c-nfc', 'source': 'yubico.com/store', 'thumbnail': '请参考本书代码仓库
URL 映射表，找到对应资源://serpapi.com/searches/64ba2ffc49ecdb86973e7b26/images/
ebce3fc64f92f22d58e2ea0dae58f9a2f0f2eed4b19c6081b5000768a9cc1878.webp',
'extensions': ['45-day returns (most items)']}])
Thought:
```

虽然这个系统还不完美，但是它确实提供了一个基于链组件的自动化流程，用来获取信息、制定待办事项列表，并执行任务。这个系统示例展示了如何用简单的链组件模型来处理复杂的问题。这是一个不断学习和思考的过程，我们可以根据需要调整提示词、添加新的链组件，或者改进现有的链组件。

第10章

集 成

10.1 集成的背景与 LLM 集成

学习任何新的技术框架或工具，往往需要对其背后的原理和历史背景有所了解，这样可以更好地掌握它的应用方式和最佳实践。在探讨为什么学习 LangChain 的集成项目之前，先看看 Apache Camel 和 Spring Cloud Data Flow 的集成技术历史与现状。Apache Camel 和 Spring Cloud Data Flow 都是集成领域的佼佼者，它们各自拥有丰富的生态系统和社区支持。这两个框架已经解决了很多集成的常见问题，提供了大量的最佳实践。LangChain 作为一个新的集成框架，其设计思想和实现方式，可以通过学习这两个框架，让我们得到很大启发。学习它们可以帮助我们更好地理解 LangChain 的设计哲学和技术选型。

当谈及集成，首先要了解的是：为什么 Apache Camel 会成为这个领域的佼佼者呢？答案很简单。Apache Camel 针对不同的协议和数据类型，提供了特定的 API 实现。这是因为集成的真正挑战在于处理来自不同系统、协议和数据格式的信息，而 Apache Camel 可以解决这个问题。它支持超过 80 个协议和数据类型，包括但不限于 RESTful 服务、消息队列和数据库，并且得益于其模块化和可扩展的架构，Apache Camel 为开发者带来了巨大的便利性和灵活性。

而当进入云计算时代，数据的整合和流动变得更加关键。Spring Cloud Data Flow（SCDF）应运而生，成为云原生环境中的数据流处理利器。它不仅仅是一个数据流处理工具，更是一个完整的微服务集成框架。SCDF 允许开发者轻松创建、部署和监控数据流处理管道，更重要的是，它支持与多种云平台集成，为云原生应用的开发提供了极大的灵活性。

如今面对大语言模型开发的复杂性，LLM 应用开发、部署和管理需要一个专为其量身打造的集成框架。LangChain 结合 LLM 的特性，提供了一套完整的工具和技术，简化了 LLM 应用的开发、部署和管理。LangChain 正是这样的解决方案。

集成的真正挑战在于处理来自不同系统、协议和数据格式的信息，而 LangChain 的 Integrations 库正是基于这一核心思想而构建的。以下是其核心分类及相关描述。

Callbacks：在某些特定事件触发时，开发者可能需要与其他系统或服务互动。正如 Apache Camel 针对不同协议和数据类型提供了特定的 API 实现，Callbacks 功能也为开发者创造了类似的桥梁。

聊天模型包装器：面对多样的对话场景，LangChain 提供了 10 种聊天模型来满足从简单问答到高级交互的需求。这如同 Apache Camel 为不同的协议和数据类型提供解决方案。

Document loaders：文档加载与处理是集成中的基础工作。LangChain 提供了 127 种文档加载工具，确保了各种应用场景的需求都能被满足。

Document transformers：针对文档的处理和转换，LangChain 提供了 7 种转换器，这可以看作是 LangChain 为多种数据格式提供支持的一个延伸。

LLM 模型包装器：针对 LLM 应用开发，LangChain 准备了 57 种 LLM 模型，满足了与不同协议和数据格式交互的需要。

Memory：LangChain 提供了 12 种记忆存储解决方案，满足了各种持久化需求。

Retrievers：信息检索是集成的关键，LangChain 为此准备了 22 种集成工具，无论是本地文档还是网络上的信息都能被有效地检索。

嵌入模型包装器：文本的向量化处理是与各种协议和数据类型交互的关键。LangChain 为此提供了 31 种嵌入模型包装器。

Agent toolkit：为了帮助开发者创建智能代理，LangChain 提供了 21 种集成工具套件，确保与各种系统和服务的交互能够流畅进行。

Tools：为了满足开发、测试和优化的多样需求，LangChain 提供了 37 种集成工具。

Vector store：机器学习和深度学习需要专门的向量数据存储，LangChain 为此提供了 45 种解决方案。

Grouped by provider：展现了 LangChain 与各大供应商和平台的集成实力，这也反映了它在处理不同系统、协议和数据格式信息方面的广泛适应性。

LangChain 虽然提供了广泛的集成库，但这也为开发者带来了一系列的挑战。以下是开发者在使用 LangChain 的集成库时可能会遇到的问题。

（1）选择的困惑：面对多种相似的工具，开发者可能会在选择上犹豫不决，不知道哪种更适合他们的需求。（2）学习曲线：不同的工具有其特有的功能和操作方式，这意味着开发者需要为每一种工具投入学习时间。（3）维护的挑战：随着技术的迅速发展，一些工具可能会过时，因此需要定期更新或替换。（4）性能与兼容性：使用不同的集成工具时，可能会出现性能瓶颈或兼容性问题，这有可能影响整个 LLM 应用的稳定性和效率。

10.2　LLM 集成指南

LLM 集成是实现了各个模型平台的 LLM 模型包装器，本节主要介绍 Hugging Face 和 Azure OpenAI。Hugging Face 提供了一个平台，能够及时追踪当前热门的新型语言模型。它为 BERT、XLNet、GPT 等多种模型提供了统一且高效的编码实践。更为出色的是，它设有一个模型库，其中涵盖了众多常用的预训练模型，以及为各种任务进行微调的模型，使得模型的下载变得简单、快捷。Hugging Face 上的很多模型支持本地下载和部署，为开发者提供了多样的功能和模块，能够快速响应各种需求，大大提高开发效率。另外，Hugging Face 提供免费模型，比如搜索 google/flan-t5-xl 来获取免费的模型。

Azure OpenAI 是 LangChain 与 Azure 之间的集成项目，旨在让开发者能够在 LangChain 框架中通过模型包装器在 Azure 平台上调用 OpenAI 的 GPT 系列模型。此外，Azure OpenAI 不仅是 Azure 平台上的标志性工具，也是 LLM 应用中的核心组件，其可与 Azure 平台协同作业。

10.2.1　Azure OpenAI 集成

Azure OpenAI 是 LangChain 实现的在 Azure 平台调用 OpenAI 能力的 LLM 模型包装器。例如，如果开发者想要在 Azure 平台中利用 OpenAI 的 GPT 系列模型，那么可以使用这个集成项目。更为重要的是，它来源于 Azure 平台，一个在云计算领域具有权威地位的平台，这确保了其稳定性和高效性，为 LLM 应用提供了有力的支持。

集成步骤

在终端中设置以下参数：

```
# 将此设置为 azure
export OPENAI_API_TYPE=azure
# 想要使用的 API 版本：对于已发布的版本，将此设置为 2023-05-15export
OPENAI_API_VERSION=2023-05-15
# Azure OpenAI 资源的基础 URL。可以在 Azure 门户网站中，通过查找你的 Azure OpenAI 资
源来找到这个信息
export OPENAI_API_BASE=请参考本书代码仓库 URL 映射表，找到对应资
源://your-resource-name.openai.azure.com
# Azure OpenAI 资源的 API 密钥。你可以在 Azure 门户网站中，通过查找你的 Azure OpenAI
资源来找到这个信息
export OPENAI_API_KEY=<your Azure OpenAI API key>
```

对于 Azure OpenAI 集成项目，从 langchain.llms 中导入 AzureOpenAI 类。具体
代码如下：

```
from langchain.llms import AzureOpenAI
```

安装 LangChain 的 Python 库后，就可以导入 AzureOpenAI 类了。在 langchain.llms
中，已经集成了各大模型平台的 API 封装。当你在 VSCode 中编辑并输入点号后，它
会自动列出所有可用的封装集成。为了方便识别，这些集成通常会以其模型平台的名
称作为类名的前缀，如 "AzureOpenAI"。

在 langchain.chat_models 中，针对聊天模型专门实现了各大模型平台的 API 封装。
如果你想使用 Azure 的聊天模型，那么可以导入 AzureChatOpenAI 类。

```
from langchain.chat_models.azure_openai import AzureChatOpenAI
```

AzureOpenAI 提供了一个简洁明了的接口。具体操作如下：

创建一个 "AzureOpenAI" 的实例。在这个过程中，需要指定部署名称和模型名
称。

```
llm = AzureOpenAI(
    deployment_name="td2",
    model_name="text-davinci-002",
)
```

一旦初始化完成，便可以轻松地运行 LLM 应用并获得结果。例如，要请求讲一
个笑话，只需调用此实例并提供相应的提示：

```
llm("Tell me a joke")
```

此外，AzureOpenAI API 的配置可以通过环境变量（或直接）在 Python 环境中进
行，这与标准 OpenAI API 的使用方式略有不同。

效果展示

在运行 Azure OpenAI LLM 应用后，得到的响应如下：

```
"\n\nWhy couldn't the bicycle stand up by itself? Because it was...two tired!"
```

此外，通过调用 print 方法，开发者可以查看 LLM 应用的自定义输出：

```
print(llm)
# 打印结果
Params: {'deployment_name': 'text-davinci-002', 'model_name':
'text-davinci-002', 'temperature': 0.7, 'max_tokens': 256, 'top_p': 1,
'frequency_penalty': 0, 'presence_penalty': 0, 'n': 1, 'best_of': 1}
```

10.2.2　Hugging Face Hub 集成

Hugging Face Hub 集成项目是一个旨在提高机器学习和深度学习模型可访问性和协作性的创新平台。该项目专注于提供一个中心化的位置，供开发者和研究者分享、发布和协作开发各种 NLP 模型。除了存储预训练模型，Hugging Face Hub 还支持多种框架和库，确保开发者可以轻松地集成和部署这些模型到他们的 LLM 应用中。此外，通过 API 和其他工具的集成，Hugging Face Hub 使得 LLM 应用与其他平台的交互更为流畅，为机器学习社区带来了巨大价值。

集成步骤

对于 Hugging Face Hub 集成项目，可以从 LangChain 中导入相关的类。

```
from  langchain import HuggingFaceHub, PromptTemplate, LLMChain
```

安装 huggingface_hub 的 Python 包。

```
 pip install huggingface_hub
```

接下来，获取"API TOKEN"令牌并为其设置环境变量。

```
 from getpass import getpass
 HUGGINGFACEHUB_API_TOKEN = getpass()
 os.environ["HUGGINGFACEHUB_API_TOKEN"] = HUGGINGFACEHUB_API_TOKEN
```

构建问题和模板，然后使用 PromptTemplate 生成提示。

```
 question = "Who won the FIFA World Cup in the year 1994? "
 template = """Question: {question}\nAnswer: Let's think step by step."""
 prompt = PromptTemplate(template=template, input_variables=["question"])
```

使用不同的模型库和 repo_id 实例化"HuggingFaceHub"并运行 LLMChain。其中，<specific_repo_id> 可以是 Flan、Dolly 等模型的特定 ID。

```
 repo_id = "<specific_repo_id>"
 llm = HuggingFaceHub(
```

```
        repo_id=repo_id, model_kwargs={"temperature": 0.5, "max_length": 64}
    )
    llm_chain = LLMChain(prompt=prompt, llm=llm)
    print(llm_chain.run(question))
```

效果展示

使用 Flan 模型：

```
repo_id = "google/flan-t5-xxl"
llm = HuggingFaceHub(
    repo_id=repo_id, model_kwargs={"temperature": 0.5, "max_length": 64}
)
llm_chain = LLMChain(prompt=prompt, llm=llm)

print(llm_chain.run(question))
```

使用 Flan 模型得到的回答是：

The FIFA World Cup was held in the year 1994. West Germany won the FIFA World Cup in 1994.

使用 Dolly 模型：

```
repo_id = "databricks/dolly-v2-3b"
llm = HuggingFaceHub(
    repo_id=repo_id, model_kwargs={"temperature": 0.5, "max_length": 64}
)
llm_chain = LLMChain(prompt=prompt, llm=llm)
print(llm_chain.run(question))
```

使用 Dolly 模型得到的回答是：

First of all, the world cup was won by the Germany. Then the Argentina won the world cup in 2022. So, the Argentina won the world cup in 1994.

使用 Camel 模型、XGen 模型和 Falcon 模型也会得到类似的输出，具体取决于所选的模型和参数配置。

10.3　聊天模型集成指南

随着 GPT-4 等大语言模型的突破，聊天机器人已经不仅仅是简单的问答工具，它们现在广泛应用于客服、企业咨询、电子商务等多种场景，为用户提供准确、快速的反馈。在这样的背景下，开发者们急需一套可以轻松切换、集成不同平台的工具。

正是基于这样的需求，Anthropic、PaLM 2 和 OpenAI 的 API 封装应运而生。这些封装不仅为开发者提供了与 Anthropic、PaLM 2、OpenAI 三大平台的稳定交互能力，而且确保了在开发和部署聊天机器人的过程中，无论是从哪个平台切换到哪个平台，都能够做到高效和快速。对于开发者而言，这无疑大大降低了开发难度和时间成本。

10.3.1　Anthropic 聊天模型集成

在 langchain.chat_models 中，针对聊天模型专门实现了各大模型平台的 API 封装。当你在 VSCode 环境中编程并输入点号后，系统会自动列举所有的聊天模型封装集成选项。为了方便开发者迅速识别，这些封装通常以 "Chat" 加上其对应的模型平台名称作为类名的前缀，例如 ChatAnthropic。如果你想使用 Anthropic 的聊天模型，那么可以通过以下操作导入 ChatAnthropic 类。具体导入代码为：

```
from langchain.chat_models import ChatAnthropic
```

同时引入 langchain.schema 中定义的三种消息类型。这些工具主要用于格式化和处理聊天模型的输入数据。具体来说，聊天模型包装器期望的输入是一个消息列表，而不是单一的字符串。因此，当开发者利用此包装器与模型进行交互时，要确保按照特定的结构组织数据，满足模型的输入要求。

```
from langchain.prompts.chat import (
    ChatPromptTemplate,
    SystemMessagePromptTemplate,
    AIMessagePromptTemplate,
    HumanMessagePromptTemplate,
)
from langchain.schema import AIMessage, HumanMessage, SystemMessage
```

Anthropic 聊天模型的集成可以总结为以下几个步骤：

首先，创建一个 ChatAnthropic 实例，然后使用它处理消息。

```
chat = ChatAnthropic()
messages = [HumanMessage(content="Translate this sentence from English
to French. I love programming.")]
chat(messages)
```

此时得到输出：

```
AIMessage(content=" J'aime la programmation.", additional_kwargs={},
example=False)
```

Anthropic 聊天模型不仅提供了基本的聊天功能，还进一步支持异步和流功能，为开发者提供更为灵活和高效的交互方式。

在代码中，可以看到从 langchain.callbacks.manager 导入的 CallbackManager 和从 langchain.callbacks.streaming_stdout 导入的 StreamingStdOutCallbackHandler。CallbackManager 可用于管理各种回调操作，确保异步任务的顺利执行。而

StreamingStdOutCallbackHandler 则专门用于处理流输出，即实时将模型的响应输出到标准输出流。结合这两个工具，开发者可以更加轻松地利用 Anthropic 聊天模型的高级功能，确保数据处理的实时性和流畅性。

```
from langchain.callbacks.manager import CallbackManager
from langchain.callbacks.streaming_stdout import
StreamingStdOutCallbackHandler
   await chat.agenerate([messages])
```

返回以下输出：

```
LLMResult(generations=[[ChatGeneration(text=" J'aime programmer.",
generation_info=None, message=AIMessage(content=" J'aime programmer.",
additional_kwargs={}, example=False))]], llm_output={},
run=[RunInfo(run_id=UUID('8cc8fb68-1c35-439c-96a0-695036a93652'))])
```

通过设置 streaming 和 callback_manager 参数启用流功能。

```
chat = ChatAnthropic(
      streaming=True,
      verbose=True,

callback_manager=CallbackManager([StreamingStdOutCallbackHandler()]),
   )
chat(messages)
```

得到输出：

```
J'aime la programmation.
AIMessage(content=" J'aime la programmation.", additional_kwargs={},
example=False)
```

Anthropic 聊天模型能够根据提供的人类消息进行响应。例如，在上述示例中，模型成功地将英文"I love programming"翻译成法文"J'aime la programmation"。

此外，通过异步和流功能，开发者可以更加灵活地使用模型，使其更加适应各种实时交互的场景。

10.3.2　PaLM 2 聊天模型集成

为了构建高效的 LLM 应用，开发者需要选择合适的工具和模型。Vertex AI 作为谷歌云平台的一部分，为开发者提供了一系列的生成式 AI 模型，特别是 PaLM 2。此外，Vertex AI 提供了聊天功能，使开发者能够与模型进行直观的交互。通过使用不同的消息类型，如 HumanMessage 和 SystemMessage，开发者可以更好地引导模型的行为。使用 MessagePromptTemplate 可以进一步增强这种交互，因为开发者可以为特定的任务或场景创建定制的模板，而不是每次都手动构建完整的消息。

PaLM 2 不仅仅是一个大语言模型，它还是一个拥有改进的多语言、推理和编码能力的前沿模型。开发者在谷歌云平台上使用 Vertex AI，可以轻松地接触和利用 PaLM 2 的强大功能。

PaLM 2 API 的核心功能

PaLM 2 API 提供了以下两个核心功能。

PaLM API for text：这个 API 可完成语言任务的微调，如分类、摘要和实体提取。对于那些需要处理和分析文本数据的 LLM 应用，这是一个宝贵的工具。

PaLM API for chat：这个 API 则更侧重于聊天应用。它能够进行多轮聊天，模型会跟踪聊天中的先前消息，并将其用作生成新响应的上下文。对于需要实现智能聊天的机器人或其他类似功能的 LLM 应用，这个 API 提供了强大的支持。

集成步骤

为了使用 Vertex AI 聊天模型，首先你需要安装 google-cloud-aiplatform。

```
pip install google-cloud-aiplatform
```

然后，为了支持模型交互、聊天提示和消息架构，可以从 langchain.chat_models、langchain.prompts.chat 和 langchain.schema 导入相关的类和方法。

```
from langchain.chat_models import ChatVertexAI
from langchain.prompts.chat import (
    ChatPromptTemplate,
    SystemMessagePromptTemplate,
    HumanMessagePromptTemplate,
)
from langchain.schema import HumanMessage, SystemMessage
```

为了使用 Vertex AI 聊天模型，可以创建一个 ChatVertexAI 实例，并用它来处理消息。例如，可以给模型发送一个系统消息，告诉它：它是一个可以将英语翻译成法语的助手。然后发送一个"人类消息"，要求翻译一个句子。

```
chat = ChatVertexAI()
messages = [
    SystemMessage(
        content="You are a helpful assistant that translates English to
French."
    ),
    HumanMessage(
        content="Translate this sentence from English to French. I love
programming."
    ),
]
```

```
chat(messages)
```

返回如下输出：

```
AIMessage(content='Sure, here is the translation of the sentence "I love
programming" from English to French: J\'aime programmer.', additional_kwargs={},
example=False)
```

下面参照以下代码进行配置提示词模板。先定义一个提示词模板，明确表达助手的功能，即从"{input_language}"翻译为"{output_language}"。基于这个定义，使用 SystemMessagePromptTemplate.from_template 方法创建一个系统消息的提示词模板对象。

```
template = (
"You are a helpful assistant that translates {input_language} to
{output_language}."
)
system_message_prompt =
SystemMessagePromptTemplate.from_template(template)
human_template = "{text}"
human_message_prompt=HumanMessagePromptTemplate.from_template(human_temp
late)
```

接下来，同样为输入定义了一个简洁的模板，并进一步利用 HumanMessagePromptTemplate.from_template 实例化了人类消息的提示词模板对象。

为了方便地组合多个角色的模板消息，可以利用 ChatPromptTemplate.from_messages 方法。这个方法接收了一系列的模板对象，并将它们整合为一个完整的聊天提示词模板。

最后，使用 format_prompt 方法，将具体的参数如输入语言、输出语言和用户文本绑定进预定义的模板中。这样，经过格式化的提示词可以反映出助手的功能（从英语翻译为法语）和用户的原始输入（I love programming），并将其整合为一个完整的、为语言模型准备的提示词，从而引导模型提供相关的回复。

```
chat_prompt = ChatPromptTemplate.from_messages(
    [system_message_prompt, human_message_prompt]
)

# get a chat completion from the formatted messages
chat(
    chat_prompt.format_prompt(
        input_language="English", output_language="French", text="I love
programming."
    ).to_messages()
)
```

返回如下输出：

```
AIMessage(content='Sure, here is the translation of "I love programming" in
French: J\'aime programmer.', additional_kwargs={}, example=False)
```

Vertex AI 还提供了 Codey API，更改模型型号为"codechat-bison"，专门用于代码帮助。例如，当你询问如何创建一个 Python 函数来识别所有的质数时，它可以提供相关的代码建议。

```
chat = ChatVertexAI(model_name="codechat-bison")
messages = [
    HumanMessage(
        content="How do I create a python function to identify all prime
numbers?"
    )
]
chat(messages)
```

返回如下输出：

```
AIMessage(content='The following Python function can be used to identify all
prime numbers up to a given integer: ...', additional_kwargs={}, example=False)
```

10.3.3 OpenAI 聊天模型集成

导入所需的类和方法：若要使用 Azure 上托管的 OpenAI 端点，则要从 langchain.chat_models 和 langchain.schema 导入相关的类和方法，以支持模型交互和消息架构。

```
from langchain.chat_models import AzureChatOpenAI
from langchain.schema import HumanMessage
```

与 Azure 上的 OpenAI 端点交互主要涉及以下步骤：首先，要配置必要的基本信息，包括 Azure 上的 OpenAI API 的基本 URL（BASE_URL）、API 密钥（API_KEY）用于身份验证及访问服务，以及代表 Azure 部署的名称（DEPLOYMENT_NAME）。

```
BASE_URL = "请参考本书代码仓库 URL 映射表，找到对应资源://${TODO}.openai.azure.com"
API_KEY = "..."
DEPLOYMENT_NAME = "chat"
model = AzureChatOpenAI(
    openai_api_base=BASE_URL,
    openai_api_version="2023-05-15",
    deployment_name=DEPLOYMENT_NAME,
    openai_api_key=API_KEY,
    openai_api_type="azure",
)
```

特别注意，${TODO} 部分应替换为你在 Azure 上的 OpenAI 服务的真实 URL 部分。有了这些信息，你就可以创建一个名为 AzureChatOpenAI 的模型实例了，其中 openai_api_type 的值已经被设定为 "azure"，确保 API 请求会被重定向到 Azure 托管的 OpenAI 端点。最后，与其他聊天模型的交互方式相同，你可以向该模型发送一个 "HumanMessage"，并从模型中获取对应的回复。

```
model(
    [
        HumanMessage(
            content="Translate this sentence from English to French. I love
programming."
        )
    ]
)
```

返回如下输出：

```
AIMessage(content="J'aime programmer.", additional_kwargs={})
```

这是一个简单且直接的方法来与 Azure 上托管的 OpenAI 端点进行交互。一旦你已经在 Azure 上配置好了 OpenAI 服务，并获取了相关的 API 密钥和 URL，那么这个过程就变得相对简单了。

Azure 提供了一个可靠且安全的环境来托管和运行 OpenAI 模型，这为企业和开发者提供了一个在云中快速部署和扩展 AI 解决方案的方法。

需要注意的是，每当你与 Azure 上的服务进行交互时，都应确保保护好你的 API 密钥，以防止任何未授权的访问或潜在的滥用。

10.4 向量库集成指南

向量库是一种索引和存储向量嵌入以实现高效管理和快速检索的数据库。与单独的向量索引不同，像 Pinecone 这样的向量数据库提供了额外的功能，例如，索引管理、数据管理、元数据存储和过滤，以及水平扩展。

特别是在处理大数据和复杂查询时，向量库在多种应用场景中发挥着关键作用。其中，语义文本搜索是一个典型的应用，用户可以通过 NLP 转换器和句子嵌入模型将文本数据转化为向量嵌入，再利用 Pinecone 这类工具进行索引和搜索。此外，它还可以支持生成问答系统，即从 Pinecone 检索与特定查询相关的上下文，然后传递给如 OpenAI 这样的生成模型，从而产生基于真实数据的答案。

不仅如此，向量库的应用还扩展到了图像和电商领域。例如，通过将图像数据转化为向量嵌入，再使用 Pinecone 之类的工具构建索引，可以轻松地执行图像的相似性搜索。同时，基于代表用户兴趣和行为的向量，向量库可以为电子商务平台生成产品推荐，从而实现个性化的用户体验。

下面介绍 Chroma、Pinecone、Milvus 三种向量库集成。

10.4.1　Chroma 集成

首先加载一个文档，将其切割成几部分，使用开源嵌入模型进行嵌入，加载到 Chroma 中，然后对其进行查询。

安装向量库 chromadb：

```
pip install chromadb
```

从 langchain.embeddings.sentence_transformer、langchain.text_splitter、langchain.vectorstores 和 langchain.document_loaders 导入相关的类和方法来支持文档加载、文本切割、嵌入和向量存储。

```
# import
from langchain.embeddings.sentence_transformer import
SentenceTransformerEmbeddings
from langchain.text_splitter import CharacterTextSplitter
from langchain.vectorstores import Chroma
from langchain.document_loaders import TextLoader
```

为了有效处理文档，首先需要使用 TextLoader 进行文档的加载。在加载后，借助 CharacterTextSplitter 将文档切割成大小为 1000 字符的块，这些块之间存在 0 字符的重叠。在文档准备完成后，采用 SentenceTransformerEmbeddings 创建一个名为 all-MiniLM-L6-v2 的嵌入模型型号。

接着，为了实现向量化搜索和相似度检测，使用 Chroma.from_documents 方法将这些嵌入后的文档加载到 Chroma 中。一旦数据加载完毕，便可以利用 db.similarity_search 方法查询文档，快速找到与特定查询内容相关的文档部分。

```
# 加载文档并将其切割成块
loader = TextLoader("../../../state_of_the_union.txt")
documents = loader.load()

# 将文档切割成块
text_splitter = CharacterTextSplitter(chunk_size=1000, chunk_overlap=0)
docs = text_splitter.split_documents(documents)

# 创建开源嵌入函数
embedding_function =
```

```
SentenceTransformerEmbeddings(model_name="all-MiniLM-L6-v2")
```

```
    # 将文档加载到 Chroma
    db = Chroma.from_documents(docs, embedding_function)

    # 查询
    query = "What did the president say about Ketanji Brown Jackson"
    docs = db.similarity_search(query)

    # 打印结果
    print(docs[0].page_content)
```

打印获得的结果是：

```
/Users/jeff/.pyenv/versions/3.10.10/lib/python3.10/site-packages/tqdm/au
to.py:21: TqdmWarning: IProgress not found. Please update jupyter and ipywidgets.
See 请参考本书代码仓库 URL 映射表，找到对应资源://ipywidgets.readthedocs.io/en/
stable/user_install.html
        from .autonotebook import tqdm as notebook_tqdm


      Tonight. I call on the Senate to: Pass the Freedom to Vote Act. Pass the
John Lewis Voting Rights Act. And while you're at it, pass the Disclose Act so
Americans can know who is funding our elections.
      …
```

这个示例演示了如何使用 LangChain 库处理、嵌入和查询文档的过程。

这种查询可以用于许多不同的应用场景，如新闻文章分析、法律文档查询、学术研究等。使用开源嵌入模型和 Chroma 这样的向量存储工具，可以有效地搜索大量的文档，并快速找到与特定查询相关的部分。

需要注意的是，在实际应用中，你可能需要调整文档切割的大小，并选择不同的嵌入模型，以适应特定的需求和数据集。

10.4.2　Pinecone 集成

Pinecone 是一个高效的向量搜索服务，特别针对那些需要处理大量数据的应用而设计。高性能是其核心特点之一，即使在数十亿个条目的数据集上，它都能确保超低的查询延迟，从而为用户提供即时的搜索反馈。

除了快速查询，Pinecone 还具备实时更新的能力。这意味着当你添加、编辑或删除数据时，其索引会被实时地更新，确保数据的实时性和准确性。这为动态变化的数据环境提供了极大的便利。

Pinecone 融合了向量搜索与元数据过滤的功能。这使得它不仅可以根据向量相似性搜索，还可以结合元数据进行过滤，从而提供更为精准的搜索结果。而作为一个完全托管的服务，Pinecone 使得用户无需担心后端的复杂性和安全性，专注于实现其业务需求。下面示例提供了如何与 Pinecone 向量数据库交互的步骤。

1. 初始化和设置。首先，用户需要通过 pip 安装 pinecone-client、openai、tiktoken 和 langchain。tiktoken 是一个文档计数工具，用于计算文档中的词数或标记数，而无需进行实际的模型转换。这在评估模型所需的 token 数或预估模型调用的成本时尤为有用。简单来说，tiktoken 提供了一种高效的方式来了解文档的大小和复杂性。

```
pip install pinecone-client openai tiktoken langchain
```

为了与 Pinecone 互动，用户需要输入 Pinecone API 密钥和 Pinecone 环境。此外，由于要使用 OpenAIEmbeddings，所以也需要 OpenAI 的 API 密钥。

```
import os
import getpass

os.environ["PINECONE_API_KEY"] = getpass.getpass("Pinecone API Key:")

os.environ["OPENAI_API_KEY"] = getpass.getpass("OpenAI API Key:")

from langchain.embeddings.openai import OpenAIEmbeddings
from langchain.text_splitter import CharacterTextSplitter
from langchain.vectorstores import Pinecone
from langchain.document_loaders import TextLoader
```

2. 加载和切割文档。与之前 Chroma 的示例类似，这里使用 TextLoader 加载文档，并使用 CharacterTextSplitter 将其切割。

```
from langchain.document_loaders import TextLoader

loader = TextLoader("../../../state_of_the_union.txt")
documents = loader.load()
text_splitter = CharacterTextSplitter(chunk_size=1000, chunk_overlap=0)
docs = text_splitter.split_documents(documents)
```

3. 嵌入文档。使用嵌入模型包装器 OpenAIEmbeddings 进行文档嵌入。

```
embeddings = OpenAIEmbeddings()
```

4. 与 Pinecone 互动。使用 Pinecone 的 API 初始化 Pinecone，然后检查索引是否已存在。如果不存在，则创建一个新的索引。OpenAI 的 text-embedding-ada-002 模型使用 1536 维，所以需要设置维度为"1536"。

1536 维在这里指的是由 OpenAI 的 text-embedding-ada-002 模型生成的每个文本嵌入（或称为向量表示）所具有的维度或特征数。简单地说，当这个模型接收一个文本输入并为其生成嵌入时，输出的嵌入向量将有 1536 个数值或坐标。这 1536 个数值或坐标捕获了文本的语义信息，使得具有相似意义的文本具有相近的向量表示。因此，当创建一个索引来存储由此模型生成的嵌入时，需要确保该索引能够容纳 1536 维的数据，从而确保每一个维度的信息都被完整地保存下来。

```python
import pinecone

# 初始化 Pinecone
pinecone.init(
    api_key=os.getenv("PINECONE_API_KEY"),  # find at app.pinecone.io
    environment=os.getenv("PINECONE_ENV"),  # next to api key in console
)

index_name = "LangChain-demo"

# 首先，检查索引是否已经存在。如果不存在，则创建一个新的索引
if index_name not in pinecone.list_indexes():
    # 创建一个新索引
    pinecone.create_index(
      name=index_name,
      metric='cosine',
      dimension=1536
    )
# OpenAI 嵌入模型 text-embedding-ada-002 的维度为 1536
docsearch = Pinecone.from_documents(docs, embeddings,
index_name=index_name)

# 如果已经存在索引，则可以加载它
# docsearch = Pinecone.from_existing_index(index_name, embeddings)

query = "What did the president say about Ketanji Brown Jackson"
docs = docsearch.similarity_search(query)
```

5. 文档搜索。使用 similarity_search 方法查询文档，并输出查询结果。当使用 similarity_search 方法查询文档时，首先通过嵌入模型将每个文档和查询都转换为向量。然后，计算查询向量与文档向量间的相似度，通常基于余弦相似度。最后，根据相似度排序并返回与查询最相关的文档。

```python
print(docs[0].page_content)
```

6. 向现有索引添加更多文本。使用 add_texts 函数将更多的文本嵌入到现有的 Pinecone 索引中。首先，初始化一个代表该索引的对象。然后，创建一个 Pinecone 向量存储实例，该实例将使用指定的嵌入函数将文本转化为向量。最后，使用 add_texts 函数，将字符串 More text! 的向量表示形式加入这个索引中，以便于后续的相似度查询。

```
index = pinecone.Index("LangChain-demo")
vectorstore = Pinecone(index, embeddings.embed_query, "text")

vectorstore.add_texts("More text!")
```

7. 最大边际相关性搜索。除了使用 similarity_search，用户还可以使用 mmr 作为检索器。这为用户提供了一种新的、更加相关的方法来查询文档。使用最大边际相关性（Maximum Margin Relevance, MMR）搜索方法来查询文档，从而提供更相关的搜索结果。首先，通过 as_retriever 函数将文档搜索器设置为"使用'mmr'作为其检索类型"。然后，用指定的查询（query）获取相关的文档。在获取的文档中，代码遍历每一份匹配的文档，并打印其内容。

```
retriever = docsearch.as_retriever(search_type="mmr")
matched_docs = retriever.get_relevant_documents(query)
for i, d in enumerate(matched_docs):
    print(f"\n## Document {i}\n")
print(d.page_content)
```

10.4.3　Milvus 集成

Milvus 是一个专门的向量数据库，旨在为由深度神经网络和其他机器学习模型生成的大规模嵌入向量提供存储、索引和管理，其能够轻松管理万亿级别的向量索引。

传统的关系型数据库通常用于存储和查询结构化数据，而 Milvus 从其核心设计上就是为了处理从非结构化数据生成的嵌入向量。这是因为在当前的互联网时代，非结构化数据，如电子邮件、论文、物联网传感器数据和社交媒体图片，越来越普遍。

为了使这些非结构化数据对机器有意义，科研人员和工程师经常使用嵌入技术将它们转化为数值向量。这些向量捕获了原始数据的关键特征和信息。Milvus 的主要任务是存储这些嵌入向量，并为之提供高效查询功能。

此外，Milvus 还能衡量向量之间的相似性，通过计算向量间的距离来评估相似度。因此，如果两个向量很相似，则它们表示的原始非结构化数据也很相似。这一特点使 Milvus 在很多领域，如推荐系统、图像搜索和自然语言处理，成为一个强大的工具。

1. 准备工作。先确保已经运行了一个 Milvus 实例，并通过 pip 安装了 pymilvus。

```
pip install pymilvus
```

2. 设置 OpenAI API 密钥。由于想使用 OpenAIEmbeddings，所以需要获取 OpenAI 的 API 密钥。这可以通过设置环境变量实现。

```
import os
```

```
import getpass

os.environ["OPENAI_API_KEY"] = getpass.getpass("OpenAI API Key:")
```

3. 加载和切割文档。这部分与之前的 Azure 和 Pinecone 示例类似。首先使用
TextLoader 从给定的路径加载文档。然后，使用 CharacterTextSplitter 根据给定的大小
切割这些文档。

```
from langchain.embeddings.openai import OpenAIEmbeddings
from langchain.text_splitter import CharacterTextSplitter
from langchain.vectorstores import Milvus
from langchain.document_loaders import TextLoader
```

4. 嵌入文档。使用 OpenAI 的模型来为这些文档生成嵌入向量。

```
from langchain.document_loaders import TextLoader

loader = TextLoader("../../../state_of_the_union.txt")
documents = loader.load()
text_splitter = CharacterTextSplitter(chunk_size=1000, chunk_overlap=0)
docs = text_splitter.split_documents(documents)

embeddings = OpenAIEmbeddings()
```

5. 与 Milvus 互动。在与 Milvus 互动的步骤中，首先根据给定的参数（如主机
名和端口号）建立与 Milvus 实例的连接。一旦连接建立，用户便可以将之前处理过并
转换为向量形式的文档加载到 Milvus 数据库中，为后续的查询和分析做好准备。

```
vector_db = Milvus.from_documents(
    docs,
    embeddings,
    connection_args={"host": "127.0.0.1", "port": "19530"},
)
```

6. 文档搜索和前面的 Pinecone 示例一样，可以使用 similarity_search 方法查询与
输入查询相似的文档。在这个例子中，查询的是 "What did the president say about
Ketanji Brown Jackson"，并且返回了相关的段落。

```
query = "What did the president say about Ketanji Brown Jackson"
docs = vector_db.similarity_search(query)
```

打印搜索的相关文档结果。

```
docs[0].page_content
#'Tonight. I call on the Senate to: Pass the Freedom to Vote Act. Pass the
John Lewis Voting Rights Act. And while you're at it, pass the Disclose Act so
Americans can know who is funding our elections. \n\nTonight, I'd like to honor
someone who has dedicated his life to serve this country: Justice Stephen Breyer—an
Army veteran, Constitutional scholar, and retiring Justice of the United States
Supreme Court. Justice Breyer, thank you for your service. \n\nOne of the most
```

243

```
serious constitutional responsibilities a President has is nominating someone
to serve on the United States Supreme Court. \n\nAnd I did that 4 days ago, when
I nominated Circuit Court of Appeals Judge Ketanji Brown Jackson. One of our
nation's top legal minds, who will continue Justice Breyer's legacy of excellence.'
```

与 OpenAI 和 LangChain 结合使用，Milvus 可以为用户提供高效的向量搜索和查询能力。

10.5　嵌入模型集成指南

Cohere Embeddings 提供了与 Cohere 平台的无缝对接，确保文本嵌入过程既高效又精确。而 HuggingFaceEmbeddings 和 LlamaCppEmbeddings 则代表了另外两种文本嵌入集成方法。它们都经过严格的测试，以确保与 Hugging Face Hub 和 Llama.cpp 平台的稳定和高效交互，使得开发者可以更轻松地在其 LLM 应用中使用这些先进的嵌入技术。

10.5.1　HuggingFaceEmbeddings 嵌入集成

SentenceTransformersEmbeddings 为开发者提供了一种高效、简洁的方式来为文本生成向量嵌入。这种嵌入通常基于深度学习模型，专为捕捉文本之间的复杂语义关系而设计。利用这种技术，开发者能够实现更加精确的文本匹配和更深入的内容分析，为 LLM 应用带来了优化的效果。

实际上，SentenceTransformersEmbeddings 是通过 HuggingFaceEmbeddings 集成进行调用的。对于那些已经熟悉 sentence_transformers 包的开发者，为了使其更容易上手和进行整合，LangChain 提供了 SentenceTransformerEmbeddings 的别名，这样开发者可以在代码中使用熟悉的命名方式。

首先需要对开发环境进行配置。确保在开始前已经正确地安装了 sentence_transformers 包，这是为了确保文本嵌入的流程可以顺利进行。如未安装，可以通过提供的安装命令完成设置。

```
pip install sentence_transformers > /dev/null
```

注意，为了保证环境的稳定性，请及时更新 pip 到其最新版本。

```
[notice] A new release of pip is available: 23.0.1 -> 23.1.1
[notice] To update, run: pip install --upgrade pip
```

开发者需要从 langchain.embeddings 模块导入 HuggingFaceEmbeddings 和 SentenceTransformerEmbeddings。

```
from langchain.embeddings \
import (HuggingFaceEmbeddings,SentenceTransformerEmbeddings)
```

文本嵌入实践。首要步骤是初始化嵌入模型。通过 HuggingFaceEmbeddings 指定相关的模型名称 all-MiniLM-L6-v2 来设定所需的嵌入模型包装器，从而为后续的文本转换工作做好准备。

```
embeddings = HuggingFaceEmbeddings(model_name="all-MiniLM-L6-v2")
```

对于更熟悉 SentenceTransformer 的开发者，上述初始化等同于：

```
embeddings = SentenceTransformerEmbeddings(model_name="all-MiniLM-L6-v2")
```

在 LLM 应用中，当开发者遇到文本数据时，可以使用先前初始化的嵌入模型，直接将此文本转换为相应的向量嵌入，为后续分析或其他操作提供机器可理解的格式。

```
text = "This is a test document."
query_result = embeddings.embed_query(text)
```

如果需要处理多个文档的嵌入时，如同时嵌入 "This is a test document." 和 "This is not a test document."，则可以将这些文本作为列表传递给 embeddings.embed_documents 方法，从而一次性得到这些文档的对应嵌入结果，并存储在 doc_result 中。

```
doc_result = embeddings.embed_documents([text, "This is not a test
document."])
```

10.5.2 LlamaCppEmbeddings 嵌入集成

Llama.cpp 主要目标是在 MacBook 上使用 4 位整数量化运行 LLaMA 模型。这是一个纯粹的 C/C++实现，不依赖任何外部库。尽管该程序优先考虑 Apple 芯片并通过 ARM NEON、Accelerate 和 Metal 框架进行优化，但它也为 x86 架构提供了 AVX、AVX 2 和 AVX 512 的支持。此外，该程序在计算精度上支持混合的 F16 / F32，并能够支持 4 位、5 位和 8 位的整数量化。对于 BLAS 操作，它支持各种库，如 OpenBLAS、Apple BLAS、ARM Performance Lib、ATLAS、BLIS、Intel MKL、NVHPC、ACML、SCSL、SGIMATH 等。另外，也支持 cuBLAS 和 CLBlast。

在准备集成和使用 llama-cpp 之前，开发者首先需要设置其开发环境。具体来说，必须确保已经安装了 llama-cpp-python 库。这可以通过简单地运行特定的安装命令来实现。

```
pip install llama-cpp-python
```

为了简化开发过程，llama-cpp 的嵌入模块已被预先集成。因此，开发者可以直接从 langchain.embeddings 模块中导入 LlamaCppEmbeddings 来使用这个功能。

```
from langchain.embeddings import LlamaCppEmbeddings
```

在实际应用中，要利用 llama-cpp 进行文本嵌入，首先需要初始化模型。

开发者可以通过 LlamaCppEmbeddings 类为其提供特定的模型路径（如 "/path/to/model/ggml-model-q4_0.bin"）来完成这个步骤，从而为后续操作创建一个 llama-cpp 嵌入模型实例。

```
llama =
LlamaCppEmbeddings(model_path="/path/to/model/ggml-model-q4_0.bin")
```

为了从 LLM 应用中的文本数据中生成嵌入，开发者只需将所需文本传递给已初始化的 LlamaCppEmbeddings 实例。例如，对于文本 "This is a test document."，通过调用 llama-cpp 模型的嵌入方法，开发者可以获得该文本的向量嵌入表示。

```
text = "This is a test document."
query_result = llama.embed_query(text)
```

对于要嵌入的一组文档，开发者可以简单地传递一个包含所有文档的列表给 llama.embed_documents 方法。例如，将文本列表[text]传入方法后，它将返回这些文档的向量嵌入表示，并存储在 doc_result 变量中。这使得对多个文档的批量嵌入变得简单、高效。

```
doc_result = llama.embed_documents([text])
```

一旦成功集成 llama-cpp 到 LangChain 中，开发者就可以充分利用其高效的文本嵌入能力，进一步为 LLM 应用带来高准确率和低延迟的体验。通过不断地测试、优化和调整，开发者可以确保 llama-cpp 嵌入在各种场景下都能稳定发挥其最大潜能。

10.5.3　Cohere 嵌入集成

随着各种文本嵌入技术的发展，Cohere 成了开发者在 LLM 应用中的又一选择。其凭借稳定性和高效性受到许多开发者的欢迎。接下来，我们将探讨如何在 LangChain 中集成和使用 Cohere 嵌入。

与其他嵌入方法相比，Cohere 在某些特定任务上具有更高的准确率和更好的性能。Cohere 利用如 BERT 和 GPT 等 Transformer 架构的深度学习模型为文本生成嵌入。这些嵌入不仅反映文本的表面结构，还深入捕捉其语义含义，确保即使两段文本的字面表述不同，但只要它们的意思或概念相似，其生成的嵌入也会是相似的。

在 LangChain 中，为了简化开发者的工作流并提供更便捷的 Cohere 嵌入使用体验，开发团队预置了与 Cohere 相关的嵌入模块。开发者只需通过简单地从 langchain.embeddings 模块中导入 CohereEmbeddings 类，就能轻松地在其应用中集成

Cohere 的功能。

```
from langchain.embeddings import CohereEmbeddings
```

在 LangChain 中，当开发者想要实际应用 Cohere 的嵌入功能时，首先需要拥有一个有效的 Cohere API 密钥，这是为了确保与 Cohere 服务的通信。一旦获得密钥，开发者便可以使用 CohereEmbeddings 类并通过 cohere_api_key 参数来初始化它，从而在应用中生成文本嵌入。

```
embeddings = CohereEmbeddings(cohere_api_key=cohere_api_key)
```

在 LLM 应用中，当开发者想要为特定的文本数据如 "This is a test document." 生成嵌入表示时，他们可以直接利用 Cohere 的嵌入方法。这一方法将该文本转换为一个数值向量，该向量捕获了文本的语义含义，从而为后续的分析或操作提供了基础。

```
query_result = embeddings.embed_query(text)
```

如果需要为一组文档生成嵌入，则可以使用以下方法：

```
doc_result = embeddings.embed_documents([text])
```

集成 Cohere 嵌入 LangChain 中，开发者可以充分发挥其特有的文本嵌入优势，为 LLM 应用提供更准确的文本表示。当处理复杂的语言任务时，Cohere 会带来更好的性能和稳定性。

10.6 Agent toolkits 集成指南

Agent toolkits 的集成旨在简化并增强 LLM 应用中的数据处理和分析功能。CSV Agent 提供了一个专门的工具，允许开发者处理 CSV 数据。Pandas Agent 则集成了 Pandas 框架，赋予了开发者在应用中进行高效数据操作的能力。另外，为了满足先进的数据可视化需求，PowerBI Agent 与 Microsoft PowerBI 紧密结合，为开发者带来了丰富的、直观的数据可视化工具。这些工具套件确保了 LLM 应用的数据处理、分析和可视化都既简单又高效。

10.6.1 CSV Agent 的集成

LangChain 为开发者提供了多种与 CSV 文件互动的方式，特别是针对问题回答任务。下面我们将详细讨论如何使用 CSV Agent，以及说明一些相关的安全注意事项。

CSV Agent 主要用于与 CSV 文件交互，特别是当需要查询或检索信息时。需要注意的是，CSV Agent 内部调用了 Pandas DataFrame Agent 和 Python Agent。这意味着，当 LLM 生成的 Python 代码可能存在问题时，执行这些代码可能会导致意外的后果。因此，使用时应保持谨慎。

CSV Agent 是 LLM 应用中用于处理 CSV 数据的工具，而在编程中，为了实现这一功能，开发者需要引用一系列特定的 API。create_csv_agent 是创建和管理 CSV Agent 的核心方法，位于 langchain.agents 模块中。而 OpenAI 来自 langchain.llms 模块，可用于模型管理或与 OpenAI 平台的交互。ChatOpenAI 从 langchain.chat_models 导入一个针对聊天模型的包装器。最后，AgentType 定义了 LLM 应用中可以使用的各种 Agent 的类型，帮助开发者明确各个 Agent 的角色和功能。通过这些 API 的结合，开发者可以在 LLM 应用中轻松创建和使用 CSV Agent。

```python
from langchain.agents import create_csv_agent
from langchain.llms import OpenAI
from langchain.chat_models import ChatOpenAI
from langchain.agents.agent_types import AgentType
```

在初始化方法中，create_csv_agent 函数被用于构建一个新的 CSV Agent。此代理的特点是使用 ZERO_SHOT_REACT_DESCRIPTION 类型，这意味着该代理可以在没有预先训练的情况下对数据进行描述或反应。在示例代码中，代理被配置为处理名为 titanic.csv 的文件，使用 OpenAI 模型并设置其温度参数为 0，以获得更具确定性的输出。同时，通过 verbose=True 参数，代理在运行时会显示更多的详细信息。

```python
agent = create_csv_agent(
        OpenAI(temperature=0),
        "titanic.csv",
        verbose=True,
        agent_type=AgentType.ZERO_SHOT_REACT_DESCRIPTION,
    )
```

另外还可以使用 OPENAI_FUNCTIONS 类型进行初始化。这是一种不同于 ZERO_SHOT_REACT_DESCRIPTION 的代理构建方法。在这种方法中，代理是基于特定的 OpenAI 功能进行操作的，特别是那些与 ChatOpenAI 模型相关的功能。例如，在给出的代码中，使用了模型 gpt-3.5-turbo-0613 来创建一个代理，该模型的温度参数被设置为 0 以获得确定性输出。这个代理专门为处理名为 titanic.csv 的文件而设，并通过 verbose=True 参数提供额外的运行时的详细信息。

OPENAI_FUNCTIONS 类型是一个代理初始化选项，专门为高级的 OpenAI 模型设计。这些模型如 gpt-3.5-turbo-0613，是在 2023 年 6 月 13 日之后发布的。之前发布的型号并不能使用 OPENAI_FUNCTIONS 类型进行初始化。

```python
agent = create_csv_agent(
        ChatOpenAI(temperature=0, model="gpt-3.5-turbo-0613"),
```

```
    "titanic.csv",
    verbose=True,
    agent_type=AgentType.OPENAI_FUNCTIONS,
)
```

使用 CSV Agent 查询数据是一个直接的方式，允许开发者对已加载的 CSV 文件进行交互式查询。在 CSV Agent 被初始化后，它会在后台读取和理解 CSV 文件内容。例如，通过调用 agent.run()方法并提供相应的文本查询，如"how many rows are there?"，代理会检索文件并返回文件中行的数量。这种方法为开发者提供了一个简洁、直观的接口，使他们能够与 CSV 数据互动，而无须编写复杂的查询或处理逻辑。

```
agent.run("how many rows are there?")
```

或者询问具有超过 3 名兄弟姐妹的人数：

```
agent.run("how many people have more than 3 siblings")
```

CSV Agent 的设计不仅仅局限于单个 CSV 文件的查询，它还能够同时处理多个 CSV 文件，并与多个 CSV 文件交互。这意味着开发者可以比较和分析多个数据集之间的差异。例如，通过传递两个 CSV 文件 "titanic.csv" 和 "titanic_age_fillna.csv" 给代理，你可以询问这两个数据框（DataFrames）在年龄列上的不同之处。这个功能大大增强了 CSV Agent 的灵活性和实用性，为开发者提供了一个高效的工具来分析和对比不同的数据源。

```
agent = create_csv_agent(
    ChatOpenAI(temperature=0, model="gpt-3.5-turbo-0613"),
    ["titanic.csv", "titanic_age_fillna.csv"],
    verbose=True,
    agent_type=AgentType.OPENAI_FUNCTIONS,
)
agent.run("how many rows in the age column are different between the two
dfs?")
```

10.6.2　Pandas Dataframe Agent 的集成

LangChain 不仅提供了与 CSV 文件互动的方法，还为开发者提供了与 pandas 数据帧互动的方式。此功能特别适用于问题回答任务。

Pandas Dataframe Agent 主要用于与 pandas 数据帧交互，特别是在需要查询或检索信息时。需要注意的是，此代理在后台调用 Python 代理，执行 LLM 生成的 Python 代码。如果 LLM 生成的 Python 代码可能是有害的，则执行此代码可能会导致意外的结果。因此，使用时应谨慎。

首先使用 create_pandas_dataframe_agent，创建一个代理来与数据帧交互。同时，ChatOpenAI 和 OpenAI 提供了与 LLM 模型的连接，可以为该代理提供理解和输出自然语言的回答。AgentType 则定义了可能的代理类型。使用 Python 的 pandas 库导入一个名为 "titanic.csv" 的 CSV 文件，并将其读取为一个数据帧 df。至此，开发者便可以利用 LangChain 中的工具和代理与这个数据帧进行互动。

```
from langchain.agents import create_pandas_dataframe_agent
from langchain.chat_models import ChatOpenAI
from langchain.agents.agent_types import AgentType
from langchain.llms import OpenAI
import pandas as pd

df = pd.read_csv("titanic.csv")
```

这种方法使用了 ZERO_SHOT_REACT_DESCRIPTION 类型作为代理类型。以下是初始化代理的例子：

```
agent = create_pandas_dataframe_agent(OpenAI(temperature=0), df, verbose=True)
```

另外还可以使用 OPENAI_FUNCTIONS 类型进行初始化。这是一种不同于 ZERO_SHOT_REACT_DESCRIPTION 的代理构建方法。在这种方法中，代理是基于特定的 OpenAI 功能进行操作的，特别是那些与 ChatOpenAI 模型相关的功能。

使用 OPENAI_FUNCTIONS 类型进行初始化。

```
agent = create_pandas_dataframe_agent(
        ChatOpenAI(temperature=0, model="gpt-3.5-turbo-0613"),
        df,
        verbose=True,
        agent_type=AgentType.OPENAI_FUNCTIONS,
    )
```

与 CSV Agent 类似，一旦初始化 Pandas Dataframe Agent，便可以运行查询以检索数据帧中的数据。

除了单个数据帧，Pandas Dataframe Agent 还支持与多个数据帧互动。例如，你可以将多个数据帧传递给代理，并询问两个数据帧之间年龄列的差异行数。

```
df1 = df.copy()
df1["Age"] = df1["Age"].fillna(df1["Age"].mean())
agent = create_pandas_dataframe_agent(OpenAI(temperature=0), [df, df1], verbose=True)
agent.run("how many rows in the age column are different?")
# 输出结果：
    > Entering new AgentExecutor chain...
    Thought: I need to compare the age columns in both dataframes
    Action: python_repl_ast
```

```
Action Input: len(df1[df1['Age'] != df2['Age']])
Observation: 177
Thought: I now know the final answer
Final Answer: 177 rows in the age column are different.

> Finished chain.
'177 rows in the age column are different.'
```

10.6.3　PowerBI Dataset Agent 的集成

Power BI 是一个用于数据可视化和报告的工具,但当需要通过编程方式查询和分析 Power BI 数据集时,可以使用 LangChain 的 PowerBI Dataset Agent,使得查询变得更自然和人性化,而不用再依赖于 DAX(数据分析表达式)查询语言。

PowerBI Dataset Agent 可与 Power BI 数据集交互。你可以使用此代理查询数据集,例如,描述数据表、查询表中的记录数或对数据进行多维度的分析。

初始化 PowerBI Dataset Agent 所用的类:

- create_pbi_agent 和 PowerBIToolkit 来自 langchain.agents.agent_toolkits。
- PowerBIDataset 来自 langchain.utilities.powerbi。
- ChatOpenAI 来自 langchain.chat_models。
- AgentExecutor 来自 langchain.agents。

通过执行 pip install azure-identity 命令,安装 azure.identity 包,以支持 Azure 的身份验证。代理需要 Azure 的认证来访问 PowerBI 数据集。这里使用了 DefaultAzureCredential()函数,它是 Azure 提供的默认方法,用于获取适当的认证凭据,以便代理、访问相关数据。

```
from langchain.agents.agent_toolkits import create_pbi_agent
from langchain.agents.agent_toolkits import PowerBIToolkit
from langchain.utilities.powerbi import PowerBIDataset
from langchain.chat_models import ChatOpenAI
from langchain.agents import AgentExecutor
from azure.identity import DefaultAzureCredential
```

创建 PowerBI Dataset Agent 涉及以下步骤:首先,通过创建一个或多个 LLM(如 fast_llm 和 smart_llm)获取文本的嵌入表示。然后,通过实例 PowerBIToolkit 创建一个 Power BI 工具集,用于处理 PowerBI 数据集的任务。接着,通过调用 create_pbi_agent 方法创建 PowerBI Dataset Agent,该代理可以与 PowerBI 数据集进行交互。

在数据集查询方面，有多种操作可用。

首先，通过调用 agent_executor.run("Describe table1")，代理可以提供关于数据表的描述信息。此外，代理还可以在数据表上执行简单的查询操作，比如计算数据表中的记录数，通过调用 agent_executor.run("How many records are in table1?") 完成。

```python
fast_llm = ChatOpenAI(
    temperature=0.5, max_tokens=1000, model_name="gpt-3.5-turbo",
verbose=True
)
smart_llm = ChatOpenAI(temperature=0, max_tokens=100, model_name="gpt-4",
verbose=True)

toolkit = PowerBIToolkit(
    powerbi=PowerBIDataset(
        dataset_id="<dataset_id>",
        table_names=["table1", "table2"],
        credential=DefaultAzureCredential(),
    ),
    llm=smart_llm,
)

agent_executor = create_pbi_agent(
    llm=fast_llm,
    toolkit=toolkit,
    verbose=True,
)
```

代理可以计算数据表中的记录数：

```python
agent_executor.run("How many records are in table1?")
```

我们还可以提供一些自定义的少样本提示词模板，使模型更容易理解与 Power BI 数据集相关的问题和回答。提供这些提示可以帮助模型生成更准确的 DAX 查询。需要注意的是，当与 Power BI 数据集进行互动时，请确保你有适当的权限和凭证。

LangChain 的 PowerBI Dataset Agent 目前仍在积极开发中，可能存在不完善的地方，因此在生产环境中使用时应进行适当的测试。

```python
# 虚构的例子
few_shots = """
Question: How many rows are in the table revenue?
DAX: EVALUATE ROW("Number of rows", COUNTROWS(revenue_details))
----
Question: How many rows are in the table revenue where year is not empty?
DAX: EVALUATE ROW("Number of rows", COUNTROWS(FILTER(revenue_details,
revenue_details[year] <> "")))
----
Question: What was the average of value in revenue in dollars?
```

```
DAX: EVALUATE ROW("Average", AVERAGE(revenue_details[dollar_value]))
----
"""
toolkit = PowerBIToolkit(
    powerbi=PowerBIDataset(
        dataset_id="<dataset_id>",
        table_names=["table1", "table2"],
        credential=DefaultAzureCredential(),
    ),
    llm=smart_llm,
    examples=few_shots,
)
agent_executor = create_pbi_agent(
    llm=fast_llm,
    toolkit=toolkit,
    verbose=True,
)
```

执行查询语句：

```
agent_executor.run("What was the maximum of value in revenue in dollars in
2022?")
```

使用 LangChain 的 PowerBI Dataset Agent 与 Power BI 数据集进行互动为开发者提供了一种新的、自然的方式来查询和分析数据。通过这种方式，开发者可以更加灵活和直观地与数据互动，而不需要深入了解 DAX 查询语言的复杂性。

10.7 Retrievers 集成指南

Retrievers 的集成重点在于为开发者提供方便、高效的信息检索工具。首先，Arxiv API Wrapper 为那些需要访问和检索学术文献的开发者提供了专门的解决方案，确保他们能够从 Arxiv 数据库中获取所需的研究资料。其次，Azure Cognitive Search Wrapper 为开发者提供了与 Azure 平台的深度集成，使其能够高效、准确地从 Azure 中检索各种信息。最后，Wikipedia API Wrapper 则简化了从维基百科中提取内容的流程，让开发者无须深入了解其背后的技术细节，即可轻松获取所需的公开信息。

10.7.1 WikipediaRetriever 集成

Wikipedia 作为一个庞大的在线百科全书，为用户提供了丰富的知识和信息。使用 LangChain 的 WikipediaRetriever，可以从 Wikipedia 获取相关文档并对其进行查询。

首先，为了使用相关功能，安装 "wikipedia" Python 包。

```
pip install wikipedia
```

下面介绍 WikipediaRetriever 的参数配置。默认情况下，lang 参数设置为"en"可用于在特定语言的 Wikipedia 部分中进行搜索。load_max_docs 参数默认为"100"，即限制了下载文档的数量。在实验阶段，建议使用较小的数字，因为目前的上限是"300"。此外，load_all_available_meta 参数默认为"False"，这意味着只下载最重要的字段，包括发布日期、标题和摘要。如果将其设置为"True"，则会下载其他字段。

运行 WikipediaRetriever 很简单，只需使用 get_relevant_documents() 方法，并输入查询文本作为参数。例如，如果要查询关于"HUNTER X HUNTER"的相关文档，那么可以执行以下操作：

```
from langchain.retrievers import WikipediaRetriever
retriever = WikipediaRetriever()
docs = retriever.get_relevant_documents(query="HUNTER X HUNTER")
```

查看文档的元数据或内容：

```
print(docs[0].metadata)
print(docs[0].page_content[:400])
```

为了使用 LangChain 进行问题回答，你需要一个 OpenAI API 密钥。之后，你可以使用 ConversationalRetrievalChain 结合 ChatOpenAI 和 WikipediaRetriever 进行交互式的问答。例如：

```
from getpass import getpass
import os
from langchain.chat_models import ChatOpenAI
from langchain.chains import ConversationalRetrievalChain

OPENAI_API_KEY = getpass()
os.environ["OPENAI_API_KEY"] = OPENAI_API_KEY

model = ChatOpenAI(model_name="gpt-3.5-turbo")
qa = ConversationalRetrievalChain.from_llm(model, retriever=retriever)
questions = ["What is Apify?", ...]
```

对于每个问题，你可以通过适当的代码获取并打印出答案。请注意以下几点事项：首先，在使用 API 密钥时，务必确保不要在公开的代码中暴露它，以确保安全。其次，与 Wikipedia 进行交互时，可能会受到频率限制或其他限制，因此要注意控制 API 请求的频率，以避免触发限制。

LangChain 的 WikipediaRetriever 为开发者提供了一个简单而有效的方式，使其可以轻松地与 Wikipedia 互动，获取相关的文档并进行问题回答。这为开发者带来了巨大的便利，使他们可以更容易地从 Wikipedia 获取知识并将其应用到自己的应用中。

10.7.2 ArxivRetriever 集成

arXiv 是一个免费的分发服务和开放获取档案的站点，该站点收录的学术论文，涵盖了物理、数学、计算机科学、量化生物学、量化金融、统计学、电气工程与系统科学，以及经济学等领域。ArxivRetriever 是 LangChain 框架与 arXiv 的集成工具，可以用于从 arXiv 检索相关文档。

首先，要使用 arXiv 集成工具，需要安装 "arxiv" Python 包。

```
pip install arxiv
```

ArxivRetriever 是 LangChain 框架提供的一个类，用于与 arXiv 进行交互。它有一些参数需要设置。其中，load_max_docs 参数用于限制下载的文档数量。默认情况下限制下载的文档数量是 "100"，但是考虑到下载较多文档可能带来的问题，建议在测试时使用较小的数字。此外，还有一个 load_all_available_meta 参数，默认为 False。当设为 False 时，只会下载最重要的字段，包括发布日期、标题、作者和摘要。如果将其设为 True，则会下载其他字段。

在使用示例中，可以看到如何实例化一个 ArxivRetriever 对象。在此例中，load_max_docs 被设置为 "2"，以限制下载的文档数量。然后，通过调用 get_relevant_documents 方法，输入一个查询关键字，即可从 arXiv 中检索相关的文档。

```
from langchain.retrievers import ArxivRetriever
retriever = ArxivRetriever(load_max_docs=2)
docs = retriever.get_relevant_documents(query="1605.08386")
```

以上代码展示了如何从 Arxiv.org 检索与 query 相关的文档。

当集成上述工具到 LLM 应用中时，开发者可能会遇到多种问题。例如，如何有效地将查询结果从 ArxivRetriever 传递给 OpenAIEmbeddings 进行嵌入？答案是：通过先使用 ArxivRetriever 检索文档，再使用 OpenAIEmbeddings 为其生成嵌入，从而实现流畅的工作流程。

10.7.3 Azure Cognitive Search 集成

Azure Cognitive Search 作为一个云搜索服务，能够为开发者带来丰富的搜索体验。下面将详细指导开发者如何在 LangChain 中集成和使用 Azure Cognitive Search。

Azure Cognitive Search（之前称为 Azure Search）是一个云搜索服务，为开发者提供了建设丰富搜索体验的基础设施、API 和工具。无论是文档搜索、在线零售应用还是私有内容的数据探索，搜索都是向用户展示文本的应用的基础。

在集成 Azure Cognitive Search 到 LangChain 之前，需要根据 Azure 的官方指南进行相应的配置，同时确保你已经获取了三个重要信息：ACS 服务名称、ACS 索引名称和 API 密钥。

一旦完成了配置和信息获取，就可以在 LangChain 中使用 Azure Cognitive Search 了。首先，从 langchain.retrievers 模块中导入 AzureCognitiveSearchRetriever 类，这样你就能够在 LangChain 中使用 Azure Cognitive Search 的检索功能了。

```
from langchain.retrievers import AzureCognitiveSearchRetriever
```

将 ACS 服务名称、索引名称和 API 密钥设置为环境变量。这样在创建检索器时，就可以直接读取这些环境变量。

```
import os
os.environ["AZURE_COGNITIVE_SEARCH_SERVICE_NAME"] =
"<YOUR_ACS_SERVICE_NAME>"
os.environ["AZURE_COGNITIVE_SEARCH_INDEX_NAME"] = "<YOUR_ACS_INDEX_NAME>"
os.environ["AZURE_COGNITIVE_SEARCH_API_KEY"] = "<YOUR_API_KEY>"
```

至此，可以使用上述环境变量创建 Azure Cognitive Search 检索器，并按需检索相关文档。

```
retriever = AzureCognitiveSearchRetriever(content_key="content", top_k=10)
documents = retriever.get_relevant_documents("what is LangChain")
```

其中，top_k 参数指定了返回的结果数量，我们可以根据实际需求进行调整。

集成 Azure Cognitive Search 到 LangChain 不仅提升了 LLM 应用的搜索功能，还使开发者能够更加便捷地利用 Azure 提供的强大搜索能力。

第 11 章

LLM 应用开发必学知识

本章我们将对 LLM 应用开发涉及的基础知识做一个简单介绍。

NLP，即自然语言处理，是一个研究如何使计算机能够理解、解释和生成人类语言的学科。简单地说，NLP 的目标是使计算机能够"理解"和"产生"人类语言，从而使机器能够与人类进行更自然的互动。近年来，NLP 已经在很多领域得到了广泛的应用，例如，聊天机器人、搜索引擎优化、情感分析、自动文摘、机器翻译等。

LLM，即大语言模型，是一种特殊的 NLP 模型。它是通过在大量文本数据上进行训练来构建的。由于其规模之大，LLM 能够捕获语言中的细微差异和复杂关系，从而在各种任务上实现出色的性能。

例如，OpenAI 的 GPT-4 就是一个 LLM 的例子，它在 100 多种语言任务上都展现了出色的性能，甚至在某些任务上接近或超越了人类的表现。

了解 LLM 的核心知识和基本概念在开发 LLM 应用时是非常关键的，正如建筑的稳定性取决于其基础的坚固程度。同样，开发 LLM 应用的成功根基也依靠 LLM 的核心知识和基本概念。

11.1 LLM 的核心知识

本节将探讨文本嵌入、点积和余弦相似性、注意力机制。

11.1.1 文本嵌入

文本嵌入包括词和句子的嵌入，是语言模型的核心部分。例如，在像电影《HER》这样的科幻电影中，人工智能助理能够轻松地与人类交谈并理解他们说的话。2023年以前，让计算机理解和产生语言似乎是不可能的任务，但最新的 LLM（如 GPT-4）已经能够做到这一点，使人类几乎无法判断他们是与另一个人还是计算机交谈。

NLP 的基本任务是理解人类语言。但是，人类用词语和句子交谈，而计算机只能理解和处理数字。那么如何以连贯的方式将词语和句子转化为数字呢？这就是词嵌入所做的事情。

下面我们通过一个直观的测试来理解。标出 12 个单词：

```
Basketball
Bicycle
Building
Car
Castle
Cherry
House
Soccer
Grapes
Tennis
Motorcycle
Watermelon
```

现在的问题是，应该在这个平面上的哪个位置放置"apple"这个词呢？最理想的位置是 C 点，因为"Apple"这个词与"Cherry"、"Watermelon"和"Grapes"这些词都很接近，而与"House"、"Car"或"Tennis"这样的词距离较远。这就是词嵌入的实质。为每个单词分配的数字是什么呢？简单说，就是词的位置的横坐标和纵坐标。这样，"Apple"这个词就被分配到了[5,5]这个坐标，而"Motorcycle"这个词被分配到了[5,1]这个坐标，如图 11-1 所示。

对于一个良好的词嵌入，它应具有以下特性：（1）相似的词应对应于接近的点（或等效地对应于相似的分数）。（2）不同的词应对应于相隔较远的点（或等效地对应于明显不同的分数）。

在图 11-2 中的嵌入测试中，"puppy"这个词与"dog"比较近，现在测试"cow"这个词放在 A 点、B 点、C 点哪个位置比较合适？

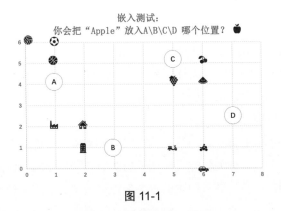

图 11-1

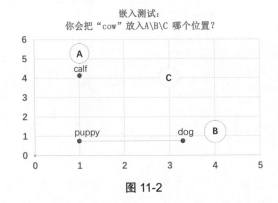

图 11-2

在图 11-2 中，可以观察到三个标记点：A 点、B 点和 C 点。A 点位于"calf"附近，表示它在语义上与"calf"相近。而 B 点则位于"dog"附近，这意味着它与"dog"有较高的语义相似性。

C 点的位置则较为特殊，它与 A 点的距离较近，暗示 C 点在语义上与 A 点（也就是"calf"）较为相似。

因此，考虑到"cow"与"calf"的紧密语义关系，将"cow"放在 A 点或 C 点附近都是合适的。但如果要选择一个最佳的位置，那么 A 点是最为合适的，因为它直接与"calf"相邻。

词嵌入对于理解文本非常有用，但实际上，人类语言远比简单拼凑的词汇更为复杂。它拥有结构、句子等特点。那么，如何表示一个句子呢？

例如，有一个词嵌入为以下单词分配以下分数：

```
No: [1,0,0,0]
I: [0,2,0,0]
```

```
Am: [-1,0,1,0]
Good: [0,0,1,3]
```

那么，"No, I am good!"这个句子对应的向量是[0,2,2,3]。然而，"I am no good"这个句子也对应同样的向量[0,2,2,3]。这两个句子的含义相差甚远，但它们被解释得完全相同，这显然是不合适的。因此，需要更好的嵌入方法，考虑单词的顺序、语言的语义和句子的实际含义。

下面介绍句子嵌入的概念。句子嵌入与词嵌入类似，只是它将每个句子与一个充满数字的向量相关联。这种关联方式保证了相似的句子被分配到相似的向量，不同的句子被分配到不同的向量，并且向量的每个坐标都表示句子的某种属性。

文本嵌入已经证明了其重要性，现在是时候开始探索它们的实用性了。以下面的短语为例：

```
我喜欢狗狗
I love my dog
I adore my dog
Hello, how are you?
Hey, how's it going?
你好，最近怎么样
I love watching soccer
我喜欢看世界杯
I like watching soccer matches
```

模型返回的嵌入数据显示相同含义的语句，在向量空间内距离接近，如图 11-3 所示。

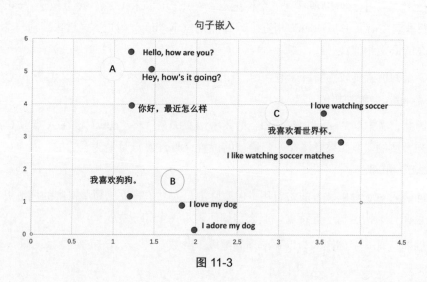

图 11-3

多语言句子嵌入

大多数词和句子嵌入都依赖于模型受过训练的语言。但在全球化的今天，多语言模型变得尤为重要。OpenAI 已经训练了一个大型的多语言模型，支持超过 100 种语言。以下是几个汉语、阿拉伯语和英语的句子示例，表 11-1 左侧是不同语言的表达方式，表 11-1 右侧是图 11-3 中表示的位置：

表 11-1

苹果是一种水果	A
التفاح هو فاكهة	A
An apple is a fruit	A
天空是蓝色的	B
السماء زرقاء	B
The sky is blue	B
世界杯在卡塔尔	C
كأس العالم في قطر	C
The world cup is in Qatar	C
大熊猫住在森林里	D
الباندا العملاق يعيش في الغابة	D
The giant panda lives in the woods	D

模型返回的嵌入数据显示，它能够识别关于大熊猫、足球、苹果和天空的句子，即使它们是用不同的语言编写的。

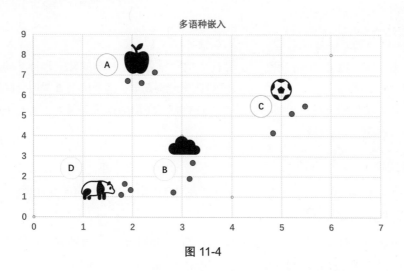

图 11-4

11.1.2　点积相似性和余弦相似性

对于每个 LLM，知道两个词或两个不同的句子是否相似或不同是非常关键的。词和句子嵌入为此提供了有力的工具。简而言之，词嵌入将每个词与一组数字（向量）关联起来，这样词的语义属性就可以转化为数字的数学属性。句子嵌入则更为强大，因为它们将每个句子与一组数字关联起来，这些数字也携带了句子的重要属性。

了解嵌入的基础后，可以使用它们来查找相似性。一旦得到了文本的嵌入，就可以计算它们之间的相似性。点积相似性和余弦相似性都是确定两个词（或句子）是否相似的有用方法。

点积相似性

为了简化问题，考虑一个只有 4 个句子的数据集，每个句子都被分配了两个数字。例如，电影标题 "Rush Hour" 和 "Rush Hour 2" 被分配了相似的数字，因为它们在某种程度上是相似的。

```
You've Got Mail: [0, 5]
Rush Hour: [6, 5]
Rush Hour 2: [7, 4]
Taken: [7, 0]
```

点积是一种创建相似性分数的方法。在这个方法中，如果两部电影的得分匹配，那么乘以两部电影的行动分数，再乘以两部电影的喜剧分数并相加，这个数字就会很高。例如，"Rush Hour: [6,5]" 中的 6 代表行动分数为 6 分，5 代表喜剧分数为 5 分。计算过程为：

```
[You've got mail, Taken] = 0*7 + 5*0 = 0
[Rush Hour, Rush Hour 2] = 6*7 + 5*4 = 62
```

电影标题 "Rush Hour" 和 "Rush Hour 2" 被分配了相似的数字，计算的结果是 62，而 "You've got mail" 和 "Taken" 的计算结果是 0。这个例子直观地反映了两个向量之间的相似性。对于相似的句子，它们的嵌入向量的点积会很大；而对于不相似的句子，点积则相对较小。

余弦相似性

在开发 LLM 应用时，经常需要对句子或词语之间的相似度进行量化评估。其中，一种广泛使用的方法是余弦相似性。

余弦相似性基于向量间的夹角来衡量它们之间的相似度。这种方法特别适用于评估高维空间中的数据点之间的相似度，例如在 LLM 应用中的文本嵌入。

例如，在二维平面上，将电影嵌入为点，其中横坐标表示动作（图 11-5 的横坐标，Action）得分，纵坐标表示喜剧得分（图 11-5 的横坐标，Comedy）。电影的嵌入可能看起来像点在平面上。例如，"You've got mail"与"Taken"之间的距离很远，因为它们是非常不同的电影。而"Rush Hour"与"Rush Hour 2"非常接近，因为它们是相似的电影。

虽然欧几里得距离可以测量两点之间的距离，但它不能总是很好地表示相似性。特别是当数据点在高维空间中非常接近时，角度测量更为合适。

这里，引入余弦相似性。余弦相似性衡量的是从原点出发到两句子所形成的两射线之间的夹角的余弦值。当两点非常接近时，这个角度会很小，其余弦值接近 1，表示它们之间的相似度很高。

例如，在之前的电影示例中，"You've got mail"与"Taken"之间的角度为"90°"，其余弦值为"0"，表示它们之间的相似度为"0"。而"Rush Hour"与"Rush Hour 2"之间的角度为"11.31°"，其余弦值为"0.98"，表示它们之间的相似度非常高，如图 11-5 所示。

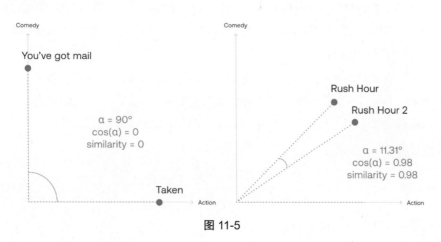

图 11-5

11.1.3　注意力机制

在 LLM 应用的开发过程中，一个核心的技术挑战是如何准确处理多义词。为了有效解决这一问题，LLM 引入了注意力机制。

前面我们已经了解了词嵌入和句子嵌入，以及如何衡量词汇和句子之间的相似性。简而言之，词嵌入是一种将词与数字列表（向量）相关联的方法，使得相似的词产生距离较近的数字，而不同的词产生距离较远的数字。

但是，词嵌入面临一个重要的问题：如何处理具有多种定义的词。例如，单词"天"可以指天空或时间单位。不考虑上下文，传统的词嵌入为"天"分配相同的向量。为了解决这一问题，需要注意力机制。注意力机制可以根据上下文为单词提供特定的向量，从而为单词提供上下文信息。

为了理解注意力机制，考虑以下两个句子。

句子 1："他在天上飞翔。"

句子 2："这个问题让我想了好几天。"

在这两个句子中，"天"的含义完全不同。第一个句子中的"天"指的是天空，而第二个句子中的"天"指的是时间单位。如何让计算机理解这两种不同的含义呢？

解决的关键是查看邻近的词。在第一个句子中，"飞翔"提供了上下文，而在第二个句子中，"想"和"问题"提供了上下文。因此，为了理解"天"的上下文，需要考虑其他词。

这就是注意力机制的工作原理。它考虑了句子中的所有词，并为目标词（如"天"）提供上下文信息。注意力机制可以为每个词提供一个与上下文相关的向量，从而使 LLM 能够更准确地理解每个词的含义。

为了在数学模型中表示词的上下文关系，可以通过调整词嵌入的向量来"移动"一个词更靠近另一个词。例如，为了使"天"更接近"飞翔"，可以将其向量与"飞翔"向量的加权平均进行混合。权重可以基于两个词之间的相似性来决定。

假设有以下词向量：

```
飞翔：[0,5]
想：[8,0]
天：[6,6]
```

假设还有两个新的嵌入向量：

```
天 1（与"飞翔"更接近）：[5.4, 5.9]
天 2（与"想"更接近）：[6.4, 4.8]
```

如你所见，"天 1"更接近"飞翔"，而"天 2"更接近"想"。把方括号内的两个数字看成平面上的坐标，其中第一个数字是横坐标，第二个数字是纵坐标。天 1 的纵坐标"5.9"更接近"飞翔"的纵坐标"5"。天 2 的横坐标"6.4"更接近"想"的横坐标"8"。通过生成上下文嵌入新的向量，能够更准确地捕捉到一个词在不同语境中的含义。在上面的例子中，通过创建两个上下文嵌入"天 1"和"天 2"，计算机能够区分"天"这个词在与"飞翔"和"想"两种上下文中的不同含义。

这种方法可以为多义词创建多个上下文相关的嵌入,从而为 LLM 应用提供更准确的表示。

11.2　Transformer 模型

Transformer 模型在机器学习领域中迅速崭露头角,特别是在处理文本上下文时表现出色。为了帮助开发者深入理解这一技术并在 LLM 应用中发挥其最大潜力,本节将详细探讨 Transformer 模型的架构及其工作原理。

Transformer 模型能够撰写故事、随笔、诗歌,回答问题,进行语言翻译,与人类交流,甚至通过对人类来说困难的考试!但它们究竟是什么呢?幸运的是,Transformer 模型的架构并不复杂,它只是一些有用组件的连接,每个组件都有其特定的功能。

Transformer 模型是如何工作的呢?当输入一个简单的句子时,如"Hello, how are",Transformer 模型可以预测出最可能的下一个词,如"you"。这是因为 Transformer 模型能够跟踪所写文本的上下文,从而使生成的文本有意义。

这种逐词构建文本的方法可能与人类形成句子和思考的方式不同,但这正是 Transformer 模型如此出色的原因:它们能够非常好地跟踪上下文,从而选择恰当的下一个词汇。

下面是 Transformer 模型的主要知识:

1. 标记化。标记化是文本处理的第一步。它涉及将每个单词、标点符号转换为一个已知的令牌。例如,句子"Write a story."将被转换为四个相应的令牌:<Write>、<a>、<story>和<.>。

2. 嵌入。经过标记化后,下一步是将这些令牌转换为数字,这就是嵌入的作用。它将每个令牌映射到一个数字向量,如果两个文本片段相似,则其对应的向量也会很相似。

3. 位置编码。为了确保句子中的每个单词在处理时能够保持其原始位置信息,所以引入了位置编码。它是通过添加一系列预定义的向量到每个词的嵌入向量来实现的。

4. Transformer block。Transformer 模型的核心是由多个 Transformer block 组成的。每一个 Transformer block 都包含两个主要部分:注意力组件和前馈组件。

5. 注意力机制。注意力机制是 Transformer 模型中的关键技术，它能够为每个单词提供上下文信息。例如，在句子"The bank of the river"和"Money in the bank"中，单词"bank"的含义在两个句子中是不同的。注意力机制通过分析句子中的其他单词（river 和 money）来为每个单词提供上下文，确保其在生成或处理文本时具有正确的含义。

为了更进一步增强这一机制的能力，引入了多头注意力机制，其使用多个嵌入来修改向量并为它们添加上下文。

除此之外，我们还需要了解关于 Transformer 模型的其他重要知识。

1. Softmax 层。Transformer 模型是通过多层的 Transformer block 来构建的，每一层都包含注意力和前馈层，从而形成了一个大型的神经网络，用于预测句子中的下一个单词。Transformer 模型为所有单词输出分数，并为句子中最可能的下一个单词给出最高分数。

Softmax 层的作用是将这些分数转化为概率值。例如，Transformer 为单词"Once"给出了 0.5 的概率，而为"Somewhere"和"There"分别给出了 0.3 和 0.2 的概率。通过采样，选择概率最高的单词作为输出。

2. 后训练。虽然了解了 Transformer 模型的基本工作原理，但为了使其在实际 LLM 应用中发挥出更好的效果，还需要进行后续的训练。例如，当询问 Transformer 模型"阿尔及利亚的首都在哪里？"时，理想的回答是"阿尔及尔"。但由于 Transformer 模型是基于整个互联网进行训练的，因此可能会给出不同的答案。

为了改善这种情况，我们可以进行后训练，即在整体训练完成后，再对模型进行特定任务的训练。这就像对人进行特定任务的培训一样。通过后训练，可以使 Transformer 模型在特定任务如回答问题、进行对话或编写代码上表现得更好。

11.3 语义搜索

在 LLM 应用开发的世界中，语义搜索已经成了一个核心技术。与传统的关键字搜索相比，语义搜索提供了更高的准确性和灵活性，使得开发者可以为用户提供更加丰富和准确的搜索体验。

语义搜索使用文本嵌入和相似度来构建一个查询模型。与此不同，传统的关键字搜索依赖于查询和响应之间共同词汇的数量。但是，这种方法往往无法捕捉到文本中的真正含义。

例如，考虑以下查询和一组响应：

查询：世界杯在哪里？
响应：
世界杯在卡塔尔。
天空是蓝色的。
熊住在森林中。
苹果是一种水果。

传统的关键字搜索可能会选择与查询拥有最多共同词汇的响应，但这可能不是正确的答案。而语义搜索则会选择语义上与查询最匹配的响应。

文本嵌入是将每个文本片段（可以是一个单词或一篇完整的文章）转换为一个数字向量的方法。这些向量可以使用各种算法（如 OpenAI 的嵌入模型）生成，并可以通过降维算法减少到更易于处理的尺寸。这些向量可以被绘制在平面上，使我们可以可视化查询和响应之间的距离。

尽管可以使用欧几里得距离来测量查询和响应之间的距离，但相似度通常提供了更好的结果。通过比较文本嵌入向量之间的相似度，可以确定哪些响应与给定查询最匹配。

在现代 LLM 应用开发中，语义搜索已经成为一个不可或缺的技术。这一技术的核心在于文本嵌入和相似度的计算，它们共同为开发者提供了一个强大的工具来增强用户的搜索体验。

11.3.1 语义搜索的工作原理

什么不是语义搜索？在学习语义搜索之前，让我们看看什么不是语义搜索。在语义搜索之前，最流行的搜索方式是关键字搜索。想象一下，你有很多句子的列表，这些句子是响应。当你提问（查询）时，关键字搜索会查找与查询中共有的单词数量最多的句子（响应）。例如，考虑以下查询和一组响应：

查询：世界杯在哪里？
响应：
世界杯在卡塔尔。
熊住在森林里。

通过关键字搜索，你可以注意到响应与查询有以下共同的单词数量：世界杯在卡塔尔（4 个共同的词），熊住在森林里（2 个共同的词）。在这种情况下，选择"世界杯在卡塔尔"。幸运的是，这是正确的响应。但是，情况并非总是如此。想象一下，如果有另一个响应：

我杯中的咖啡在世界的哪个地方？

此响应与查询有 5 个共同的词，所以如果它在响应列表中，那么就会选择它。但这不是正确的响应。

总会有一些情况，由于语言的模糊性、同义词和其他障碍，关键字搜索将无法找到最佳的响应。所以转向下一个表现更好的算法——语义搜索。

简而言之，语义搜索的工作原理如下：（1）使用文本嵌入将单词转换为向量（数字列表）。（2）使用相似性来找到响应中与查询对应的向量最相似的向量。（3）输出与这个最相似的向量对应的响应。

要执行语义搜索，首先要计算查询和每个句子之间的相似度，然后返回相似度最高的句子。对于 LLM 应用开发者来说，这意味着可以通过简单的算法迅速找到与查询最相关的答案，从而为用户提供更精确的搜索结果。

执行语义搜索的常用算法是最近邻算法，这是一个简单且实用的算法，通常用于分类。在这个上下文中，最近邻算法会查找数据集中与给定点最近的点。然而，该算法在大型数据集中可能效率较低。为了提高效率，开发者可以使用近似最近邻算法或其他优化策略，如 Inverted File Index 和 Hierarchical Navigable Small World。

LLM 应用开发者应当注意到，语义搜索的性能高度依赖于文本嵌入的质量。新的多语言嵌入模型为开发者提供了一个强大的工具，支持 100 多种语言的搜索。这意味着开发者可以使用任何一种语言的查询，并在所有其他语言中搜索答案。

尽管文本嵌入和相似度在语义搜索中发挥了关键作用，但它们并不总能提供最佳的搜索结果。例如，考虑一个查询："世界杯在哪里？"。虽然正确的答案是"世界杯在卡塔尔"，但模型可能会返回与查询语义上更接近的其他响应，如"上届世界杯在俄罗斯"。

在进行相似性搜索时，目标是找到文本中的语义意义，而不仅仅是基于表面上的词汇匹配。这需要对语言的深入理解和处理，而这正是 NLP 的核心。

11.3.2　RAG 的工作原理

在构建 LLM 应用时，开发者需要了解如何处理和响应用户的查询。特别是当遇到如"还有没有减震效果好的跑步鞋推荐？"这样的查询时，RAG（检索增强生成）流程显得尤为重要。

RAG 流程有两个关键步骤：

第一步是分块（图 11-6 中的①分块），也可以称为编制索引。在这个阶段，首先收集 LLM 应用使用的所有文档。接着，将这些文档分成合适的块，使其可以被大型模型轻松处理，并为其生成相应的嵌入。这些嵌入随后会被储存到一个专门的向量数据库中，为后续的查询做好准备。

第二步是响应用户需求（图 11-6 中的②查询）。当用户发送查询如"还有没有减震效果好的跑步鞋推荐"时，LLM 应用的任务是将这个查询转换为一个嵌入，这被称为 QUERY_EMBEDDING。

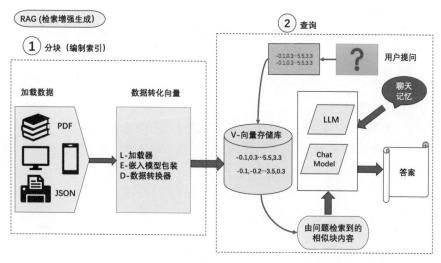

图 11-6

随后，向量数据库会搜索与 QUERY_EMBEDDING 最匹配的文档块。此阶段的关键在于，LLM 应用会将当前的聊天记忆和从向量数据库检索到的相关文档一同作为上下文输入，进而产生最终的答案。例如，答案可能包含了某企业的高品质减震跑步鞋的型号和商品信息。

11.4 NLP 与机器学习基础

当执行相似性搜索时，我们追求的是文本的深层次含义，而不只是停留在字面上的词语对应。为了实现这一点，需要深入地理解和处理语言。

11.4.1 LLM 应用开发中的传统机器学习方法

随着深度学习的出现和流行，NLP 领域发生了巨大的变革。然而，在深度学习成为主流之前，研究者们使用了各种传统方法来构建 NLP 模型。这些方法在当今仍然有其应用场景，尤其是在某些特定的 NLP 任务中。

以下是几种用于执行 NLP 任务的机器学习方法及其简要描述。

N-Gram 模型：这是一种基于训练的概率模型，可以估计文本中词序列的概率分布。

Logistic 回归：这是一个在文本分类任务中非常流行的算法，它使用概率生成函数为任何给定的数字输入一个 0 到 1 之间的值。

贝叶斯：这是一个使用概率预测输出类别的可能性的监督算法。它使用贝叶斯定理，假设数据中的特征是相互独立的。

Markov 模型：这个模型非常适合序列数据，因为它可以预测随机变量序列的概率。

作为一名开发者，特别是对于那些希望使用 LLM 构建应用的初学者，了解这些传统方法对于整体理解 NLP 技术发展有很大帮助。尽管现代技术发展得很快，但这些传统方法在某些场景中仍然很有价值。

11.4.2　NLP 文本预处理

在构建 LLM 应用时，开发者通常会发现，处理和清理数据是实现最佳模型性能的关键。在 NLP 领域，这一步骤通常被称为"文本预处理"。文本预处理不仅提高了数据的质量，还最终增强了模型的表现力。

文本预处理的主要目标是将嘈杂的文本转化为机器学习模型可以理解的形式。这一过程为进一步的分析、报告，准备了清晰、有序的文本数据。

当开发者在 NLP 项目中收集文本数据时，首先从数据库或非正式设置（如博客帖子、社交媒体、电子商务网站、消息板等）中提取数据。由于文本数据的非结构化特性，其格式和质量可能会有所不同，这可能会引入噪声，影响构建的 NLP 模型的性能。因此，学习如何有效地预处理这些数据是至关重要的。

文本数据清理

以下是一些用于清理文本数据的方法。

Tokenization（标记化）：这是 NLP 中的一个基础步骤，它将文本分解为较小的块，如词、短语、符号或其他有意义的元素。

Normalization（规范化）：规范化是将具有相似含义的多个单词标准化的过程，将它们转化为单一的规范形式。

Stop Word Removal（停用词移除）：某些词在文本数据中频繁出现，但通常不增加数据的实际意义，这些词被称为"停用词"。

Stemming（词干提取）：通过移除词的前缀和后缀来清理文本数据。

Lemmatization（词形还原）：这是 NLP 中使用的一个过程，它将一个词的各种曲折形式转化为其基本形式或词典形式。

从文本到向量的转换

在 LLM 应用开发的过程中，将文本转化为数字或向量形式是一个关键步骤。此过程被称为"文本向量化"，其目的是为各种机器学习算法提供数值输入。

机器学习和深度学习模型需要数字数据作为输入，因为它们不能像人类那样直接处理数据。以下是执行文本向量化的一些常用方法。

One Hot Encoding（一热编码）：此方法采用文本数据中的唯一单词并为每个单词生成向量。

Count Vectorizers（计数向量化器）：与一热编码类似，但它能够捕获单词在文本数据中的出现频率。

Bag of Words（词袋模型）：这是一种提取文本数据特征的方法，其不考虑单词出现的顺序。

N-Gram（N 元模型）：N- Gram 代表句子中彼此相邻的一系列单词或标记。

TF-IDF（词频-逆文档频率）：这是一个表示单词在文本中重要性的频率。

为开发者准备的 LLM 应用中，上述方法可以帮助我们将原始文本转化为模型可以理解的格式，从而实现更高的模型性能和准确性。

11.4.3　构建分类器

在机器学习领域，分类器的任务是为输入数据分配一个类别或类。开发者可以选择使用监督或非监督模型。本节将为初学者和希望使用 LLM 构建应用的开发者展示如何构建一个简单的监督分类模型。

数据加载与清洗

构建分类器的第一步通常是数据收集和清洗。开发者需要确定数据来源是数据库、文件还是在线网页。根据数据来源，选择相应的脚本加载数据。

加载数据后，使用以下方法清洗文本数据以去除噪声并提高其质量：（1）通过分词将数据集中的句子拆分成单词。（2）使用停用词典，通过停用词移除过程过滤掉文本数据中的所有停用词、数字和标点符号。（3）检查所有带有前缀或后缀的剩余单词，并通过词干提取过程将这些单词转换为根词。

文本向量化

为了使机器学习算法能够处理数据，开发者需要将文档转换为数字表示。可以使用词袋算法来实现这一点。此算法将遍历所有数据中的文档。

在此步骤中，确保使用单词出现的频率作为创建向量的评分方法。同时，确保将目标标签转换为数字。

模型训练

为了构建监督分类器，首先确定要使用的算法，我们使用的是贝叶斯算法。对于语料库中的每个文档，现在都有其关联的向量表示和目标变量。

在训练模型之前，首先将数据分为两组：训练数据和测试数据。建议训练数据集占数据的 70%，测试数据集占剩下的 30%。

使用训练数据集训练贝叶斯算法，其中向量作为自变量，目标标签作为因变量。这将输出适合的模型。

分类器评估

对于希望利用 LLM 构建应用的开发者来说，评估模型的表现是至关重要的步骤。在分类任务中，目标是预测输入数据所属的类别。例如，可能需要判断一封电子邮件是否为垃圾邮件。

为了确保分类器的有效性，以下是常用的评估指标。

准确度（Accuracy）：这是一个简单的指标，用于测量分类器的整体效果。但仅在目标类别平衡的情况下使用这个指标可能会产生误导。

精确度（Precision）：这个指标衡量模型预测为正的结果中有多少是真正的正样本。对于垃圾邮件过滤，这意味着被标记为垃圾邮件的消息中有多少实际是垃圾邮件。

召回率（Recall）：召回率量化了模型能正确识别的正样本数。在垃圾邮件过滤的例子中，召回率是指被发送到垃圾邮件文件夹的垃圾邮件与实际垃圾邮件总数的比例。

F1 得分（F1-Score）：这是一个用于评估二元分类器的指标，通过计算召回率和精确度的调和平均值得到。

此外，混淆矩阵是一个能够显示分类模型性能的表格，可比较实际值和预测值。4 种结果（真阳性、假阳性、真阴性、假阴性）构成了混淆矩阵，它为不平衡的数据提供了很好的评估。

选择合适的指标是至关重要的，因为不同的场景可能需要对精确度和召回率进行权衡。此外，阈值的选择对于将概率值转化为目标类标签也非常关键。通常，提高一个指标可能会降低另一个指标。

在 LLM 应用开发中，了解如何评估分类器的表现是至关重要的。这些评估技术不仅帮助开发者跟踪模型的性能，还为开发者提供了调整和优化模型的手段。

附录 A

LangChain 框架中的主要类

BasePromptTemplate 类

在 LangChain 框架中，BasePromptTemplate 类为所有提示模板提供了基础，其主要功能是返回适当的提示。该类源码的属性和方法如表 A-1 所示：

表 A-1

方法或属性名	介绍
input_variables	属性，存储模板预期的变量名列表
output_parser	可选属性，用于解析调用此格式化提示的 LLM 输出
partial_variables	默认为字典的属性，存储部分变量的映射
lc_serializable	属性，如果对象可以序列化，则返回 True
format_prompt	抽象方法，用于根据给定的关键字参数创建聊天消息
validate_variable_names	方法，用于确保变量名不包含受限制的名称
partial	方法，返回提示模板的部分实例
_merge_partial_and_user_variables	方法，用于合并部分和用户变量
format	抽象方法，用于格式化提示，接收任意关键字参数并返回格式化的字符串

BaseLLM 类

在 LangChain 框架中，BaseLLM 类为大型语言模型（LLM）提供了一个核心的接口，其定义了与模型的基本交互方式。该类源码的属性和方法如表 A-2 所示：

表 A-2

方法或属性名	介绍
cache	用于确定是否缓存模型的结果
verbose	用于决定是否打印响应文本
callbacks	定义了在模型运行过程中的回调函数
tags	用于向运行追踪添加标签
_generate	方法，用于在给定的提示和输入上运行 LLM
_agenerate	异步方法，同样用于在给定的提示和输入上运行 LLM
generate_prompt	用于将提示转换为字符串并在 LLM 上运行。
agenerate_prompt	异步方法，用于将提示转换为字符串并在 LLM 上运行
generate	用于在给定的提示和输入上运行 LLM
agenerate	异步方法，用于在给定的提示和输入上运行 LLM
call	用于在给定的提示和输入上运行 LLM 并返回字符串
_call_async	异步方法，同样用于在给定的提示和输入上运行 LLM 并返回字符串
predict	根据输入的文本进行预测
predict_messages	根据输入的消息列表进行预测
apredict	异步方法，用于根据输入的文本进行预测
apredict_messages	异步方法，用于根据输入的消息列表进行预测
_identifying_params	获取标识参数
_llm_type	返回 LLM 的类型
dict	返回 LLM 的字典表示
save	保存 LLM

BaseChatModel 类

在 LangChain 框架中，BaseChatModel 类是基础的聊天模型接口。该类源码的属性和方法如表 A-3 所示：

表 A-3

方法或属性名	介绍
verbose	是否打印出响应文本
callbacks	回调
callback_manager	可选的基础回调管理器
tags	添加到运行追踪的标签
raise_deprecation	验证器，如果使用 callback_manager，则发出弃用警告
_combine_llm_outputs	方法，组合 LLM 输出

续表

方法或属性名	介绍
generate	方法，顶级调用
agenerate	异步方法，顶级调用
generate_prompt	方法，生成提示
agenerate_prompt	异步方法，生成提示
_generate	抽象方法，顶级调用
_agenerate	抽象异步方法，顶级调用
__call__	方法，调用 BaseChatModel
_call_async	异步方法，调用 BaseChatModel
call_as_llm	方法，作为 LLM 调用
predict	方法，预测文本
predict_messages	方法，预测消息
apredict	异步方法，预测文本
apredict_messages	异步方法，预测消息
_identifying_params	属性，获取识别参数
_llm_type	抽象属性，返回聊天模型的类型
dict	方法，返回 LLM 的字典表示

BaseCallbackManager 类

在 LangChain 框架中，BaseCallbackManager 类为 LangChain 的回调提供了基础的管理接口。该类源码的属性和方法如表 A-4 所示：

表 A-4

方法或属性名	介绍
handlers	一个包含 BaseCallbackHandler 的列表，用于存储回调处理器
inheritable_handlers	可继承的回调处理器列表
parent_run_id	父运行的 UUID 标识符
tags	与回调管理器关联的标签列表
inheritable_tags	可继承的标签列表
is_async	属性，用于判断回调管理器是否为异步
add_handler	方法，用于向回调管理器添加处理器
remove_handler	方法，用于从回调管理器中移除处理器
set_handlers	方法，设置为回调管理器的唯一处理器的处理器列表
set_handler	方法，设置为回调管理器的唯一处理器

续表

方法或属性名	介绍
add_tags	方法，用于添加标签到回调管理器
remove_tags	方法，用于从回调管理器中移除标签

Embeddings 类

在 LangChain 框架中，Embeddings 类是嵌入模型的接口。该类源码的属性和方法如表 A-5 所示：

表 A-5

方法或属性名	介绍
embed_documents	用于嵌入搜索文档，输入的数据格式是列表字符串，输出的数据格式是浮点数列表
embed_query	用于嵌入查询字符串，输入的数据格式是列表字符串，输出的数据格式是浮点数列表

Agent 类

在 LangChain 框架中，Agent 类负责调用语言模型并决定行动。它是由一个 LLMChain 驱动的，其中 LLMChain 的提示必须包括一个名为 "agent_scratchpad" 的变量，代理可以放置其中间工作。该类源码的属性和方法如表 A-6 所示：

表 A-6

方法或属性名	介绍
llm_chain	LLMChain 实例，描述代理如何与语言模型交互
output_parser	AgentOutputParser 的实例，用于解析语言模型的输出
allowed_tools	可选的工具列表
dict	方法，返回代理的字典表示
get_allowed_tools	方法，返回允许的工具列表
return_values	属性，返回输出值列表
_fix_text	方法，修复文本
_stop	属性，定义停止令牌列表
_construct_scratchpad	方法，构建代理继续其思考过程的草稿板
plan	方法，根据输入决定要做什么
aplan	异步方法，根据输入决定要做什么
get_full_inputs	方法，从中间步骤创建 LLMChain 的完整输入

续表

方法或属性名	介绍
input_keys	属性，返回输入键的列表
validate_prompt	方法，验证提示是否匹配格式
observation_prefix	属性，定义提示词 observation 字段的前缀
llm_prefix	属性，定义 LLM 调用的前缀
create_prompt	方法，为该类创建一个提示
_validate_tools	方法，验证工具
_get_default_output_parser	方法，获取默认的输出解析器
from_llm_and_tools	方法，从 LLM 和工具构造代理
return_stopped_response	方法，当代理由于最大迭代次数而停止时返回响应
tool_run_logging_kwargs	方法，返回工具运行日志的关键字参数

AgentExecutor 类

在 LangChain 框架中，AgentExecutor 类封装了一个使用工具的代理。该类负责驱动代理，使其在工具集合上运行，并根据代理的建议采取行动。该类源码的属性和方法如表 A-7 所示：

表 A-7

方法或属性名	介绍
agent	代理，可以是单行动或多行动代理
tools	代理可以使用的工具序列
return_intermediate_steps	布尔值，决定是否返回中间步骤
max_iterations	最大迭代次数
max_execution_time	最大执行时间
early_stopping_method	早期停止方法（例如，当达到最大迭代次数或时间限制时）
handle_parsing_errors	如何处理解析错误
from_agent_and_tools	创建代理执行者的类方法
validate_tools	验证工具方法
validate_return_direct_tool	验证工具与代理兼容的方法
save	保存代理执行者的方法（此方法会引发错误，因为 AgentExecutor 不支持保存）
save_agent	保存底层代理的方法
input_keys	返回输入键的属性
output_keys	返回输出键的属性

续表

方法或属性名	介绍
lookup_tool	方法，按名称查找工具
_should_continue	方法，确定是否应继续迭代
_return	方法，返回代理的最终输出
_areturn	异步方法，返回代理的最终输出
_take_next_step	方法，代理在思考-行动-观察循环中采取单一步骤
_atake_next_step	异步方法，代理在思考、行动、观察循环中采取单一步骤
_call	方法，运行文本并获取代理响应
_acall	异步方法，运行文本并获取代理响应
_get_tool_return	方法，检查工具是否是返回工具

Chain 类

在 LangChain 框架中，Chain 类是所有链应实现的基础接口。该类源码的属性和方法如表 A-8 所示：

表 A-8

方法或属性名	介绍
memory	可选的基础内存
callbacks	回调
callback_manager	可选的基础回调管理器
verbose	用于决定是否打印响应文本的布尔值
tags	可选的标签列表
_chain_type	属性，需要子类实现用于说明链的类型
raise_deprecation	验证器，如果使用 callback_manager，则发出弃用警告
set_verbose	如果 verbose 为 None，则设置它
input_keys	抽象属性，此链期望的输入键
output_keys	抽象属性，此链期望的输出键
_validate_inputs	方法，检查所有输入是否存在
_validate_outputs	方法，检查所有输出是否存在
_call	抽象方法，运行此链的逻辑并返回输出
_acall	异步方法，运行此链的逻辑并返回输出
call	方法，运行此链的逻辑，并根据需要添加到输出
acall	异步方法，运行此链的逻辑，并根据需要添加到输出
prep_outputs	方法，验证和准备输出

续表

方法或属性名	介绍
prep_inputs	方法，验证和准备输入
apply	方法，对列表中的所有输入调用链
_run_output_key	属性，只有一个输出键时才支持运行
run	方法，以文本输入、文本输出或多个变量、文本输出的形式运行链
arun	异步方法，以文本输入、文本输出或多个变量、文本输出的形式运行链
dict	方法，返回链的字典表示
save	方法，保存链

BaseLoader 类

在 LangChain 框架中，BaseLoader 类是一个用于加载文档的接口。该类源码的属性和方法如表 A-9 所示：

表 A-9

方法或属性名	介绍
load	抽象方法，加载数据到文档对象中，子类应将此方法实现为返回 list(self.lazy_load())，此方法返回一个在内存中实体化的列表
load_and_split	方法，加载文档并切割成块。如果没有提供文本切割器，那么将使用 RecursiveCharacterTextSplitter
lazy_load	方法，为文档内容提供懒加载。请注意，这个方法会在所有现有子类中实现之后升级为一个抽象方法

BaseChatMemory 类

在 LangChain 框架中，BaseChatMemory 是一个继承于 BaseMemory 的基础聊天内存抽象基类。该类源码的属性和方法如表 A-10 所示：

表 A-10

方法或属性名	介绍
chat_memory	用于存储聊天消息历史的属性，默认为 ChatMessageHistory 实例
output_key	输出键，用于确定哪个输出应该被保存到聊天历史中，默认为 None
input_key	输入键，用于确定哪个输入应该被保存到聊天历史中，默认为 None
return_messages	布尔值，决定是否返回消息，默认为 False
_get_input_output	私有方法，从输入和输出中获取对应的输入和输出字符串
save_context	方法，将此次对话的上下文保存到缓冲区
clear	方法，清除内存内容

StructuredOutputParser 类

在 LangChain 框架中，StructuredOutputParser 类是继承于 BaseOutputParser 的结构化输出解析器类。该类源码的属性和方法如表 A-11 所示：

表 A-11

方法或属性名	介绍
response_schemas	用于存储响应模式的列表
from_response_schemas	类方法，从响应模式列表创建 StructuredOutputParser 实例
get_format_instructions	方法，生成格式化的说明字符串
parse	方法，从给定文本中解析结构化输出
_type	属性，返回字符串"structured"

ArxivRetriever 类

在 LangChain 框架中，ArxivRetriever 类是一个结合了 BaseRetriever 和 ArxivAPIWrapper 的检索器类。该类有效地包装了 ArxivAPIWrapper。它将 load() 方法包装为 get_relevant_documents() 方法。此外，ArxivRetriever 类使用所有 ArxivAPIWrapper 的参数，不做任何更改。该类源码的属性和方法如表 A-12 所示：

表 A-12

方法或属性名	介绍
get_relevant_documents	方法，获取与给定查询相关的文档
aget_relevant_documents	异步方法，但目前尚未实现

BaseTool 类

在 LangChain 框架中，BaseTool 类为所有 LangChain 工具提供了一个基本的接口。它定义了工具如何运行、如何解析输入和如何处理错误。该类源码的属性和方法如表 A-13 所示：

表 A-13

方法或属性名	介绍
_parse_input	将工具输入转换为 Pydantic 模型
_run	使用工具
_arun	异步使用工具
run	运行工具
arun	异步运行工具

续表

方法或属性名	介绍
__call__	使工具可调用
name	工具的独特名称
description	描述如何使用工具
args_schema	Pydantic 模型类，用于验证和解析工具的输入参数
return_direct	是否直接返回工具的输出
verbose	是否记录工具的进度
callbacks	在工具执行期间要调用的回调
callback_manager	已弃用，请使用 callbacks 代替
handle_tool_error	处理抛出的 ToolException 的内容

GoogleSerperAPIWrapper 类

在 LangChain 框架中，GoogleSerperAPIWrapper 类是一个围绕 Serper.dev Google 搜索 API 的包装器。该类为 Serper.dev Google 搜索 API 提供了一个接口。用户可以使用环境变量 SERPER_API_KEY 或通过构造函数的 serper_api_key 参数提供 API 密钥。该类源码的属性和方法如表 A-14 所示：

表 A-14

方法或属性名	介绍
results	通过 GoogleSearch 运行查询
run	通过 GoogleSearch 运行查询并解析结果
aresults	异步地通过 GoogleSearch 运行查询
arun	异步地通过 GoogleSearch 运行查询并解析结果
_parse_snippets	从搜索结果中解析摘录
_parse_results	解析搜索结果
_google_serper_api_results	获取 GoogleSerperAPI 的结果
_async_google_serper_search_results	异步获取 GoogleSerperAPI 的结果
k	返回的搜索结果的最大数量
gl	地理位置代码
hl	语言代码
type	搜索类型，可选值为 "news"、"search"、"places" 和 "images"
result_key_for_type	用于查找搜索结果的键
tbs	时间范围限制

续表

方法或属性名	介绍
serper_api_key	API 密钥
aiosession	aiohttp 的 ClientSession 对象

VectorStore 类

在 LangChain 框架中，VectorStore 类是向量存储的接口。该类源码的属性和方法如表 A-15 所示：

表 A-15

方法或属性名	介绍
add_texts	通过嵌入运行更多的文本并添加到向量存储。接收一个可迭代的文本，一个可选的元数据列表和特定于向量存储的参数。返回添加到向量存储的文本的 ID 列表
aadd_texts	异步版本的 add_texts，具有相同的功能和参数
add_documents	通过嵌入运行更多的文档并添加到向量存储。输入一个文档列表。返回的是已添加文本的 ID 列表
search	使用指定的搜索类型返回与查询最相似的文档
asearch	异步版本的 search 方法
similarity_search_with_relevance_scores	返回范围为 [0,1] 的文档和相关性分数，其中 0 表示不相似，1 表示最相似
similarity_search	返回与查询最相似的文档
asimilarity_search_with_relevance_scores	异步版本的 similarity_search_with_relevance_scores 方法
asimilarity_search	异步版本的 similarity_search 方法
similarity_search_by_vector	根据给定的嵌入向量返回与之最相似的文档
asimilarity_search_by_vector	异步版本 similarity_search_by_vector 方法
max_marginal_relevance_search	使用最大边际相关性返回文档
max_marginal_relevance_search_by_vector	根据给定的嵌入向量，使用最大边际相关性返回文档
amax_marginal_relevance_search_by_vector	异步版本的 max_marginal_relevance_search_by_vector 方法
from_documents	返回从文档对象列表和嵌入初始化的 VectorStore
afrom_documents	异步版本的 from_documents 方法
from_texts	返回从文本列表和嵌入初始化 VectorStore
afrom_texts	异步版本的 from_texts 方法
as_retriever	返回 VectorStoreRetriever

附录 B

OpenAI 平台和模型介绍

对于初学者和专业的开发者来说，理解 OpenAI 平台的 API 强大功能，以及如何利用它构建 LLM 应用是至关重要的。OpenAI API 提供了一种直观的方法来处理涉及自然语言、代码、图像的任务，而无须深入了解底层机制。

应用范围广泛。OpenAI API 不仅可以处理自然语言任务，还可以生成和编辑图像，将语音转换为文本。这意味着，从语义搜索到内容生成，再到分类任务，都可以通过这一 API 来实现。

模型的多样性。OpenAI 提供了多种模型，每种模型都有其特定的功能和价格。这为开发者提供了选择的灵活性，以确保他们为特定的 LLM 应用找到最合适的模型。

微调与定制。除了预训练的模型，OpenAI 还为开发者提供了微调自定义模型的能力，这意味着开发者可以根据具体的需求和数据来优化模型。

结合 OpenAI API，从简单的文本生成到复杂的语义搜索，LLM 应用开发者可以更轻松地处理各种任务。

OpenAI 的主要应用场景

对于希望利用现代技术为其 LLM 应用增添动力的开发者来说，了解 OpenAI 的主要应用场景是非常有益的。以下列出了 OpenAI 在 LLM 应用开发中的几个主要用途：

1. 内容生成。开发者可以使用 OpenAI 生成高质量的文本内容，从简单的句子到完整的文章。这对于那些希望自动化内容生产或生成特定格式文本的 LLM 应用尤其有用。

2. 摘要。OpenAI 能够从大量文本中提取关键信息并生成简洁的摘要。这对于需要快速理解文档主旨的应用，如新闻摘要或研究论文摘要生成等场景，具有巨大的价值。

3. 分类、归类和情感分析。OpenAI 可以帮助开发者对文本进行分类或归类，并对文本中的情感进行分析。这在社交媒体分析、评论系统或任何需要对文本进行情感判定的 LLM 应用中都是非常有用的。

4. 数据提取。OpenAI 可以从非结构化数据中提取关键信息，为开发者提供有价值的数据点。这可以应用于票据扫描、合同审查或任何需要从文本中提取特定信息的 LLM 应用。

5. 翻译。OpenAI 不仅可以理解文本，还可以将其翻译成其他语言。这为开发多语言 LLM 应用或需要快速翻译功能的项目提供了强大的支持。

OpenAI 核心概念解析

在深入研究如何使用 OpenAI 为 LLM 应用带来价值之前，了解其核心概念是至关重要的。以下为 OpenAI 中的一些核心概念。

1. GPT 模型。OpenAI 的 GPT 模型经过训练，可以理解自然语言和代码。GPT 模型根据输入提供文本输出，这些输入也被称为"提示"。通过设计提示，开发者可以"编程" GPT 模型。GPT 模型适用于各种任务，包括内容或代码生成、摘要、对话、创意写作等。

2. 嵌入向量。嵌入是数据（例如文本）的向量表示，旨在保留其内容和/或含义的某些方面。相似的数据块在某种程度上会有更接近的嵌入，而不相关的数据则相反。OpenAI 提供的文本嵌入模型接收文本字符串作为输入，并输出一个嵌入向量。嵌入对于搜索、聚类、推荐、异常检测、分类等都很有用。

3. 标记。GPT 和嵌入模型使用称为标记的文本块来处理文本。标记代表常见的字符序列。例如，字符串"tokenization"被分解为"token"和"ization"，而像"the"这样的短且常见的词被表示为一个标记。在句子中，每个词的第一个标记通常以一个空格字符开始。作为一个粗略的经验法则，对于英文文本，1 个标记大约等于 4 个字符或 0.75 个词。

OpenAI 工作流程探究

当开发者决定利用 OpenAI 为 LLM 应用增添功能时，首先需要了解其工作流程。下面介绍如何从头开始构建一个 OpenAI 应用。

1. 应用构建准备。首先，开发者需要为应用创建一个基础。例如，如果使用 Python Flask 框架，则需要准备相应的环境。当环境准备就绪后，就可以下载官方提供的代码样本，如：

```
git clone https//github.com/openai/openai-quickstart-node.git
```

或者直接从官方链接下载压缩包。

2. API 密钥配置。为了确保应用能够与 OpenAI API 进行通信，开发者需要一个 API 密钥。这可以通过在 OpenAI 官方网站上注册并获取。获取到的密钥需要被添加到应用中，确保数据交互的安全性。

3. 运行应用。一旦配置完毕，可以通过以下命令安装依赖并运行应用：

```
npm install
npm run dev
```

随后，开发者可以在浏览器中访问应用并进行测试。

4. 解读代码。真正理解应用的核心是理解其背后的代码。例如，在 generate.js 文件中，有一个用于生成提示的函数，这是与 GPT 模型交互的关键部分。此函数根据用户输入的动物类型动态生成提示。

```
function generatePrompt(animal) {
const capitalizedAnimal = animal[0].toUpperCase() +
animal.slice(1).toLowerCase();
  return `Suggest three names for an animal that is a superhero

Animal Cat
Names Captain Sharpclaw, Agent Fluffball, The Incredible Feline
Animal Dog
Names Ruff the Protector, Wonder Canine, Sir Barks-a-Lot
Animal ${capitalizedAnimal}
Names`;
}
```

此外，代码中还有一个部分专门用于与 OpenAI API 进行交互，发送请求并获取响应。这部分使用了 completions 端点，并设置了特定的参数，如温度为 0.6。

```
const completion = await openai.createCompletion({
  model "text-davinci-003",
  prompt generatePrompt(req.body.animal),
  temperature 0.6,
});
```

通过深入了解这些核心代码，开发者可以更好地理解如何为 LLM 应用定制 OpenAI 功能。

OpenAI 的模型解析

当开发者决定在 LLM 应用中集成 OpenAI 时，了解其提供的不同模型是至关重要的。每种模型都有其独特的功能和应用场景。以下是 OpenAI 的各种模型的详细介绍。

1. GPT-4：它在理解和生成自然语言或代码方面相较于 GPT-3.5 有所改进。对于希望获得高质量文本或代码输出的 LLM 应用开发者，GPT-4 是一个理想的选择。

2. GPT-3.5：作为 GPT-3 的改进版本，这一系列模型继续在自然语言处理和代码生成方面展现出卓越的性能。

3. DALL·E：这是一个独特的模型，可以根据自然语言提示生成和编辑图像。对于需要图像生成功能的 LLM 应用，DALL·E 无疑是一个强大的工具。

4. Whisper：专门用于将音频转化为文本。对于需要语音识别功能的 LLM 应用，Whisper 是一个不可或缺的资源。

5. Embeddings：这是一组模型，可以将文本转化为数值形式，为进一步的文本分析和处理提供了有力的支持。

6. Moderation：这是一个经过微调的模型，能够检测文本是否可能包含敏感或不安全的内容，从而保证 LLM 应用的内容安全。

OpenAI 的先锋模型探析

当开发者决定在 LLM 应用中采用 OpenAI 技术时，了解 OpenAI 的模型更新策略和模型版本是至关重要的。这能确保开发者能够获得最先进、最高效的自然语言处理技术。

1. 持续更新的模型。随着 GPT-3.5-Turbo 的发布，OpenAI 开始实施一种持续的模型更新策略。例如，模型名称为 GPT-3.5-Turbo、GPT-4 和 GPT-4-32k 的模型会指向最新的版本。为了确认具体使用的模型版本，开发者可以查看发送 ChatCompletion 请求后的响应对象，如可以查看所用的模型版本 GPT-3.5-Turbo-0613。

2. 静态模型版本。尽管 OpenAI 不断推出更新的模型，但它还提供静态模型版本供开发者使用。即使推出了新版本，这些静态版本至少还可以继续使用三个月。

3. 为模型改进提供贡献。随着模型更新的加快，OpenAI 鼓励社区为不同的用例贡献评估，以帮助改进模型。对此感兴趣的开发者可以查看 OpenAI Evals 存储库，参与模型的持续完善。

4. 临时快照模型。以下列出的模型是暂时的版本快照。一旦有了更新版本，

OpenAI 将宣布它们的停用日期。如果开发者希望始终使用最新的模型版本，只需使用标准的模型名称，如 GPT-4 或 GPT-3.5-Turbo。GPT-3.5-Turbo-0301 预计停用日期为 2024 年 6 月 13 日，替代模型为 GPT-3.5-Turbo-0613。

在构建 LLM 应用时，确保跟随 OpenAI 的模型更新步伐是非常重要的，这将确保应用在自然语言处理领域保持前沿。

附录C

Claude 2 模型介绍

Claude 2 是 Anthropic 推出的模型。这款模型在很多方面都实现了显著的进步，包括编码、数学和推理能力。事实上，Claude 2 在 Bar 考试的多项选择部分得分为 76.5%，这比 Claude 1.3 的 73.0%有所提高。在 GRE 的阅读和写作部分，Claude 2 的得分超过了 90%的应试者。

Claude 2 的三大特点

1. 处理大量数据的能力。Claude 2 模型允许用户在每次提示中输入多达 100K 的标记，这意味着它可以处理从技术文档到整本书的大量数据。

2. 代码能力的增强。Claude 2 的模型在编码方面进行了明显的优化，Sourcegraph 是一个代码 AI 平台，他们的编码助理 Cody 利用 Claude 2 改进的推理能力为用户查询提供更准确的答案，同时也可以提供高达 100K 的上下文窗口。此外，Claude 2 接受了更多的新数据培训，这意味着它拥有了新的框架和库的知识供 Cody 参考。

3. 安全性的增强。Anthropic 对 Claude 2 进行了一系列的安全性优化。首先，Claude 2 在内部红队评估中的表现比 Claude 1.3 好出了 2 倍，这意味着它在响应可能有害的提示时更能产生无害的响应。此外，为了提高模型的输出安全性，Anthropic 使用了多种安全技术，并进行了广泛的红队测试。

对于追求前沿技术的 LLM 应用开发者，Claude 2 为他们提供了选择。

四大主要使用场景

以下是 Claude 2 在 LLM 应用开发中的四大主要使用场景。

1. 处理海量文本。无论开发者面临的是文档、电子邮件、常见问题解答、聊天记录还是其他内容，Claude 2 都能提供卓越的支持。此模型可以编辑、重写、总结、分类、提取结构化数据，并根据内容进行问答等操作。这为 LLM 应用开发者提供了一个强大的工具，助力他们更高效地处理和分析文本数据。

2. 自然对话交流。Claude 2 可以在对话中扮演各种角色。只需为其提供角色详情和常见问题的解答，它就能与用户进行自然、相关的双向对话。这为开发者在 LLM 应用中实现流畅的用户互动提供了可能。

3. 获得答案。Claude 2 拥有广泛的通用知识，这些知识来源于其庞大的训练语料库，包括技术、科学和文化知识。除了常见的自然语言，Claude 2 还能理解和生成多种编程语言。这为开发者提供了在 LLM 应用中集成知识库或编程助手的机会。

4. 自动化工作流。Claude 2 能够处理各种基本指令和逻辑场景，包括按需格式化输出、执行 if-then 语句，以及在单一提示中进行一系列逻辑评估。这使得开发者能够在 LLM 应用中实现复杂的自动化任务和工作流。

用户关心的常见问题

在 LLM 应用的开发过程中，开发者可能对 Anthropic 的 Claude 2 模型有很多疑问。为了更好地帮助初学者和开发者了解 Claude 2，以下列出了关于该模型的常见问题及其解答。

1. Claude 有哪些版本可供选择？

目前提供两个版本的 Claude。

Claude：擅长从复杂对话和创意内容生成到详细指导的各种任务。

Claude Instant：可以处理包括休闲对话、文本分析、总结和文档问题回答等任务。

2. Claude 支持哪些语言？

Claude 主要以英语为训练基础，但在其他常见语言中也表现出色。此外，Claude 还对常见的编程语言有深入的了解。

3. Claude 可以访问互联网吗？

不可以。Claude 被设计为独立的，不会通过搜索互联网来响应。但我们可以为 Claude 提供互联网上的文本，并要求其对该内容执行任务。

4. 什么是宪法训练？

宪法训练是一个训练模型遵循所需行为"宪法"的过程。Anthropic 的核心模型经过宪法训练变得有帮助、诚实和无害。

5. "HHH" 是什么意思？

"HHH" 代表 Helpful（有帮助）、Honest（诚实）和 Harmless（无害）。这是构建与人们利益一致的 AI 系统（如 Claude）的三个组件。

6. 如何进一步自定义 Claude 的行为？

可以通过提示广泛地修改 Claude 的行为。提示可以用来解释所需的角色、任务、背景知识，以及所需响应的几个示例。

7. Claude 模型可以进行微调吗？

在大多数情况下，相信精心设计的提示可以在没有微调的费用或延迟的情况下为你提供所需的结果。但一些大型企业用户可能会从微调模型中受益。

8. Claude 的上下文窗口有多长？

输入和输出的综合上下文窗口约为 100,000 个标记，这大约相当于 70,000 个单词，具体取决于内容类型。

9. Claude 可以进行嵌入吗？

目前还不行。

附录 D

Cohere 模型介绍

随着 LLM 应用的广泛应用，开发者对于高效、高性能的语言模型的需求日益增强。在这一背景下，Cohere 应运而生，为开发者提供了一个先进的语言处理 API。

Cohere 的核心能力

Cohere 不仅训练了大型的语言模型，并通过一个简洁的 API 为开发者提供服务，还允许用户根据自己的需求训练定制的大型模型。这意味着开发者无须为收集大量的文本数据，选择合适的神经网络架构、分布式训练或模型部署而感到困扰。Cohere 为开发者处理了所有这些复杂问题。

Cohere 的模型类型

Cohere 为开发者提供了两大类的模型：生成模型和表示模型。

生成模型：通过 generate 端点，开发者可以访问该类模型。代表模型包括 GPT2、GPT3 等。

表示模型：通过 embed 端点，开发者不仅可以访问该类模型，还可以获取输入文本的嵌入向量。BERT 是该类模型的代表。

对于希望在 LLM 应用开发中实现前沿语言处理功能的初学者和开发者，Cohere 提供了一个高效且功能强大的解决方案。无论是需要生成内容，还是需要理解和表示语言，Cohere 都为开发者提供了一站式的解决方案。

三大 LLM 应用案例

在现代 LLM 应用开发中，语言模型的功能越来越强大，开发者可利用这些功能解决实际问题。以下将深入探讨 Cohere 的三大应用案例，助力开发者更好地理解其在 LLM 应用中的潜在价值。

1. 文本摘要与改写。随着文本生成技术的进步，大型语言模型如 Cohere 已经能够生成近乎人类水平的文本。其中，文本摘要与改写成为热点。开发者可以通过 Cohere 为输入文本生成有意义的摘要或改写，仅需在提示中提供任务描述。此外，Cohere 为文本摘要提供了 Co.summarize 端点，为开发者进一步简化了任务。

2. 文本分类。文本分类是语言处理中最常见的用例之一。利用 Cohere 的语言模型，开发者可以构建高效的分类器来自动化语言任务，从而节省大量时间和精力。Cohere 不仅提供了简单的 Classify 端点进行分类，还允许开发者在 embed 端点之上构建更高级的分类器。

3. 语义相似性判断。在客服领域，经常会有大量重复的问题需要回答。Cohere 的语言模型能够判断文本的相似性，从而确定一个新问题是否与 FAQ 部分已经回答的问题相似。通过计算两个嵌入的余弦相似性，开发者可以得到一个相似性得分，然后根据这个得分采取相应的行动，例如显示与其相似问题的答案。

附录 E

PaLM 2 模型介绍

PaLM 2 代表了 Google 在机器学习和负责任的 AI 领域不断创新的成果，是继 PaLM 后的下一代大型语言模型。作为 LLM 应用的开发者，理解 PaLM 2 的基础构造和核心优势对于充分利用其功能至关重要。

PaLM 2 模型的特点

高级推理任务：PaLM 2 在编码、数学、分类和问题回答、翻译和多语言能力，以及自然语言生成等高级推理任务上都表现出色。

超越先前模型：相较于之前的 LLM 应用如 PaLM 等，PaLM 2 在各种任务上都有更好的表现。

构建方法：PaLM 2 之所以能够实现这些任务，归功于其构建方式结合了计算最优缩放、改进的数据集混合和模型架构的改进。

负责任的 AI：PaLM 2 基于 Google 负责任地构建和部署 AI 的方法，经过了严格的潜在危害和偏见、能力和下游用途的评估。

以 PaLM 2 为基础的产品

除了作为一个独立的大型语言模型，PaLM 2 还为其他最先进的模型提供支持，如 Med-PaLM 2 和 Sec-PaLM。此外，它正在为 Google 的一些生成式 AI 功能和工具提供动力，如 Bard 和 PaLM API，这为 LLM 应用开发者提供了更广泛的实际应用场景。

三大核心功能

1. 推理。PaLM 2 在复杂任务的分解，以及对人类语言细微差异的理解上，相比之前的 LLM 如 PaLM，表现得更为出色。它能够非常精准地解读谜语和习语，这需要对词语的模糊和比喻意义有深入的理解，而不仅仅是对字面意义的理解。

2. 多语言翻译。与 PaLM 相比，PaLM 2 在更大规模的多语言文本上进行了预训练。这使得它在多语言任务上具有显著的优势。通过大量的多语言文本预训练，PaLM 2 为开发者在 LLM 应用中实现高效的多语言处理提供了坚实的基础。

3. 编码。PaLM 2 的另一个亮点是它在大量的网页、源代码和其他数据集上进行的预训练。这意味着它不仅擅长流行的编程语言如 Python 和 JavaScript，而且还能够生成 Prolog、Fortran 和 Verilog 等专用编程语言的代码。结合其语言处理能力，可以帮助团队跨语言进行合作。

附录F

Pinecone 向量数据库介绍

对于初步接触 LLM 应用开发的开发者来说，选择一个高性能的向量搜索工具是关键的初步决策。Pinecone 为此提供了一个完美的解决方案。

Pinecone 是一个云原生的向量数据库，专门为高性能向量搜索应用程序设计。借助其托管服务和简化的 API 接口，开发者可以集成其功能，而无须过多关注底层基础架构的细节。

下面我们介绍 Pinecone 的主要特性，这些特性使其在 LLM 应用开发领域中脱颖而出。

高速查询性能。Pinecone 确保即使在数十亿条目中也能保持超低的查询延迟，满足实时应用的需求。

实时索引更新。随着数据的添加、修改或删除，索引可以实时更新，确保数据的即时性和准确性。

过滤功能。Pinecone 允许开发者结合元数据过滤器进行向量搜索，这有助于获得更加相关和快速的查询结果。

无缝托管服务。Pinecone 的完全托管特性使得开发者可以更加专注于 LLM 应用的开发和优化，而不是数据库的维护和管理。

Pinecone 的主要应用场景

对于那些正在研究 LLM 应用开发的开发者，了解如何在实际应用中利用向量数据库如 Pinecone 是至关重要的。Pinecone 由于其高效性和灵活性，已被广泛应用于多种场景。Pinecone 的主要使用场景如下：

语义文本搜索。开发者可以利用 NLP 转换器和句子嵌入模型将文本数据转化为向量嵌入。随后，这些向量可以被 Pinecone 索引和搜索，从而实现高效的语义文本搜索功能。

生成问答系统。当接收到用户的查询时，可以从 Pinecone 检索相关的上下文数据。这些数据随后可以传递给如 OpenAI 这样的生成模型，产生与真实数据一致的答案。

混合搜索。开发者可以结合语义和关键字搜索让 Pinecone 在一个查询中同时执行，从而得到更加相关的搜索结果。

图像相似度搜索。首先，将图像数据转换为向量嵌入并使用 Pinecone 进行索引。然后当用户提交查询图像时，再将其转换为向量并在 Pinecone 中检索相似图像，为用户提供相似内容的图像。

产品推荐系统。在电子商务领域，基于代表用户的向量，Pinecone 可以有效地生成产品推荐，从而为用户提供更个性化的购物体验。

Pinecone 核心概念解析

当开发者进入 LLM 应用开发的领域，理解 Pinecone 的关键概念将为他们提供明确的方向和坚实的基础。下面介绍 Pinecone 的几个核心概念：

向量搜索。传统搜索方法主要围绕关键字进行，但在向量数据库中，搜索的焦点转向了由 ML 生成的数据表示——向量嵌入。这种搜索方法的目标是找到与查询最相似的项目。

向量嵌入。向量嵌入是表示对象的数字集合，它的特点是能够捕捉对象集合中的语义相似性。这些嵌入是由经过训练的模型生成的。在 Pinecone 中，开发者可以遇到两种主要的向量嵌入：密集嵌入和稀疏嵌入。为了充分利用 Pinecone，开发者需要熟悉如何使用这些向量嵌入。

向量数据库。作为一种特殊的数据库，向量数据库专注于索引和存储向量嵌入，以实现高效的管理和快速的检索。但是，与单纯的向量索引相比，向量数据库如 Pinecone 提供了更多高级功能。这些功能包括索引管理、数据管理、元数据存储、过滤和水平扩展等。

Pinecone 工作流程探究

以下是 Pinecone 的工作流程。

1. 索引的设置。

创建索引：为数据创建一个索引，这是存储和检索向量的关键结构。

连接索引：一旦索引创建完毕，开发者需要确保能够与之建立连接。

数据插入：开发者将数据和相应的向量插入创建的索引中。

2. 索引的使用。

查询数据：在索引中查询特定数据或向量。

数据过滤：基于特定条件，开发者可以过滤检索到的结果，确保结果的相关性。

获取数据：根据需要，可以检索索引中的特定数据或向量。

数据更新：为了保持数据的实时性和准确性，开发者可以插入更多的数据或更新现有的向量。

3. 索引与数据管理。

管理索引：包括对索引的优化、备份和恢复等操作。

数据管理：涉及数据的删除、修改和备份等任务。

附录 G

Milvus 向量数据库介绍

当谈论大规模嵌入向量的存储、索引和管理时，Milvus 向量数据库凭其独特的特性和优势成为这一领域的明星。自 2019 年创建以来，Milvus 的核心愿景是处理由深度神经网络和其他机器学习（ML）模型产生的大量嵌入向量。

与传统的关系型数据库不同，它们主要处理符合预定义模式的结构化数据，Milvus被设计为处理从非结构化数据转化而来的嵌入向量。这种设计意味着 Milvus 能够处理万亿级的向量索引。

为什么这种能力如此重要？随着互联网、物联网和社交媒体的普及，非结构化数据如电子邮件、学术论文、传感器数据和社交媒体图片，已成为主流。为了使这些数据对机器有意义，嵌入技术被用于将它们转换为向量形式。这正是 Milvus 所擅长的领域。通过存储和索引这些向量，Milvus 可以计算两个向量间的相似距离，从而判断原始数据的相似性。

对于希望在 LLM 应用中使用非结构化数据的开发者，了解并利用 Milvus 的这些功能将帮助他们更有效地进行数据分析和提取有价值的见解。

Milvus 的主要应用场景

在构建和优化 LLM 应用时，开发者经常面临处理和搜索大量数据的挑战。这正是 Milvus 展现其强大功能的地方。以下是 Milvus 在各种应用中的主要应用场景：

图像相似性搜索。Milvus 使得从大型数据库中即时返回最相似的图像成为可能，实现了高效的图像搜索功能。

视频相似性搜索。通过将视频的关键帧转换为向量，并利用 Milvus 进行处理，可以在接近实时的速度下搜索和推荐视频。

音频相似性搜索。无论是语音、音乐、音效还是其他类似的声音，Milvus 都能在短时间内快速查询大量音频数据。

分子相似性搜索。对于生物技术和化学领域，Milvus 能够对特定的分子进行快速的相似性搜索、子结构搜索或超结构搜索。

推荐系统。基于用户的行为和需求，Milvus 可以为 LLM 应用提供信息或产品的精准推荐。

问答系统。为了实现交互式的数字问答机器人，Milvus 能够自动、准确地回答用户的问题。

DNA 序列分类。在基因研究中，通过与 Milvus 比较相似的 DNA 序列，可以在毫秒级别内准确地对一个基因进行分类。

文本搜索引擎。对于需要处理大量文本数据的应用，Milvus 能够通过与文本数据库中的关键字进行比较，帮助用户快速找到他们需要的信息。

Milvus 核心概念解析

随着数据的爆炸性增长，开发者在构建 LLM 应用时面临着处理和理解大量非结构化数据的挑战。Milvus 为开发者提供了一个框架，帮助他们更好地处理数据。下面深入解析这些概念：

非结构化数据。指不遵循预定义模型或组织方式的数据，包括图像、视频、音频和自然语言等信息。事实上，非结构化数据占据了约 80%的全球数据。为了使这些数据有意义，必须将它们转换为可以被机器理解的格式——向量。

嵌入向量。嵌入向量是非结构化数据的特征抽象，如电子邮件、物联网传感器数据、社交媒体照片和蛋白质结构等。在数学上，嵌入向量可以是浮点数或二进制数的数组。通过利用现代嵌入技术，开发者可以将非结构化数据转换为嵌入向量，从而为其 LLM 应用提供一个坚实的基础。

向量相似度搜索。指将一个向量与数据库中的向量进行比较，目的是找到与查询向量最为相似的向量。为了加速这个搜索过程，通常使用近似最近邻搜索算法。当两个嵌入向量相似时，它们代表的原始数据源也是相似的。

Milvus 支持的索引和度量

索引是数据的组织方式，它定义了如何存储和检索数据。在 Milvus 中，大部分索引类型使用近似最近邻搜索（ANNS）技术。以下是一些重要的索引类型。

FLAT：适合于小规模数据集，提供精确的搜索结果。

IVF_FLAT：量化索引，适合于在查询速度和精度之间寻求平衡的场景。

IVF_SQ8：在资源有限的场景中，此量化索引可以显著降低资源消耗。

IVF_PQ：为了获得更高的查询速度，此量化索引可能牺牲一些精度。

HNSW：基于图形的索引，适合于高搜索效率需求的场景。

ANNOY：基于树形结构的索引，适合于寻求高召回率的场景。

在 LLM 应用中，度量方法的选择对于向量的分类和聚类性能至关重要。在 Milvus 中，相似度度量用于确定向量之间的相似性。

对于浮点嵌入，常用以下两种度量方法。

欧氏距离（L2）：在计算机视觉领域中常用。

内积（IP）：在自然语言处理领域中常用。

而对于二进制嵌入，以下是一些广泛应用的度量方法。

哈明距离：在自然语言处理中常用。

杰卡德距离和塔尼莫托距离：这两种度量方法在分子相似性搜索中都有广泛应用。

超结构距离和亚结构距离：这两种度量方法用于搜索分子的特定结构相似性。

为了在 LLM 应用中实现高效的数据检索和管理，开发者需要深入了解并正确选择索引和度量。

反侵权盗版声明

电子工业出版社依法对本作品享有专有出版权。任何未经权利人书面许可，复制、销售或通过信息网络传播本作品的行为；歪曲、篡改、剽窃本作品的行为，均违反《中华人民共和国著作权法》，其行为人应承担相应的民事责任和行政责任，构成犯罪的，将被依法追究刑事责任。

为了维护市场秩序，保护权利人的合法权益，我社将依法查处和打击侵权盗版的单位和个人。欢迎社会各界人士积极举报侵权盗版行为，本社将奖励举报有功人员，并保证举报人的信息不被泄露。

举报电话：（010）88254396；（010）88258888

传　　真：（010）88254397

E-mail：　dbqq@phei.com.cn

通信地址：北京市万寿路 173 信箱
　　　　　电子工业出版社总编办公室

邮　　编：100036